W. Brockmann · L. Dorn · H. Käufer

Kleben von Kunststoff mit Metall

Mit 120 Abbildungen

Springer-Verlag Berlin Heidelberg New York
London Paris Tokyo Hong Kong 1989

Dr.-Ing. Walter Brockmann
Fraunhofer-Institut für Angewandte Materialforschung
Neuer Steindamm 2
2820 Bremen 77

Professor Dr.-Ing. Lutz Dorn
Fügetechnik / Schweißtechnik
TU Berlin
Straße des 17. Juni 135
1000 Berlin 12

o. Professor Dr. rer. nat. Helmut Käufer
Kunststofftechnikum der TU Berlin
Kaiserin-Augusta-Allee 5
1000 Berlin 21

ISBN-13: 978-3-540-19115-5   e-ISBN-13: 978-3-642-93379-0
DOI: 10.1007/978-3-642-93379-0

CIP-Titelaufnahme der Deutschen Bibliothek
Brockmann, Walter:
Kleben von Kunststoff mit Metall / W. Brockmann ; L. Dorn ; H. Käufer.
Berlin ; Heidelberg ; New York ; London ; Paris ; Tokyo : Springer, 1989
  ISBN-13: 978-3-540-19115-5

NE: Dorn, Lutz:; Käufer, Helmut:

Die Wiedergabe von Gebrauchsnamen, Handelsnamen, Warenbezeichnungen usw. in diesem Werk
berechtigt auch ohne besondere Kennzeichnung nicht zu der Annahme, daß solche Namen im Sinne
der Warenzeichen- und Markenschutz-Gesetzgebung als frei zu betrachten wären und daher von
jedermann benutzt werden dürften.

Sollte in diesem Werk direkt oder indirekt auf Gesetze, Vorschriften oder Richtlinien (z.B. DIN, VDI,
VDE) Bezug genommern oder aus ihnen zitiert worden sein, so kann der Verlag keine Gewähr für
Richtigkeit, Vollständigkeit oder Aktualität übernehmen. Es empfiehlt sich, gegebenenfalls für die
eigenen Arbeiten die vollständigen Vorschriften oder Richtlinien in der jeweils gültigen Fassung hin-
zuzuziehen.

2068/3020-543210 Gedruckt auf säurefreiem Papier

Vorwort

Das vorliegende Handbuch ist ein Ergebnis eines vom Bundesmini-
ster für Forschung und Technologie (BMFT) geförderten Forschungsvorhabens, in dem über vier Jahre die Abteilung für Struktur-
und Verbundwerkstoffe des Fraunhofer-Instituts für angewandte
Materialforschung in Bremen, das Fachgebiet für Fügetechnik/
Schweißtechnik der Technischen Universität Berlin und das
Kunststofftechnikum der TU Berlin zusammengearbeitet haben.
Die wissenschaftlichen Einzelberichte können bei den Herausge-
bern eingesehen werden; eine Zusammenfassung aller Forschungs-
ergebnisse liegt dem BMFT als Schlußbericht vor.

Die Herausgeber und ihre Mitarbeiter danken dem BMFT für diese
Förderung. Das Vorhaben wurde von Herrn Ing. Walter Althof be-
treut, dem wir für seine Koordination und seine zahlreichen
fachlichen Anregungen in vielen Diskussionen ebenfalls danken.

In einem Fachberatergremium berieten uns die Herren

    Dipl.-Ing. U. Fuhrmann, Ciba-Geigy, Basel
    Dipl.-Ing. H. Habizel, Technical Consultants, Wolfsburg
    Dr. H. Kalsch, BASF AG, Ludwigshafen
    Dr. H.-J. Knapp, Chemetall GmbH, Frankfurt
    Dipl.-Ing. E. Loechelt, MBB-UT, Bremen
    Dr. J. Niederstadt, DFVLR, Braunschweig
    Dr. H. Oezelli, Henkel AG, Düsseldorf
    Ing. H. Rahmig, Voith GmbH, Heidenheim
    Prof. Dr. Straßburger, Thyssen-Stahl AG, Duisburg
    Dr. H. Wolf, Bosch-Siemens, Berlin

Diesen Herren und ihren Firmen, die uns auch das Versuchsmate-
rial kostenlos zur Verfügung stellten, danken wir ebenfalls für
ihre kooperative Mitarbeit.

Berlin, Bremen **im Frühjahr 1989**
Die Herausgeber

LISTE DER AUTOREN

Bischoff, Reinhard, Dipl.-Ing. Technische Universität Berlin,
Institut für Maschinenkonstruktion, Fachgebiet Fügetechnik-
Schweißtechnik, Straße des 17. Juni 135, D - 1000 Berlin 12

Brockmann, Walter, Dr.-Ing., Fraunhofer Institut für angewandte
Materialforschung, Abt. Struktur und Verbundwerkstoffe, Neuer
Steindamm 2, D - 2820 Bremen 77

Chemnitius, Reiner, Dipl.-Ing. Technische Universität Berlin,
Institut für Nichtmetallische Werkstoffe, Fachgebiet Polymer-
technik/Kunststofftechnikum, Kaiserin-Augusta-Allee 5, D - 1000
Berlin 21

Dorn, Lutz, Prof.Dr.-Ing., Technische Universität Berlin, Institut für Maschinenkonstruktion, Fachgebiet Fügetechnik/Schweiß-
technik, Straße des 17. Juni 135, D - 1000 Berlin 12

Elsner, Helmut, Dipl.-Ing., Technische Universität Berlin, Institut für Nichtmetallische Werkstoffe, Fachgebiet Polymertech-
nik/Kunststofftechnikum, Kaiserin-Augusta-Allee 5, D - 1000 Berlin 21

Käufer, Helmut, Prof.Dr.-Ing., Technische Universität Berlin,
Institut für Nichtmetallische Werkstoffe, Fachgebiet Polymer-
technik/Kunststofftechnikum, Kaiserin-Augusta-Allee 5, D - 1000
Berlin 21

Kollek, Hansgeorg, Dr. rer. nat., Fraunhofer Institut für
angewandte Materialforschung, Abt. Struktur und
Verbundwerkstoffe, Neuer Steindamm 2, D - 2820 Bremen 77

Moniatis, Georgios, Dipl.-Ing., Technische Universität Berlin,
Institut für Maschinenkonstruktion, Fachgebiet Fügetechnik-
Schweißtechnik, Straße des 17. Juni 135, D - 1000 Berlin 12

Wahono, Wiyu, Dipl.-Ing., Technische Universität Berlin, Institut für Maschinenkonstruktion, Fachgebiet Fügetechnik/Schweiß-
technik, Straße des 17. Juni 135, D - 1000 Berlin 12

Inhaltsverzeichnis

1 Einführung

W. Brockmann

1.1 Ausgangssituation

Die außerindustrielle Forschungskapazität auf dem Gebiet der
Klebtechnik ist in der Bundesrepublik trotz steigender Bedeutung dieser Fertigungstechnologie verhältnismäßig klein, obwohl
sie, angeregt durch die Weitsicht Alexander Mattings, bereits
seit den frühen 50er Jahren existiert. Dabei stand das Metallkleben im Vordergrund des Interesses, obgleich die Vorzüge
dieses Verbindungsverfahrens besonders dann hervortreten, wenn
es gilt, nicht gleichartige, sondern unterschiedliche Werkstoffe
miteinander zu verbinden.

In einem solchen Fall sind sehr unterschiedliche Disziplinen
der Ingenieur- und Naturwissenschaften angesprochen. Eine Ko-
operation verschiedener Forschungsstellen bot sich daher bei
dem Versuch einer umfassenderen Bearbeitung des Problemfeldes
"Kleben von thermoplastischen Kunststoffen mit Metallen" im
Rahmen des Projektes "Fertigungssystem Kleben" an. Sie gelang
dank der Förderung im Rahmen eines Gemeinschaftsforschungsvor-
habens, in das nun die notwendige größere Forschungskapazität
eingebracht werden konnte.

Die bisherige Forschung und auch dieses Vorhaben galten kraftübertragenden Klebungen, die für die Funktionsfähigkeit eines
Bauteils oder eines Produktes verantwortlich sind bzw. bei
deren Versagen das Bauteil gefährdet wird.

Damit ist grundsätzlich das Forschungsgebiet abgesteckt, ohne
dabei die große Bedeutung der nichtkraftübertragenden Klebtechnik zu verkennen, wo jedoch mangelndes Grundlagenwissen und Un-
sicherheit in der Dimensionierung nicht zu so schwerwiegenden
Konsequenzen führen.

Die erwähnten, frühen Forschungsarbeiten wurden weitgehend im
ingenieurwissenschaftlichen Bereich durchgeführt, wobei es aus
verschiedenen Gründen nicht gelang, die Klebtechnik interdiszi-
plinär umfassend zu betrachten, wie es bei ihrer Komplexität
eigentlich notwendig ist. Das Kleben umfaßt konstruktive und
fertigungstechnische Aspekte sowie physikalische und chemische
Vorgänge, die insbesondere im Grenzschichtbereich schwer erfaßbar sind. So hat auch das vorliegende Forschungsvorhaben bestätigt, daß mit den herkömmlichen ingenieurmäßigen Berechnungs-
methoden eine beanspruchungsgerechte Dimensionierung von Klebungen nicht möglich ist. Auch fertigungstechnische Aspekte,
insbesondere die der Oberflächenvorbehandlung schwerklebbarer
Werkstoffe, sind mit einfachen theoretischen Ansätzen über
Haftmechanismen nicht in den Griff zu bekommen. Schließlich ist
bei geklebten Verbindungen das Festigkeitsverhalten bei Kurz-
und Langzeitbelastung mit/ohne Umwelteinflüssen mit den gebräuchlichen zeitraffenden Prüfverfahren nicht zuverlässig erfaßbar.

1.2 Zielsetzung

Dennoch bestand die Notwendigkeit, die Basis für eine erste
Systematik zu liefern, die es dem Entwicklungsingenieur bzw.
Konstrukteur bei der Lösung eines vorgegebenen Fügeproblems
erleichtert, sich für oder gegen das Kleben zu entscheiden.
Dazu wird im Handbuch an Ergebnissen aus dem Vorhaben veranschaulicht, wo die Leistungsgrenzen der Klebtechnik liegen und
wie sich die Leistungsfähigkeit von Klebungen durch Auswahl bestimmter Klebstoffe, durch Variation der Fertigungsparameter
sowie über die Gestaltung optimal ausnutzen läßt.

Da die Zahl der wichtigen Einflußgrößen für die Eigenschaften
der Klebungen jeden überschaubaren Versuchsrahmen sprengt, blieb
trotz der im Forschungsverbund zwischen den drei Forschungsstellen relativ großen verfügbaren Gesamtkapazität bei der Konzeption des Forschungsvorhabens keine andere Wahl, als die Zahl
der Untersuchungsparameter zu beschränken und damit die Gefahr
eingeschränkter Übertragbarkeit der Ergebnisse in die Praxis
inkaufzunehmen, was sich insbesondere bei langen Forschungs-
und Entwicklungsvorhaben häufig erst sehr spät herausstellt.
Dies hat sich auch im Rahmen dieses Forschungsvorhabens gezeigt,
wobei freilich auch diese Fehlschläge zu einem tieferen Ver-
ständnis über die Klebtechnik beigetragen haben.

1.3 Abgrenzung des Gebietes

Daß Kunststoff-Metallklebungen Gegenstand des Vorhabens waren,
hatte mehrere Gründe. Einerseits liegt einer der Vorteile des
Klebens, wie erwähnt darin, artfremde Werkstoffe miteinander
flächig verbinden zu können und anderersetis ist die Kombination von Kunststoffen und Metallen zu einem stoffschlüssigen
Verbund technisch zukunftsreich; dies beweisen beispielsweise
neuzeitliche PKW-Karosserien, bei denen der Stahl vorwiegend
die tragenden Funktionen und die Kunststoffe meist Verkleidungs-
funktionen übernehmen. Als Kunststoffe sollten wegen ihrer günstigen Formbarkeit Thermoplaste eingesetzt werden, die es ge-
statten, insbesondere im Spritzverfahren den Fügebereich so zu
gestalten, wie es für die Verbindung am günstigsten ist, was
bei Metallen in der Regel nicht gelingt. Die Wahl fiel auf das
ohne Vorbehandlung nicht kleb- und lackierbare Polypropylen,
auf Acrylnitrilbutadienstyrol (ABS) und Polyamid sowie kurzfaserverstärktes Polykarbonat, einer der am weitesten gebräuchlichen Konstruktionswerkstoffe auf thermoplastischer Basis.

Als metallischer Fügepartner wurde Tiefziehstahl gewählt, da
dieser Werkstoff in der Feinblechverarbeitung am weitesten ver-
breitet ist und auch in der Fahrzeugindustrie im Vordergrund
steht, die einen großen potentiellen Anwender des Klebens dar-

stellt und außerdem eine Leitfunktion für andere Industriezweige
hat.

Die Auswahl der Oberflächenvorbehandlungsverfahren für die
Kunststoffe fiel deshalb leicht, weil Polypropylen vor dem Kleben vorbehandelt werden muß, während die anderen keine Vorbehandlung erfordern. Die Frage des Oberflächenzustands erwies
sich beim Stahl als komplizierter. Im Karosseriebau wird man im
derzeitigen Fertigungsablauf thermoplastische Kunststoffteile
erst nach dem Grundkorrosionsschutz, Grundieren oder Lackieren
mit dem Stahl verbinden, da die thermoplastischen Kunststoffe
den derzeitigen Einbrenntemperaturen der Lacke nicht widerstehen können. Dessen ungeachtet fiel die Entscheidung für das
Kleben der Kunststoffe mit nicht lackiertem oder anderweitig
korrosionsgeschütztem Stahl, weil dies unter dem Aspekt der
Langzeitbeständigkeit der Klebungen der schwierigere Fall ist.
Für die Zukunft kann nämlich nicht ausgeschlossen werden, daß
infolge der Weiterentwicklung der Lacksysteme der Zusammenbau
von Kunststoffen und Stahlteilen auch vor dem Oberflächenschutz
möglich ist. Außerdem sollte das Vorhaben auch andere Anwen-
dungsbereiche mit abdecken, bei denen nicht lackierter Stahl
mit Kunststoffen klebtechnisch zu verbinden ist.

An unbehandeltem Stahl lassen sich nach dem derzeitigen Stand
der Kenntnisse keine zuverlässigen kraftübertragenden Klebungen
erzielen, während dies nach mechanischer Aufrauhung möglich
ist. Mit Rücksicht auf die mögliche Formänderung bei der Vorbehandlung dünnwandiger Stahlteile wurde ein mild abrasiv ar-
beitendes Verfahren gewählt, bei dem die Stahloberflächen mit
rotierenden Bürsten behandelt werden, die mit Schleifmitteln
versehen sind.

Die Auswahl der Klebstoffe war durch die vorgegebenen Randbedingungen eingeengt. Einerseits wurden sehr kurze Verarbeitungszeiten angestrebt, da das Kleben in der Großserienfertigung
automatisierte Arbeitsabläufe mit kurzen Taktzeiten erfordert.
Zum anderen ließen die Kunststoff-Fügepartner nur maximale Härtetemperaturen von 80°C zu, weil sonst Formänderungen nicht

auszuschließen sind. Bei der Festlegung der zu untersuchenden
Klebstoffsysteme blieb bei Beginn des Forschungsvorhabens deshalb nur die Wahl, bei Raumtemperatur oder etwas erhöhten Temperaturen schnell aushärtende Reaktionsklebstoffe für die Untersuchung vorzusehen. Somit fiel die Wahl auf die damals verfügbaren Polyurethane und aminhärtenden Epoxidharze, von denen
sich zumindest ein System aus der Rückschau als problematisch
erwies. Aus heutiger Sicht würden neben Weiterentwicklungen
dieser Systeme auch nachvernetzende Hotmelts und kautschukmodi-
fizierte Acrylate ("zweite Generation") in Frage kommen.

Das vorliegende Handbuch versucht, die fast unübersehbare Zahl
von Versuchsergebnissen zu allgemein gültigen systematischen
Erkenntnissen und Empfehlungen für den Anwendungsfall des Klebens von Metall mit thermoplastischen Kunststoffen zusammenzufassen. Viele Erkenntnisse können auch für das Kleben von
Stahl-Stahl und Kunststoff-Kunststoff übertragen werden. Das
Handbuch soll mit seinen Erkenntnissen zur Klebfestigkeit und
deren Beeinflußbarkeit durch Fertigung und Konstruktion ein
möglichst systematischer Wegweiser für klebtechnische Problem-
lösungen sein und darüberhinaus aufzeigen, daß Kleben eine
außerordentlich flexible und dabei wirtschaftliche Verbindungstechnik ist, wenn alle prinzipiell in ihr liegenden Möglichkeiten genutzt werden.

2 Definition der Fügeaufgabe

L. Dorn

Während für die Fügeverfahren Schweißen und Löten bereits genormte Begriffsdefinitionen für die Eigenschaften der Schweiß- bzw. Lötbarkeit und ihrer Einflußgrößen vorliegen (DIN 8514, Teil 4), ist dies für das Kleben bisher nicht der Fall. Der vorliegende Vorschlag zur Definition der Klebbarkeit beruht auf einer sinngemäßen Übertragung der in o.a. Norm enthaltenen Festlegungen zur Schweiß- und Lötbarkeit auf die Klebtechnik.

Die *Klebbarkeit* kennzeichnet demnach die Möglichkeit, einen Stoffschluß durch Kleben unter gegebener Konstruktion und Fertigung zu erreichen, der die gestellten Anforderungen an die Funktion und Zuverlässigkeit erfüllt. Die Klebbarkeit eines Bauteiles hängt nach Bild 2.1 ab von:
- Werkstoff der Fügeteile
- Konstruktion des Bauteiles
- Fertigung der Klebungen.

Zur Kennzeichnung dieser Einflußgrößen dienen die Begriffe:
- Klebeignung des Werkstoffes
- Klebsicherheit der Konstruktion
- Klebmöglichkeit der Fertigung.

Die *Klebeignung* der Fügeteilwerkstoffe ist vorhanden, wenn bei gegebener Konstruktion unter den gewählten Fertigungsbedingungen eine den Anforderungen entsprechende Klebung hergestellt werden kann. Die Klebeignung ist umso besser, je weniger werkstoffbedingte Faktoren bei der Festlegung der klebtechnischen Fertigung

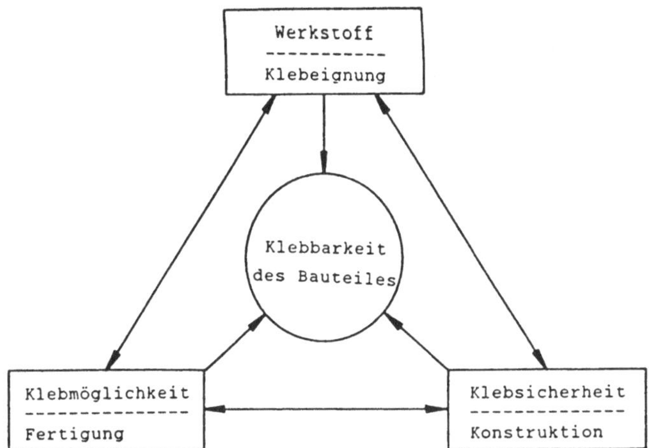

Bild 2.1. Zusammenhang zwischen den die Klebbarkeit bestimmenden Einflußgrößen

für eine bestimmte Konstruktion beachtet werden müssen und je weniger Einschränkungen hinsichtlich der Klebstoffwahl vorliegen. Die Klebeignung wird u.a. beeinflußt durch:
- Chemische Zusammensetzung
- Herstellungsverfahren
- Physikalische Eigenschaften
- Chemische Eigenschaften
- Oberflächenzustand.

Die *Klebsicherheit* einer Konstruktion ist vorhanden, wenn für die verwendeten Fügeteilwerkstoffe das Bauteil aufgrund seiner konstruktiven Gestaltung unter den vorgesehenen Betriebsbedingungen betriebssicher bleibt. Die Klebsicherheit der Konstruktion ist umso besser, je weniger konstruktionsbedingte Faktoren bei der Wahl der Fügeteilwerkstoffe und des Klebstoffs für eine bestimmte Klebfertigung beachtet werden müssen. Die Klebsicherheit wird u.a. von folgenden Faktoren beeinflußt:
- Gestaltung des Fügebereiches
- Beanspruchungszustand und -art
- Wanddicke
- Betriebstemperatur
- Einwirkung von Flüssigkeiten und/oder Gasen.

Die *Klebmöglichkeit* in einer klebtechnischen Fertigung ist vorhanden, wenn die an einer Konstruktion vorgesehenen Klebungen unter den gewählten Fertigungsbedingungen fachgerecht hergestellt werden können. Die Klebmöglichkeit einer Fertigung ist umso besser, je weniger bei der Konstruktion fertigungsbedingte Faktoren für einen bestimmten Werkstoff beachtet werden müssen. Sie hängt u.a. ab von:

- Vorbehandlung der Fügeteile
- Verarbeitungsbedingungen des Klebstoffs
- Klebstoffauftrag
- Fixieren der Fügeteile
- Klebstoffaushärtung.

Die wesentliche Aufgabe bei der Entwicklung geklebter Bauteile besteht nun darin, die für den Verwendungszweck erforderliche Belastbarkeit bei ausreichender Sicherheit und geringsten Fertigungskosten zu erzielen. Eine anschauliche Darstellung der Abhängigkeit der erzielbaren Klebbarkeit von der Klebeignung, Klebsicherheit und Klebmöglichkeit zeigt das Vektordiagramm Bild 2.2. Wegen der Komplexität der zwischen den Einflußgrößen bestehenden Wechselwirkungen ist es jedoch nicht möglich, die Begriffe der Klebbarkeit, Klebeignung, Klebmöglichkeit und Klebsicherheit zahlenmäßig auszudrücken.

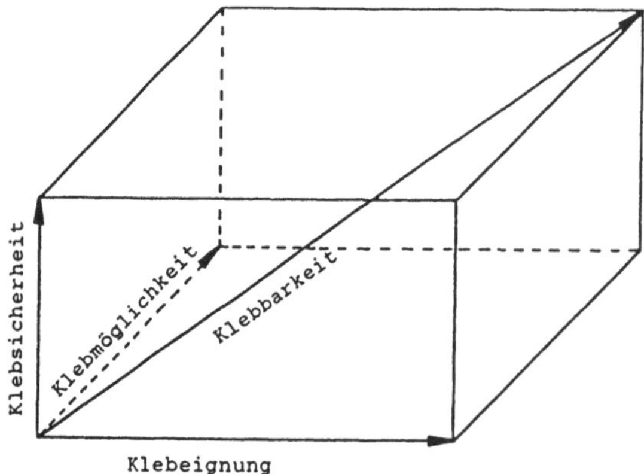

Bild 2.2.   Klebbarkeit als Resultierende der Einflußgrößen Klebeignung, Klebsicherheit und Klebmöglichkeit

2.1 Anforderungen an die Verbindung

W. Brockmann

2.1.1 Optimierung statt Maximierung des Klebens

Bei der Konzeption von Bauteilen und Verbindungen ist es nicht
Aufgabe bestimmte Fertigungs- und Fügeprobleme so gut wie möglich zu lösen. Kein Bauteil und keine Verbindung brauchen besser zu sein, als für die Bewährung im Betrieb notwendig.

Die Problematik des Optimierens besteht vielfach darin, daß
exakte Anforderungsprofile an Funktionsfähigkeit und Lebensdauer
unter bestimmten Umweltbedingungen vielfach garnicht existieren;
und es liegt natürlich auch daran, daß sich die Funktionsfähigkeit über eine bestimmte Lebensdauer wegen unzureichender Kenntnisse der Stoffeigenschaften, des Beanspruchungszustands und
nicht zuletzt unzureichender Kurzzeiterprobungsverfahren nicht
exakt vorausbestimmen läßt. Damit ist das Bauteil oder die Verbindung streng genommen nicht kalkulierbar und wird vorsichts-
halber meistens überdimensioniert.

Daher muß es Ziel jeder Entwicklung, jeder Forschung, jeder
Konstruktion und jeder Fertigung sein, die Kalkulierbarkeit der
Produkte zu verbessern. Bezieht man sich auf Klebungen, so wird
die Problematik besonders deutlich, wenn man die derzeitige
Vorgehensweise mit der Schweißtechnik vergleicht. Bei Schweiß-
verbindungen kann der Konstrukteur bereits am Reißbrett Regelwerke verwenden, die ihm konstruktive Hinweise geben und für
vorgegebene Werkstoffgruppen bestimmte Schweißverfahren sowie
genormte Schweißgeräte und Schweißzusatzwerkstoffe empfehlen.
Überdies ist für die Schweißausführung geeignet geschultes Per-
sonal vorgeschrieben und die Güte der Schweißverbindung läßt
sich mit hochentwickelten Qualitätssicherungsmethoden, beispielsweise in Form von zerstörungsfreien Prüfverfahren, über-
wachen. Schreibt der Konstrukteur anhand der Regelwerke aus
einer über fünfzigjährigen Gemeinschaftsforschung der Industrie
und der Forschungsinstitute alle Schritte vor, kann er davon

ausgehen, daß die von ihm entworfene Verbindung bestimmte vorgegebene Eigenschaften hat, d.h. sicher kalkulierbar ist.

Anders liegt dies beim Kleben, für das bisher vergleichbare
Regelwerke nicht existieren, woraus sich sowohl für den Konstrukteur als auch für den Anwender größere Unsicherheiten ergeben können. Daraus resultiert ein fast überall bestehendes
Vorurteil gegen das Kleben.

Dabei wird übersehen, daß die Klebtechnik für porige Werkstoffe
schon seit vielen hundert Jahren und heute auch für Kunststoffe
und Metalle eine in vielen Einsatzfällen bewährte Verbindungstechnik ist. Beispielsweise läßt sich Holz mit modernen synthe-
tisch hergestellten Klebstoffen absolut zuverlässig zu Bauteilen
extrem hoher Lebensdauer verbinden, und Gummi/Metallklebungen
in den sogenannten Schwingmetallen sind millionenfach in vielen
Bereichen der Technik, nicht zuletzt in unseren Kraftfahrzeugen,
mit bestem Erfolg eingesetzt.

Bereiten andererseits Klebungen heute noch gelegentlich Probleme, so liegt dies einerseits daran, daß über einige wichtige
Einflußgrößen auf die Festigkeit und das Langzeitverhalten insbesondere im Grenzschichtbereich zum Teil noch grundlegende
Kenntnisse fehlen. Daher ist man zu empirischer Vorgehensweise
bei der Entwicklung gezwungen. Andererseits werden gerade bei
der Auswahl des Klebens als Verbindungstechnologie häufig über-
triebene Anforderungen gestellt, die man von anderen Technolo-
gien nie verlangen würde. Kleben soll beispielsweise schnell
und mit geringem fertigungstechnischem Aufwand vor sich gehen,
obwohl man von anderen Fertigungstechnologien eigentlich weiß,
daß zwischen Aufwand und Qualität ein Zusammenhang besteht. Zum
anderen soll oft ein Klebstoff möglichst alles können, beispielsweise auf Glas und Holz sowie Metallen haften, während
niemand von einer Stahlschweißelektrode die Eignung zum Verbinden von Kupfer erwartet.

2.1.2 Werkstoffe und Fügeteilgestaltung

Die Klebtechnik weist die höchste Flexibilität aller Verbindungstechniken überhaupt auf, ihre Kalkulierbarkeit kann aber nur erreicht werden, wenn ein exaktes Anforderungsprofil aufgestellt wird. Dies gilt hinsichtlich der Eigenschaften der zu verbindenen Werkstoffe, der Eigenschaften der Klebstoffe und schließlich nicht zuletzt der realen Bedingungen, denen die Klebung später im Bauteil ausgesetzt ist.

Im Fall des Kunststoff-Stahl-Klebens können nur die Eigenschaften der Fügeteilwerkstoffe genau beschrieben werden. Die Fügeteiloberflächen und die Eigenschaften der Klebschichten bezüglich Haftung und Tragfähigkeit im Verbund müssen noch versuchstechnisch ermittelt werden. Reichen vorgegebene Eigenschaften zur Erfüllung eines Anforderungsprofils unter den genannten Aspekten nicht aus, sind fertigungstechnische und konstruktive Optimierungsschritte erforderlich. Die im vorliegenden Handbuch gegebenen Empfehlungen beziehen auch die gemachten negativen Erfahrungen aus dem Forschungsvorhaben mit ein. Verdeutlichen mag dies die festgestellte Gefahr der Korrosion am metallischen Fügeteil, die sich im vorgegebenen System nur bedingt durch Variation der Oberflächenvorbehandlung oder bestimmte Auswahl von Klebstoffen beeinflussen ließ. Sie kann aber bei Kenntnis der Ursachen durch konstruktive Maßnahmen reduziert oder unterdrückt werden.

In vielen Fällen sind wegen Fehlens allgemeingültiger Regelwerke bei der Festlegung der Einzelparameter Versuchsarbeiten notwendig, zu deren Durchführung dieses Handbuch ebenfalls Hinweise liefert.

2.2 Kriterien für und gegen das Kleben

Kriterien zur Bewertung des Klebens als kraftübertragende Verbindungstechnik basieren meistens auf dem Vergleich mit anderen Verbindungsverfahren. Begrenzt man eine kritische Bewertung auf

das Verbinden von thermoplastischen Kunststoffen mit Metall,
muß eine solche Bewertung andere Gewichte setzen, weil Kleben
überhaupt das einzige stoffschlüssige und flächenhaft kraftübertragende Verbindungsverfahren für diese unterschiedlichen
Werkstoffe ist. Eindeutiger Nachteil ist lediglich die Nichtlösbarkeit der Verbindung, sofern Reaktionsklebstoffe eingesetzt werden, wie im vorliegenden Fall.

Als Nachteile des Klebens im Vergleich zum Schrauben, Nieten,
Löten und Schweißen werden häufig die langen Taktzeiten in der
Fertigung, die oft erforderliche Oberflächenvorbehandlung, die
geringe thermische Beständigkeit der Klebstoffe und die Notwendigkeit besonderer Gestaltung im Fügebereich genannt. Diese Ar-
gumentation ist aber teilweise überholt, weil heute Klebstoffe
mit schneller Verarbeitbarkeit, zuverlässige umweltfreundliche
Oberflächenvorbehandlungsverfahren, klebgerechte Gestaltungsmöglichkeiten am thermoplastischen Kunststoff und für viele
Zwecke ausreichende Wärmebeständigkeit vorliegen.

Damit verbleiben noch drei wesentliche Nachteile des Klebens:

- Klebungen sind bisher infolge fehlenden Wissens
  und mangels bewährter Regelwerke nicht mit ausreichender Zuverlässigkeit kalkulierbar.

- Kunststoff-Stahl-Klebungen verändern sich unter
  schädigenden Umwelteinflüssen in ihren Trageigen-
  schaften gelegentlich unkontrollierbar durch
  Einsetzen von Korrosion am Stahlfügeteil.

- Die zerstörungsfreien Prüfverfahren liefern keine
  eindeutigen Aussagen über die Festigkeit und Beständigkeit der Verbindung im Betrieb.

Die ersten genannten Nachteile lassen sich über die Gestaltung
und Fertigung der Klebung weitgehend umgehen. Dem dritten Nachteil, nämlich der Mangel an absolut zuverlässigen zerstörungsfreien Prüfverfahren, läßt sich dadurch entgegenwirken, indem
der Klebprozeß mit qualitätssichernden Begleitschritten durch-

geführt wird, die auch bei anderen Verbindungstechniken angewandt werden. Die Maßnahmen erstrecken sich nicht nur auf das
Anfertigen der Klebung, das sich automatisieren und damit reproduzierbar machen läßt, sondern auch auf die Wareneingangskontrolle des Klebstoffs und der Fügeteile, eine Überwachung
der Klebstoffhandhabung bis zum Auftrag und eine Kontrolle der
eventuellen Oberflächenvorbehandlung. Verfahren dazu stehen zur
Verfügung.

Kleben ist durchaus keine einfache Technologie sondern eine an-
spruchsvolle Fertigungstechnik. Vorteile des Klebens beim Verbinden von thermoplastischen Kunststoffen und Stahl sind die
stoffschlüssige und über eine große Fläche stattfindende Kraft-
übertragung. Als wesentlicher Nachteil verbleibt die schon er-
wähnte Nichtlösbarkeit, was sich im Fall notwendiger Repara-
turen, beispielsweise im Karosseriebereich von Kraftfahrzeugen
als sehr ungünstig erweisen kann. Dies wird bei der Konzeption
von Fertigungssystemen und bei der Auswahl des Klebens leider
bisher nicht immer ausreichend berücksichtigt. Als Beispiel sei
hier die sogenannte Direktverglasung von Kraftfahrzeugkarosse-
rien, d.h. das Einkleben der Glasscheiben genannt, die gegenüber dem Einsetzen mit Gummidichtungen erhebliche technische
Vorteile erbringt, weil aerodynamisch glattflächige Karosserien
möglich werden und sich deren Steifigkeit durch Mittragen des
Glases bis zu 50 % erhöhen läßt. Wird aber eine solche Glas-
scheibe durch Steinschlag oder einen Unfall zerstört, verursacht der erforderliche Reparaturklebprozeß etwa die zehnfachen
Reparaturkosten, gegenüber dem Wiedereinsetzen einer Scheibe
durch Einziehen einer Gummidichtung. Wird dieser Klebprozeß
nicht fachkundig durchgeführt, so ist zudem die Leistungsfähigkeit der Reparaturklebung eingeschränkt. Die Frage der Reparaturkosten und auch diejenige der Reparaturqualität läßt sich
teilweise organisatorisch lösen, wie dies beispielsweise bei
geklebten Bremsbelägen seit vielen Jahren erfolgreich funktioniert, bei denen die Reparatur- oder Ersatzklebung nicht in der
Werkstatt, sondern von Zentralbetrieben durchgeführt wird. Dies
ist für das Beispiel der Fahrzeugkarosserie sicher nur in bestimmten Fällen möglich. Mit den derzeitigen Klebstoffsystemen

lassen sich lösbare Klebungen im strukturellen Bereich kaum
verwirklichen, doch könnte dies eine interessante Zukunftsauf-
gabe für die Klebstoffhersteller sein.

2.2.1 Folgerungen für die Klebstoffentwicklung und Fertigungstechnik

Kraftübertragende Klebungen zwischen Kunststoffen und Metallen
lassen sich bis heute praktisch nur mit reaktiven Klebstoffen
ausführen, d.h. die Polyreaktion zur Verfestigung des Klebstoffes läuft erst in der Klebfuge ab. Vor dem Kleben hat man es
also mit niedrigmolekularen, reaktiven organischen Substanzen
zu tun, die unter dem Aspekt des Umwelt- und Gesundheitsschutzes
Probleme aufwerfen können. Wenngleich die Entwicklung der Klebstoffe dahin gehen muß, die Ausgangssubstanzen für die Klebfuge
höhermolekular und damit ungefährlicher zu machen, d.h. einen
Teil der chemischen Reaktion in das Vorprodukt zu verlagern,
bleibt das Bestreben, die Handhabung der Ausgangssubstanzen für
Klebstoffe bis zum Klebstoffauftrag und bis zur Aushärtung
durch Automatisieren vom Menschen unabhängig zu machen. Dies
gilt heute bei vielen anderen Verbindungstechniken, beispiels-
weise in der Schweißtechnik, ebenfalls als selbstverständlich.
Die Arbeitssysteme für eine solche Automatisierung stehen zur
Verfügung und es bedarf lediglich geeigneter Konzeptionen der
Fertigungsabläufe, um ein Höchstmaß an Gesundheitsschutz und
Arbeitssicherheit zu erreichen (siehe Abschn. 6.3).

Die bereits realisierten und denkbaren Fertigungsabläufe lassen
sich zweifellos in Zukunft im Sinne maschineller Verarbeitung
noch verbessern, wenn es bei der Klebstoffentwicklung gelingt,
die Zustände des ungehärteten und des gehärteten Klebstoffs
meßtechnisch zugänglich zu machen und somit ein Nachregeln des
Fertigungssystems anhand von Meßwerten zu ermöglichen. Als Beispiel dafür seien Farbreaktionen zwischen Klebstoff und Härter
genannt, die meßtechnisch leicht zugänglich und für die Nach-
regelung des Mischungsverhältnisses geeignet sind.

Die noch verbleibenden Unsicherheiten hinsichtlich der Kalkulierbarkeit des Klebens als Fertigungsverfahren lassen sich
noch verringern, wenn es endlich gelingt, eine verbesserte
Fachausbildung im Bereich der Klebtechnik sicherzustellen. Auch
hierzu kann das vorliegende Handbuch als Lehrunterlage nützlich
sein.

2.3 Fügeteilwerkstoffe und Klebstoffe

G. Moniatis, W. Wahono

Der chemische Aufbau eines *Kunststoffes* hängt davon ab, um welchen Kunststoff (PA, PC, PVC) es sich handelt und zu welcher
Gruppe (Thermoplaste, Elastomere, Duromere) er gehört [2.1],
Bild 2.3. Weiterhin beeinflußt die Morphologie (teilkristallin,
amorph, gefüllt, verstärkt, geschäumt) u.a. die mechanischen
Eigenschaften des Fügeteiles wesentlich, die für das Tragverhalten des Bauteiles entscheidend sind. Die Kenntnis der thermophy-
sikalischen Eigenschaften des Kunststoffes ist bei der Auswahl
des Klebstoffes unumgänglich; die Aushärtetemperatur des Klebstoffes muß unter oder im Bereich der Glastemperatur des Kunststoffügeteiles liegen. Die Auswahl des Klebstoffes hängt auch
davon ab, wie stark der Unterschied der Wärmeausdehnungskoeffi-
zienten zwischen den Fügeteilen ist; der Klebstoff muß dazu die
entstehenden Eigenspannungen aufnehmen können.

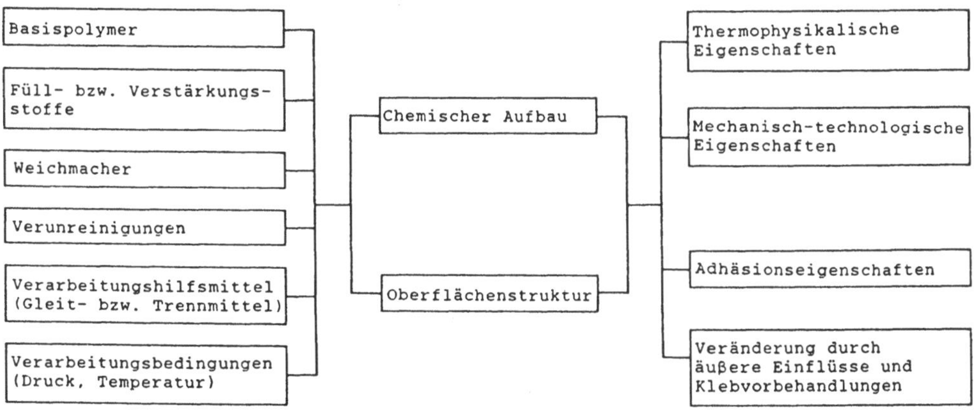

Bild 2.3. Einflußgrößen auf die Klebeignung von Kunststoffen

Viele Kunststoffe enthalten Füllstoffe oder Verstärkungsmateria-
lien, die sich häufig im Oberflächenbereich anreichern. Sie besitzen andere Adhäsionseigenschaften als das Basispolymer zum
Klebstoff und beeinflussen auch die Oberflächenrauhigkeit, falls
der Kunststoff mechanisch vorbehandelt wird.

Als Verarbeitungshilfsmittel mit niedriger Oberflächenspannung
werden Granulat und Pulver bei der Formgebung zugegeben, um die
Reibung mit den Maschinenteilen zu verringern. Die zugemischten
Hilfsstoffe können die Adhäsionseigenschaften beeinträchtigen.
Formtrennmittel können zu Schwierigkeiten beim Kleben führen,
weil sie die Haftung des Klebstoffes auf Kunststoffoberflächen
erschweren und auch schwer zu entfernen sind.

In manchen Kunststoffen sind Weichmacher vorhanden, die dem
Kunststoff die gewünschte Duktilität verleihen. Enthält das zu
verklebende Kunststoffügeteil Weichmacher, so ist mit der Gefahr
der Weichmacherwanderung zu rechnen, wodurch die Haftung beeinträchtigt wird.

Verunreinigte Oberflächen sind als Haftgrund für den Klebstoff
ungeeignet, weil sich ungleichmäßige Adhäsionsbedingungen ergeben. Daher sind sie durch Vorbehandlung zu beseitigen.

Im Forschungsvorhaben "Fertigungssystem Kleben" wurden die
Kunststoffe ausgewählt, die im Automobilbau und Maschinenbau
heute und in der Zukunft ein breites Anwendungsgebiet als Konstruktionswerkstoffe finden. Dabei sollten sie sich sowohl in
ihren mechanischen als auch in ihren physikalischen und chemischen Eigenschaften deutlich voneinander unterscheiden. In Tabelle 2.1 sind die verwendeten Kunststoffe und in Tabelle 2.2
einige Eigenschaften eingetragen. Sie beinhaltet unverstärkte
und glasfaserverstärkte Kunststoffe. Einige von ihnen sind bereits ohne Oberflächenvorbehandlung zu verkleben, andere erst
nach einer Oberflächenvorbehandlung.

In Bild 2.4 sind die Faktoren, die die Klebeignung von Metallen
beeinflussen können, dargestellt. Die genaue Kenntnis der chemi-

Tabelle 2.1. Im Forschungsvorhaben "Fertigungssystem Kleben" verwendete spritzgegossene Kunststoffe

Kunststoffe	Handelsname	Hersteller
Polyamid 6	Ultramid B3	BASF
Polypropylen	Eltex PHL 402	Solvay
Acrylnitril-Butadien-Styrol	Terluran KR 2802/2	BASF
	Terluran KR 2889	BASF
Polykarbonat	Makrolon 8030 GV	Bayer

Tabelle 2.2. Einige Eigenschaften der verwendeten spritzgegossenen Kunststoffe (Probenform 85 x 25 x 4 mm) [Kunststofftechnikum TU Berlin]

		PP	PA 6	ABS	PC GV	ABS2889
Streckspannung	N/mm²	32	48-55	38	68	56
Dehnung bei						
Streckspannung	%	8	3,5-4,8	3,6	1,8	2,5
Elastizitäts-						
modul	N/mm²	1450	1900-2530	1900	5320	2700
Wasseraufnahme	%	---	9	0,7	0,26	---
Längenänderung	%	---	2,5	0,2	---	---

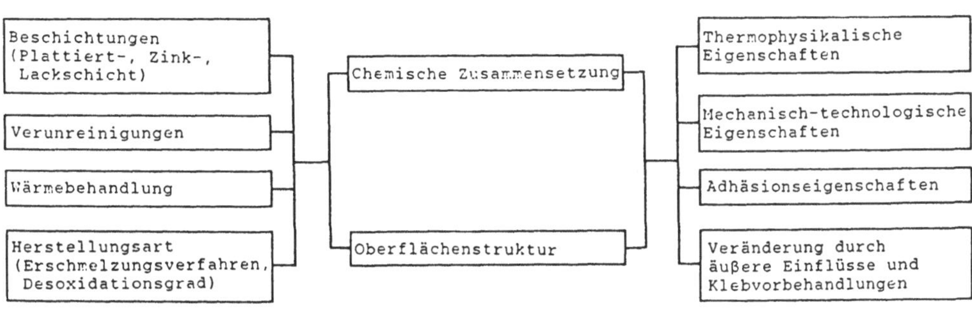

Bild 2.4. Einflußgrößen auf die Klebeignung von Metallen

schen Zusammensetzung des Fügeteilwerkstoffes ist notwendig, da die Auswahl der geeigneten Oberflächenvorbehandlung bzw. der weiteren Arbeitsschritte davon abhängig ist. Es ist daher wichtig zu wissen, daß beispielsweise der korrosionsbeständige Stahl X 12 CrNi 18 8 zu kleben ist und nicht der Baustahl St 37. Denn die beiden "Stähle" sind unterschiedlich zu behandeln, vor allem wenn hohe Anforderungen an die Klebung gestellt sind. Weiterhin könnten Auskünfte über die Herstellungsart (Erschmelzungsverfahren, Desoxidierungsgrad) in manchen Fällen nützlich sein.

In Tabelle 2.3 sind die Kenndaten des im Forschungsvorhaben "Fertigungssystem Kleben" verwendeten Tiefziehblechs St 1403 eingetragen. Dieser Stahl wurde als Fügeteilwerkstoff ausgewählt, weil er im Automobilbau heute und auch in absehbarer Zukunft aufgrund seiner Festigkeit und Steifigkeit (E-Modul), den günstigsten Verarbeitungseigenschaften (Kaltverformbarkeit, Schweißeignung, Lackierbarkeit) und des vergleichweise niedrigen Preises einen wichtigen Werkstoff darstellt.

Klebstoffe sind definitionsgemäß nichtmetallische Werkstoffe, die Körper miteinander verbinden können, ohne daß sie das Gefüge dieser Körper wesentlich beeinflussen. Je nach chemischer Basis unterscheidet man zwischen organischen und anorganischen Klebstoffen. Die meisten auf dem Markt befindlichen Klebstoffe sind jedoch organische Verbindungen auf natürlicher und synthetischer Basis. Die Klebstoffe auf natürlicher Basis spielen eine unter-

Tabelle 2.3. Kenndaten des Stahls St 1403 nach DIN 1623, T1

Werkstoffnummer	1.0338
Desoxidationsart	besonders beruhigt
Kohlenstoffgehalt	max. 0,08 %
Elastizitätsmodul	210.000 N/mm^2
Zugfestigkeit	270 bis 350 N/mm^2
0,2 %-Dehngrenze	max. 210 N/mm^2
Bruchdehnung (L_0 = 80 mm)	min. 38 %
Richtwert für den Mittenrauhwert	0,6 bis 1,9 µm

geordnete Rolle und werden mehr und mehr von den synthetischen Klebstoffen verdrängt. Die genauere Einteilung der heute auf dem Markt befindlichen Klebstoffe sowie ihre Eigenschaften werden im Kapitel 5 genauer behandelt.

Beim Umgang mit Klebstoffen muß auf die jeweils gültigen Sicherheitsvorschriften besonders geachtet werden (Abschn. 6.4). Die Aufstellung eines Anforderungsprofils - basierend auf fertigungstechnischen Aspekten sowie auf die Eigenschaften und die Einsatzbedingungen der zu klebenden Fügeteile - ist bei der Wahl des Klebstoffes empfehlenswert, Bild 2.5. Darin werden die wich-

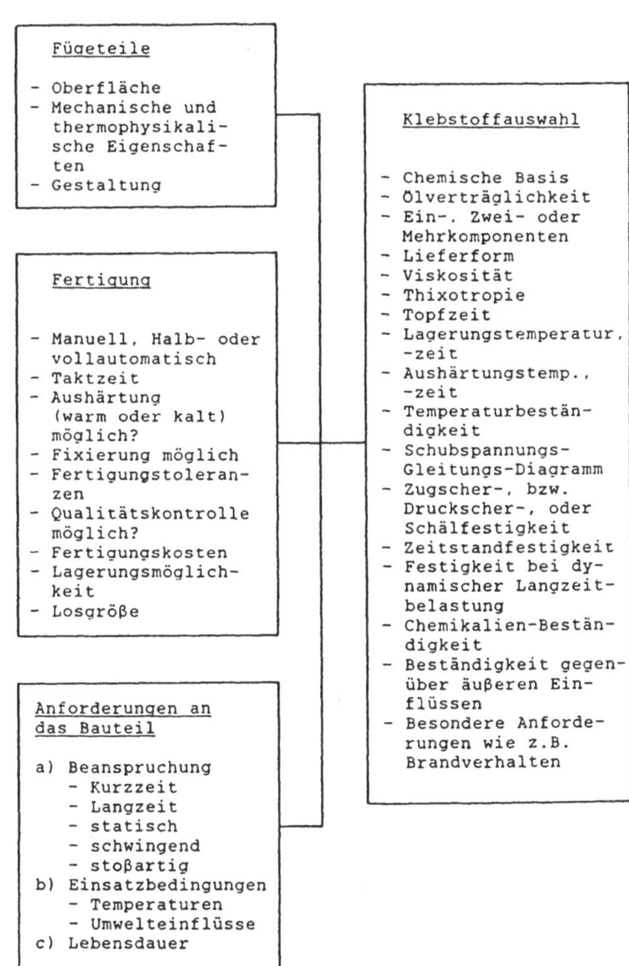

Bild 2.5.   Einflußgrößen auf die Klebstoffauswahl

tigen konstruktiven und fertigungstechnischen Anforderungen berücksichtigt. Die Verarbeitungseigenschaften des Klebstoffes wie z.B. Viskosität, Topfzeit, Aushärtung, werden primär von der Fertigung bestimmt. Die weiteren Anforderungen werden in erster Linie von den Fügeteilen sowie den Einsatzbedingungen des Bauteils abgeleitet [2.2, 2.3].

In den meisten Fällen muß bei der Klebstoffauswahl ein Kompromiß gefunden werden, bei dem die gestellten Anforderungen möglichst weitgehend erfüllt werden. Hierzu erweist sich eine enge Zusammenarbeit zwischen Konstruktion, Arbeitsvorbereitung und Produktionssteuerung einerseits und dem Klebstoffhersteller andererseits als vorteilhaft.

2.4 Konstruktive Prinzipien der Fügebereichsgestaltung

H. Käufer, H. Elsner

Durch Kleben können verschiedenartige Werkstoffe miteinander gefügt werden. Kleben ermöglicht dadurch, die speziellen Eigenschaften verschiedener Werkstoffe zur Verwirklichung von Misch- und Verbundkonstruktionen zu nutzen.

Die Einplanung geeigneter Klebungen und die konstruktive Gestaltung des Fügebereichs haben entscheidenden Einfluß auf die Funktionalität des Produktes, die Einzelteilgestaltung und Fertigung sowie die Durchführung des Fügens. Diese Zusammenhänge werden deutlich, wenn von den Fragen der funktionalen Aufteilung in Einzelteile und deren Gestaltung ausgegangen wird, wie dies in Bild 2.6 veranschaulicht ist.

Nur eine gemeinsame Betrachtung aller Fragen mit ihren gegenseitigen Abhängigkeiten führt zu systemoptimierten Klebungen, die den Einsatz von verschiedenartigen und stoffschlüssig verbundenen Werkstoffen erst ermöglichen. Die Planung, Gestaltung und Durchführung von optimalen Klebungen muß daher als konstruktives Problem erkannt werden. Erst durch Kenntnis und Nutzung der

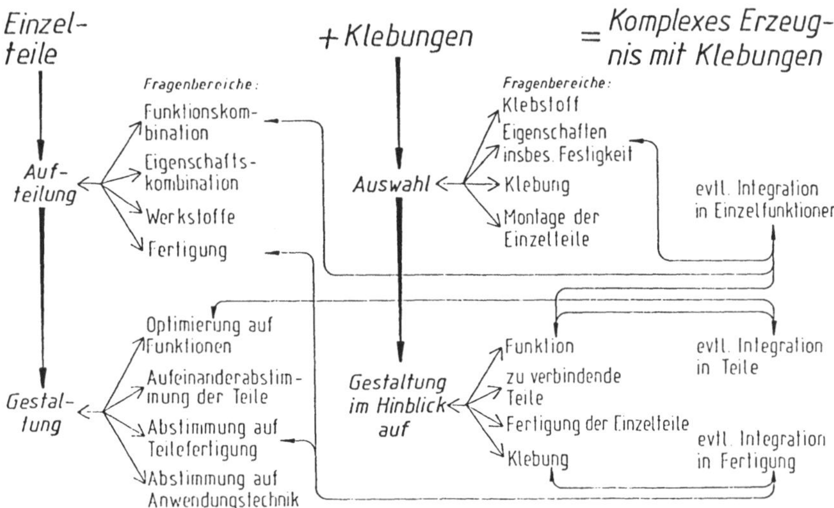

Bild 2.6. Klebung als Hilfsbaustein für die Differentialbauweise

konstruktiven Möglichkeiten bei der Gestaltung des geklebten
Fügebereichs ist es möglich, multifunktionale Bauteile zu
entwickeln, die bei hoher Fertigungsintegration wirtschaftlich
herstellbar sind.

Um das Ineinandergreifen von Fragen der Aufteilung der Einzel-
funktionen und Gestaltung der Einzelteile, der Fügebereichsgestaltung, der Klebstoffauswahl und der Durchführung der Klebung
für den Konstrukteur überschaubar zu machen, ist es notwendig,
zunächst die prinzipiellen Möglichkeiten der Anordnung und
Geometrie des Fügebereichs aufzuführen. Bei der Kunststoff-
Metall-Klebung sorgen die fast beliebigen Gestaltungsmöglichkeiten von Kunststoffen für einen großen Variantenreichtum von
möglichen Fügebereichsgestaltungen.

Fügeflächengeometrie:
- punktweise (Anzahl / Verteilung)
- linienhaft (offen / geschlossen)
- flächig (eben / gewölbt)
- stumpfe Stöße
- Überlappungen   (ein- / zwei- / mehrschnittig)
- Schäftungen / Nuten / Falze

Die Anordnung des Fügebereichs im belasteten Bauteil und die
Fügeflächengeometrie sind maßgeblich für die Richtung und Art des
Lastangriffs und somit auch für die entstehende Spannungsver-
teilung, Bild 2.7.

Lastangriff:
- senkrecht zur Fügefläche (Zug / Druck)
- parallel zur Fügefläche (Schub / Torsion)
- Biegung / Schälung / Spaltung (Moment)

Durch zusätzlichen Form- und/oder Kraftschluß kann der Stoffschluß der Klebung unterstützt werden. Diese Form- bzw. Kraftschlußunterstützung stellt in solch einem Fall eine Hilfsfunktion
der Klebung dar, Bild 2.8.

Um die vielfältigen Möglichkeiten der Fügebereichsgestaltung zu
verdeutlichen, sind in Bild 2.9 einige Beispiele aufgezeigt. In
Kapitel 4 werden die Fragen der Fügebereichsgestaltung ausführlich behandelt.

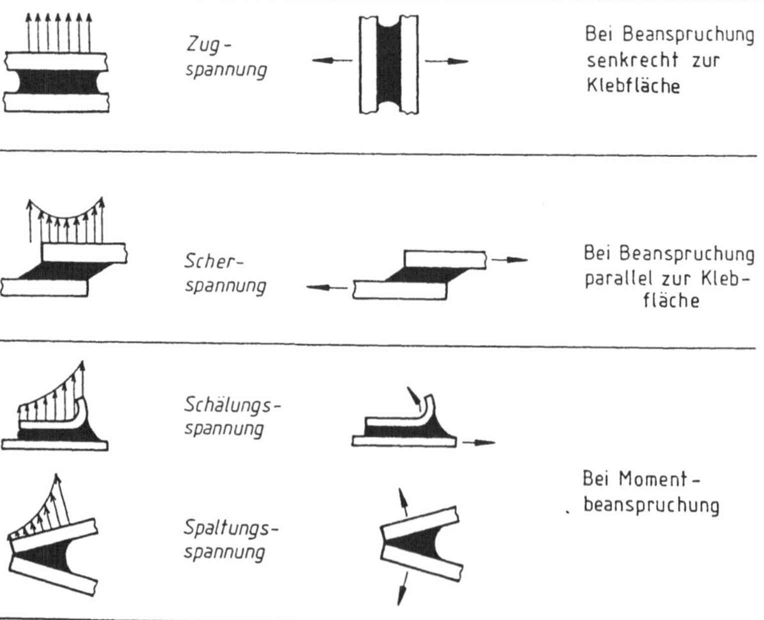

Bild 2.7. Spannungsverteilung und Verformung unter Lastangriff

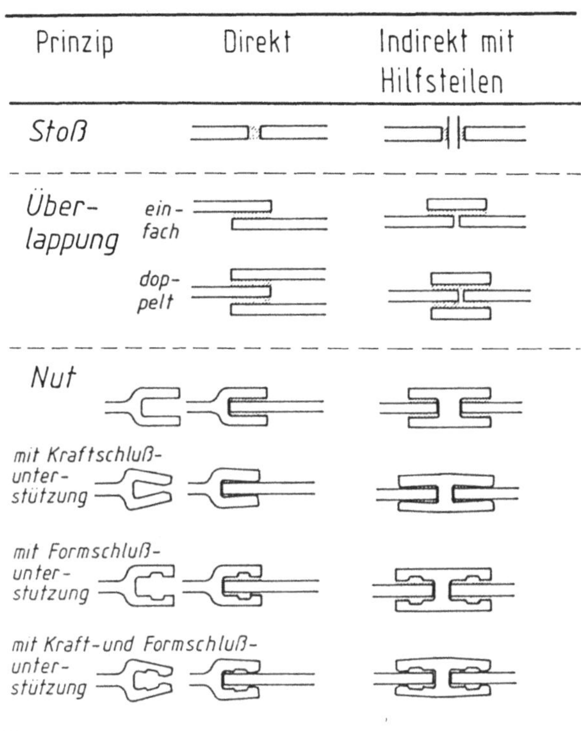

Prinzip	Direkt	Indirekt mit Hilfsteilen
Stoß		
Über-lappung ein-fach		
doppelt		
Nut		
mit Kraftschluß-unter-stützung		
mit Formschluß-unter-stützung		
mit Kraft-und Formschluß-unter-stützung		

Bild 2.8. Prinzip der form- und/oder kraftschlußunterstützten Klebung

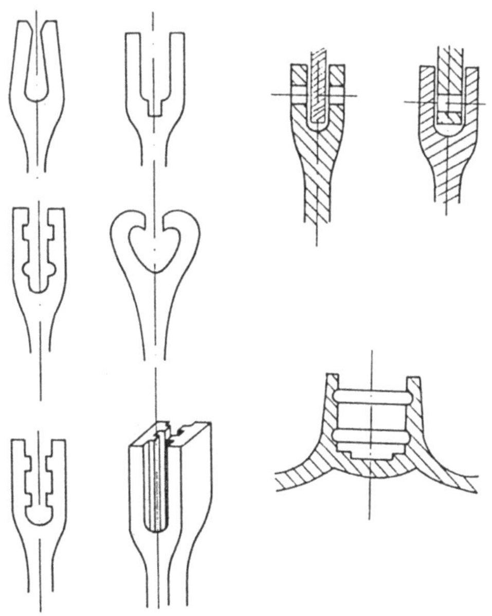

Bild 2.9. Beispiele der Fügebereichsgestaltung

2.5 Fertigungstechnische Prinzipien

G. Moniatis

Die Fertigung eines geklebten Bauteils wird in der Regel in fünf
Arbeitsschritten durchgeführt [2.4], die jedoch in möglichst
kontrollierten Zeitabständen nacheinander erfolgen sollten. Diese Arbeitsschritte müssen genau nach Vorschrift von geschulten
Fachkräften und unter besonderer Beachtung der geltenden Sicherheitsvorschriften durchgeführt werden. Eine übergreifende Aufgabe hat bei der Fertigung die Qualitätssicherung, die die einzelnen Arbeitsschritte und das fertige Bauteil überwacht, Bild
2.10.

Klebflächenherstellung der Fügeteile

Die Herstellungsbedingungen der Fügeteile sollen so ausgewählt
werden, daß die Klebflächen gute Adhäsionseigenschaften aufweisen. Wenn das nicht der Fall ist, müssen die Adhäsionseigenschaften der Klebflächen durch eine Vorbehandlung verbessert
werden. Die Auswahl des Oberflächenvorbehandlungsverfahrens
richtet sich nach den Fertigungsmöglichkeiten und nach den Anforderungen an die Klebung (Kapitel 6).

Der Klebstoffauftrag sollte in einem festgelegten Zeitabstand
nach der Oberflächenvorbehandlung der Fügeteile erfolgen. Zu
langes Lagern kann eine erneute Verunreinigung oder auch strukturelle Umwandlung in der vorbehandelten Oberfläche verursachen.

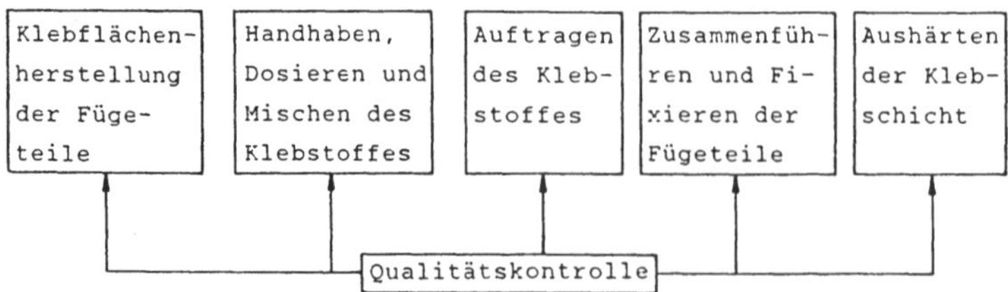

Bild 2.10. Arbeitsschritte beim Kleben

Durch das "Primern", d.h. Auftragen eines dünnen Kunststofflacks, kann die Liegezeit bis zum Verkleben wesentlich verlängert werden [2.5].

Handhaben, Dosieren und Mischen des Klebstoffes

Bei der Handhabung der Klebstoffe müssen die geltenden Sicherheitsvorschriften eingehalten werden. Darüber hinaus sollte die vom Klebstoffhersteller im Zusammenhang mit der Lagerungsbedingungen angegebene Lagerungszeit nicht überschritten werden.

Das genaue Dosieren und das gründliche Mischen des Klebstoffes beeinflussen maßgeblich die Funktionsfähigkeit der Klebung. Bei kleinen Stückzahlen sowie geringen Klebstoffmengen und langer Topfzeit kann das Mischen und Dosieren manuell erfolgen. Hohe Stückzahlen und große Klebstoffmengen sowie kurze Topfzeiten erfordern den Einsatz von automatischen Misch- und Dosieranlagen. Dadurch lassen sich kürzere Taktzeiten bei genauer Einhaltung der Mischungsverhältnisse und Topfzeiten realisieren [2.5, 2.6].

Auftragen des Klebstoffes

Die Auftragsarten richten sich nach der Geometrie der Fügeteile, der Größe der Fügeflächen, der Zahl der Klebungen, der Lieferform des Klebstoffes und dem Automatisierungsgrad des Fertigungsprozesses. Das manuelle Auftragen des Klebstoffes mit einfachen Werkzeugen ist nur beim Kleben von wenigen Einzelteilen anwendbar. Die Integration des Klebens in die Serienfertigung erfordert den Einsatz automatischer Auftragsgeräte, die eine Zeitverkürzung und eine genaue Einhaltung der benötigten Auftragsmenge ermöglichen. Die dadurch eingesparte Klebstoffmenge kann bis zu 30 % betragen und die eventuell erforderliche Nacharbeit zur Entfernung des überschüssigen Klebstoffes kann erheblich reduziert werden.

Zusammenführen und Fixieren der Fügeteile

Ob die Fügeteile unmittelbar nach dem Klebstoffauftrag zusammengeführt und fixiert werden sollen, hängt von der Art des verwendeten Klebstoffes ab (Kapitel 5). Die Art der angewendeten Fixiervorrichtung ist in erster Linie von der Größe der Bauteile und der Klebfläche, der Art des Klebstoffes und dem Automatisierungsgrad der Fertigung abhängig. Die Fixierung muß bis zu ausreichender Verfestigung der Klebschicht aufrechterhalten werden, um den Weitertransport zu ermöglichen. Durch Kombination des Klebens mit dem Punktschweißen, Nieten, Clinchen, Schrauben oder durch geschickte konstruktive Gestaltung der Klebung (Formschluß) können u.U. aufwendige Fixiervorrichtungen eingespart werden. Beim Einsatz von Reaktionsklebstoffen, die beim Aushärten niedermolekulare Substanzen abspalten (Polykondensationsreaktion), muß beim Fixieren ein hoher Preßdruck (in der Regel größer als der Dampfdruck des Wassers) auf die Fuge ausgeübt werden. Hierzu werden meist aufwendige Fixiervorrichtungen benötigt.

Aushärten der Klebschicht

Das Aushärten der Klebschicht kann - je nach Klebstoffart - sowohl bei Raum- als auch bei erhöhter Temperatur erfolgen. Warmaushärtende Systeme benötigen in der Regel Aushärteöfen und -pressen, während kaltaushärtende Klebstoffe bereits bei Raumtemperatur aushärten. Die Aushärtung wird auch bei diesen Klebstoffen durch geringe Wärmezufuhr beschleunigt. In der Serienfertigung können durch Schockhärtung bei hohen Temperaturen kurze Durchlaufzeiten erzielt werden. Meistens werden Hochfrequenzinduktionsspulen eingesetzt, die die Erwärmung der metallischen Fügeteile bewirken. Diese Methode ist jedoch nicht für alle Klebstoffe geeignet und erfordert bei großflächigen Klebungen teure Hochfrequenzgeneratoren hoher Leistung.

Qualitätskontrolle

Die Qualitätskontrolle ist beim Kleben besonders wichtig, weil eine genaue zerstörungsfreie Prüfung der Adhäsion nicht möglich ist. Daher soll durch Qualitätskontrolle gesichert werden, daß die einzelnen Arbeitsschritte nach Vorschrift ablaufen.

Zusammengefaßt hat die Qualitätskontrolle folgende Aufgaben:

Wareneingangskontrolle
a) <u>Klebstoff</u>
   - Festigkeits- und Viskositätsmessung
   - Überwachung der Lagerung
   - Visuelle Farbenkontrolle
b) <u>Fügeteil</u>
   - Oberflächenqualität
   - Mechanische Eigenschaften

Kontrolle der zu klebenden Oberfläche
- Überwachung der Reinigungs- und Beizbäder
- Kontrolle der erzielten Oberflächenvorbehandlung (Optische
  Kontrolle, Randwinkelmessung, Rauheit, Messen mit Kontaminati-
  onstester)
- Kontrolle der Umgebungsbedingungen und der Zeit zwischen der
  Oberflächenvorbehandlung und dem Klebstoffauftrag.

Verarbeitungskontrolle des Klebstoffes
- Kontrolle der Umgebungsbedingungen bei der Klebstoffhandhabung
- Kontrolle des Mischungsverhältnisses
- Kontrolle der Vollständigkeit der Mischung
- Kontrolle der Auftragsmenge, der Topfzeit und des Auftragens
- Zusammenführen der Fügeteile innerhalb der Topfzeit
- Kontrolle beim Fixieren (Klebschichtdicke, Anpassen)
- Kontrolle der Aushärtungsparameter (Temperatur, Zeit, Druck)

Prüfung der Klebung
- Zerstörungsfreie Prüfung
  (Abklopfen, Ultraschallprüfung, Röntgenprüfung, Wärmeleitei-
  genschaften)
- Zerstörende Prüfung
  (In der Serienfertigung können Musterteile mitlaufen, die an-
  schließend zerstörend geprüft werden).

Die Arbeitsschritte beim Kleben werden im Kapitel 6 anhand von
Beispielen ausführlicher beschrieben.

2.6 Rechnergestützte Klebtechnik

H. Käufer, R. Chemnitius

Die Klebtechnik ist ein neues, noch in der Entwicklung begriffenes, ingenieurwissenschaftliches Fachgebiet, das wegen seiner Komplexität an den Konstrukteur besondere Anforderungen stellt. Die Vielzahl der auf dem Markt vorhandenen Kunst- und Klebstoffe, zu denen täglich neue hinzukommen, wie auch der schnelle Erkenntniszuwachs hinsichtlich der Verarbeitung und der Fügebereichsgestaltung, machen es dem Konstrukteur wie auch dem Verarbeiter nahezu unmöglich, immer den neuesten Stand des Technik anzuwenden.

Durch die Anwendung der EDV kann sich der Ingenieur schnell und umfassend alle aktuellen Informationen über die Klebtechnik zur Verfügung stellen lassen. Das vorhandene Wissen sollte dabei systematisch gegliedert und übersichtlich dargeboten werden. Besser noch als durch ein reines Informationssystem, ähnlich einer Datenbank, kann ein sogenanntes Expertensystem den Ingenieur unterstützen. Ein Expertensystem stellt dem Anwender gezielt Fragen und schlußfolgert mit vorhandenen Informationen, so daß über die reine Informationsbereitstellung hinaus auch Ergebnisse und Teillösungen auf der Grunglage gespeicherter Fakten und Regeln angeboten werden können. Ein Expertensystem erkennt Widersprüche und Zielkonflikte, kann Probleme zum Teil selbständig lösen und das gefundene Ergebnis z.B. grafisch aufbereitet darstellen.

Es wird daher angestrebt, ein Expertensystem für die Klebtechnik zu entwickeln, das den Ingenieur während der Konstruktion am CAD[1]-Arbeitsplatz unterstützt. Für die Einbindung des Expertensystems in eine CAD-Umgebung sprechen mehrere Gründe. Die meisten Ingenieure arbeiten bereits an einem CAD-Arbeitsplatz. Ein Rechner, der hinsichtlich seiner Speicher- und Rechenleistung für ein CAD-Programm geeignet ist, eignet sich weitgehend auch für ein Expertensystem. Die Gestaltung des Fügebereichs ist eine zentrale

[1] CAD: Computer Aided Desing

Aufgabe des konstruktiven Klebens. Es ist also die Verarbeitung
von Geometriedaten notwendig, wofür CAD-Rechner bereits wichtige
Voraussetzungen bieten.

Das zu entwickelnde Expertensystem muß leicht erweiterbar sein,
da ständig neue Werkstoffe, Klebstoffe und mechanische Kenndaten
hinzukommen. Auch die Struktur des Expertensystems muß sich neuen
Erkenntnissen, Berechnungsverfahren und Anwendungsgebieten
anpassen können. In Abschn. 8.2 wird das Konzept eines Expertensystems für das Kunststoff-Metall-Kleben näher erläutert.

In der Zukunft werden für betriebliche Abläufe zunehmend CIM-
Lösungen angestrebt. In Abschn. 8.2.4 wird gezeigt, wie ein
Expertensystem in der Konstruktion und in der Fertigung als
Baustein für ein CIM[2]-Konzept integriert werden kann. Das setzt
jedoch die Entwicklung eines Expertensystems voraus, das derart
komplexe Wissensbereiche bearbeiten kann. Auch wenn bisher kein
vergleichbares Expertensystem entwickelt wurde, läßt doch der
derzeitige Stand der Informatik die Entwicklung eines solchen
Systems möglich erscheinen. Die Klebtechnik befindet sich zwar
noch in der Entwicklung, ist aber bereits jetzt für die Anwendung
in der Massenfertigung verläßlich genug. Deshalb erscheint der
große Aufwand für die Entwicklung eines Expertensystems für die
Klebtechnik gerechtfertigt und der Zeitpunkt günstig.

[2] CIM: Computer Integrated Manufaktoring

3 Leistungsmöglichkeiten der Klebtechnik

H. Kollek

3.1 Allgemeine Eigenschaften von Klebungen

3.1.1 Die Adhäsion der Klebungen

Die Haftung zwischen Klebstoff und Fügeteil ist die Voraussetzung für die Herstellung struktureller Klebungen. Daher sollte der Adhäsion besondere Aufmerksamkeit geschenkt werden. Adhäsion ist nicht nur ein mechanisches Phänomen, sondern hat auch chemische und physikalische Ursachen. Sie stellt einen wichtigen Schlüssel für erfolgreiches, das heißt dauerhaftes, Kleben dar, wobei bis heute keine vollständige Kenntnis über die Natur der Haftung besteht /3.1, 3.2/.

Der Effekt, daß verschiedene Stoffe fest aneinander haften, setzt voraus, daß sich einer der Stoffe zumindest zeitweise im flüssigen Zustand befunden haben muß. Nur dann ist die erforderliche Benetzung, d.h. der Kontakt der beiden Stoffe in molekularen Dimensionen möglich. Man kann davon ausgehen, daß feste Haftung meistens nur erfolgt, wenn Benetzung stattfinden kann. Diese Regel gilt insbesondere für die Kunststoffe /3.3/.

Neben der Benetzung beschreibt eine andere Theorie Haftung als mechanische Verklammerung in mikroskopischen Bereichen. Allen Erfahrungen nach spielt sie aber nur beim Verkleben von porösen Werkstoffen eine dominierende Rolle /3.4/.

Nach dem heutigen Stand der Kenntnisse über Haftung müssen zwischen Klebstoff und Festkörper chemische und physikalische

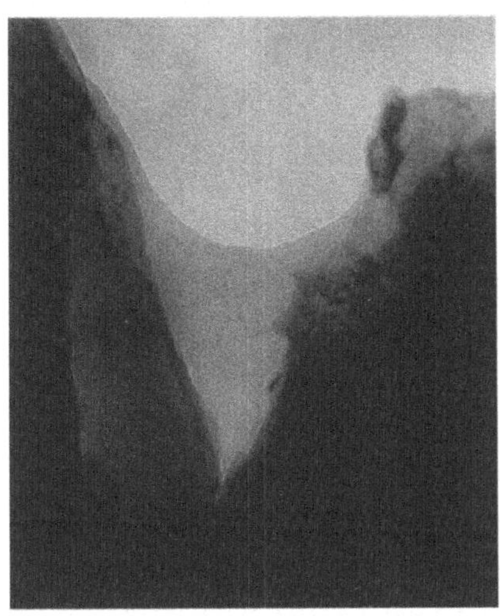

Bild 3.1. Querschnitt durch eine entfettete Stahloberfläche
           mit Verunreinigungen, elektronenoptische Aufnahme

Wechselwirkungen existieren, die näher zu beschreiben sind
$\angle$3.5$\overline{}$. Dabei sind physikalische Wechselwirkungen wegen ihrer
geringen Energie allein nicht ausreichend zur Erklärung hoher
Haftfestigkeiten. Andererseits lassen sich chemische Reaktionen
zwischen dem nicht ausgehärteten Klebstoff und dem Festkörper
heute eindeutig nachweisen $\angle$3.6$\overline{}$. Allerdings weisen auch
"saubere" Oberflächen oft feinste Mikrokerben auf, in denen
sich Verunreinigungen so verankern können, daß sie nur durch
mechanisches Abtragen entfernbar sind. Dies zeigt das Bild 3.1,
wo sich die Verunreinigungen in der Kerbe hellgrau abzeichnen.
Die Oxidschicht auf dem Stahl, der eigentliche Haftgrund für
den Klebstoff, ist andererseits so dünn, daß sie auch bei
diesen Vergrößerungen nicht sichtbar wird. Nach Auger-Analysen
beträgt ihre Dicke etwa 1 nm.

Diese Oberfläche ist nicht gleich reaktionsfähig gegenüber allen
Bestandteilen eines Klebstoffes. So reagieren Aminhärter und
auch viele Epoxide nicht nachweisbar mit diesen Oberflächen,
während die bei der Härtung daraus entstehenden Verbindungen
eine deutliche Reaktion zeigen. Diese Reaktion des Klebstoffes
mit der Oberfläche beeinflußt aber auch die Härtungsreaktion

des Klebstoffes, was zur Folge hat, daß sich in der Grenzschicht
ein etwas anderes Polymergefüge ausbildet. Diese Erscheinung
erklärt auch, daß beim Versagen der Haftung oft auf der Oberfläche eine nur wenige Moleküllagen dicke, unsichtbare Schicht
des Klebstoffes auf dem Metall verbleibt.

Bei den Kunststoffen kommt noch als weiterer Faktor hinzu, daß
ihre Oberfläche durch den Herstellungsprozeß des Teiles geformt
wird, wodurch auch die Haftung beeinflußt wird (siehe Abschn.
6.1.1). Soweit heute bekannt, wird an den Kunststoffen ein
überwiegender Teil der Haftung durch Wechselwirkungen zwischen
polaren Gruppen des Klebstoffes und auf dem Kunststoff bewirkt.
Deshalb sind Benetzungstests von großer praktischer Bedeutung.
Mit ihnen läßt sich relativ sicher die Klebbarkeit eines Kunststoffes feststellen. Auch chemische Bindungen zwischen Klebstoff und zum Beispiel Endgruppen der Kunststoffmoleküle spielen bei der Haftung eine nicht vernachlässigbare Rolle.

Haftung ist in allen Fällen ein sehr komplexer Vorgang, so daß
sie an dieser Stelle nur sehr grob und für die hier zu bespre-
chenden Werkstoffe umrissen werden kann. Für Einzelprobleme muß
auf die umfangreiche und leider auch weit verstreute Fachlite-
ratur verwiesen werden. Sie ist jedoch über Literaturrecherchen
zum Beispiel in den "Chemical Abstracts" recht gut auffindbar.

Ein wesentlicher Punkt ist außerdem die Beständigkeit der Haftung, die nicht unbedingt mit Anfangseigenschaften korrelieren
muß. Man kann sich eine Klebung als Kette vorstellen, wobei die
Fügeteile, die Haftung und der Klebstoff die einzelnen Glieder
sind. Versagen wird eine solche Kette beim schwächsten Glied.
Mit der Zeit ändert sich aber nun die Tragfähigkeit der verschiedenen Glieder. Häufig läßt sich feststellen, daß gerade
die Haftung die höchsten Einbußen erleidet, das heißt, sie ver-
sagt letztendlich deutlich früher, als alle anderen Glieder der
Kette. Damit kommt der Oberflächenvorbehandlung zur Verbesserung
der Beständigkeit der Haftung so große Bedeutung beim Kleben zu
(siehe Abschn. 6.1).

3.1.2 Das mechanische Verhalten

Wesentlich für die Bewertung von Klebungen ist, daß sich ihre
Festigkeitseigenschaften mit der Zeit verändern können. Die
höchsten Werte werden in der Regel nach dem vollständigen Ablaufen der physikalischen oder chemischen Härtungsreaktion des
Klebstoffes erreicht. Für warmhärtende Reaktionsklebstoffe ist
dieser Zustand nach der vom Hersteller vorgegebenen Aushärtezeit erreicht. Anders liegen die Verhältnisse hingegen bei
Reaktionsklebstoffen, die bei Raumtemperatur ausgehärtet werden. Auch für sehr schnell härtende Systeme, die nach kurzer
Zeit technisch nutzbare Festigkeiten erreichen, beträgt die
Zeit bis zum vollständigen Aushärten mindestens einen Tag, meistens ist sie aber deutlich länger. Die Normen schreiben deshalb für Schiedsuntersuchungen eine Aushärtezeit von mindestens
einer Woche vor.

Die Festigkeiten von Klebproben, die so gehärtet wurden, dienen
als Ausgangspunkt für eine erste Bewertung des mechanischen
Verhaltens. Diesen Bedingungen entsprechen die in den Daten-
blättern der Klebstoffhersteller aufgeführten Werte, die in der
Regel Zugscherfestigkeiten von Normproben darstellen. Diese
Werte stellen aber nicht unbedingt die maximal erreichbaren
dar, weil auch bei einwöchiger Lagerung Klebstoffe nicht unbedingt vollständig aushärten. Durch Erwärmen (Tempern) lassen
sich oft noch deutliche Festigkeitssteigerungen erzielen, die
im wesentlichen auf einer weiterlaufenden Härtung, aber auch
auf einem Abbau möglicher innerer Spannungen beruhen.

Grundsätzlich ist es am günstigsten, Klebungen auf Druckbela-
stung auszulegen. In der Regel werden aber Klebungen konstruktiv zur Aufnahme von Schubbelastungen vorgesehen. Dies ergibt
sich aus den oft sehr viel höheren Festigkeiten der Fügeteile
im Vergleich zum Klebstoff, was sich bei schubbelasteten Verbindungen relativ einfach durch eine Vergrößerung der tragenden
Fläche kompensieren läßt. Eine lineare Übertragung von Zug-
scherwerten auf die andere Geometrie von Bauteilen ist aber nur
eingeschränkt möglich. So treten in Zugscherproben mit dünnen,

verformbaren Fügeteilen an den Enden der Überlappung Schälkräfte auf, die in dieser Form in einem Bauteil nicht gegeben sein
müssen. Beim Kunststoffkleben kommt es oft zu einem vorzeitigen
Versagen des Kunststoffügeteiles in der Nähe der Klebung, was
auf Biegemomente und Verformungsbehinderung im Fügeteil zurückzuführen ist. Dann wird streng genommen keine Zugscherfestig-
keit bestimmt. Im folgenden werden dennoch diese Werte bei der
Darstellung der Ergebnisse rechnerisch genauso behandelt werden, wie ein Versagen der Klebung selbst.

Neben diesen grundsätzlichen Problemen beim Vergleich des
mechanischen Verhaltens von Normproben mit dem von Bauteilen
kommt dem Langzeitverhalten von Klebungen eine größere Bedeutung zu, als bei den meisten anderen Fügeverfahren. Zunächst
sollen hier die konstanten oder wechselnden mechanischen Belastungen betrachtet werden. Auf Klebstoffe einwirkende konstante
Kräfte können zu einem Kriechen führen. Klebstoffe verformen
sich wie alle Kunststoffe bereits bei relativ kleinen Dauerla-
sten plastisch. Dies ist solange nützlich, wie die plastischen
Verformungen zum Abbau von Spannungsspitzen an den Enden von
überlappten Klebungen führen und so zu einer gleichmäßigeren
Spannungsverteilung beitragen. Führt dagegen die plastische
Verformungsfähigkeit zu einem Kriechen der gesamten Verbindung,
so können unzulässige Deformationen des Bauteils und Schädigun-
gen in der Klebschicht entstehen. Deutlich wird dies bei der
Betrachtung von Schubspannungs-Gleitungs-Diagrammen, vgl.
Abschn. 3.4.2 und Bild 3.6.

Erfahrungsgemäß liegt bei Klebungen mit Reaktionsklebstoffen
die Zeitstandfestigkeit bei Raumtemperatur für kalthärtende Systeme bei etwa 50 % und für warmhärtende bei 70 % der Anfangsfestigkeit. Im Fall der unverstärkten Thermoplaste erweist sich
allerdings die Zeitstandfestigkeit der Fügeteile aus Kunststoff
als noch geringer, die mit etwa 10 % der Anfangsfestigkeit angenommen werden kann. Die zulässigen Zeitstandbelastungen lassen sich damit aus der Messung des Kriechverhaltens abschätzen.

Auch unter wechselnden Belastungen ist die Festigkeit kleiner
als die Anfangsfestigkeit. Die Dauerfestigkeit von Metall-

Metall-Klebungen liegt bei etwa 10 % der Anfangsfestigkeit
/3.1/. Für Klebungen mit Fügeteilen aus Thermoplasten kann etwa
der gleiche Prozentsatz angenommen werden /3.2/. Es ist daher
anzunehmen, daß ein solcher Schätzwert auch für Thermoplast-
Stahl-Klebungen gilt. Bei den betrachteten Kunststoff-Stahl-
Klebungen ist also weniger der Klebstoff der begrenzende Faktor
sondern der thermoplastische Kunststoff. Gleiches gilt auch für
die Warmfestigkeit, da von den beteiligten Verbundpartnern,
Stahl, Thermoplast und Klebstoff, der Thermoplast in der Regel
der schwächste ist.

Der Einfluß von Umweltmedien führt - im Vergleich zu den genannten - meistens zu den größten Festigkeitsveränderungen.
Klebstoffe nehmen zum Beispiel Wasser aus der umgebenden Atmosphäre auf, wodurch sich ihre mechanischen Eigenschaften verändern; z.B. kann sich der E-Modul auf ein Siebtel vermindern,
und es können Veränderungen in der Klebstoffhaftung auftreten,
die bis zur Zerstörung von Klebungen ohne äußere Kräfte führen
können.

3.2 Mechanische Prüfungen an Klebungen

Kurzzeitprüfungen
Auf die Zugscherprobe ist bereits im vorhergehenden hingewiesen
worden. Sie besteht normgerecht aus zwei metallischen Fügeteilen von 25 mm Breite und einer Länge von 112 mm. Die Dicke der
Fügeteile beträgt bei Metallen üblicherweise 1,5 mm /3.7/. In
den diesen Betrachtungen zugrunde liegenden Versuchen mußte jedoch davon abgewichen werden. Die Stahlfügeteile aus St 1403
wiesen nur eine Dicke von 1,0 mm auf, da dieser Stahl in einer
Dicke von 1,5 mm nicht handelsüblich ist. Aufgrund der zu erwartenden Zugscherkräfte wurden die Kunststoffteile in 4,0 mm
Dicke gespritzt. Die Fügeteile wurden mit einer Überlappungslänge von 12 mm als Zugscherprobe verklebt, nachdem die Oberflächen der Fügeteile, wenn erforderlich, vorbehandelt worden
waren. Nach der Norm ist eine Dicke der Klebschicht von 0,2 mm
anzustreben, da sich aufgrund des Verformungsverhaltens des
Klebstoffes dann die höchsten Zugscherwerte einstellen.

Diese Probenform ist aufgrund der einfachen Herstellung die am
weitesten verbreitete und es es liegt eine sehr große Zahl von
Vergleichswerten vor, die an diesem Prüfkörper ermittelt wurden.

Die einschnittig überlappte Klebverbindung ist jedoch kein
idealer Prüfkörper, weil einerseits die Fügeteile aufgrund der
außermittigen Krafteinleitung zusätzlich auf Biegung belastet
werden und andererseits komplexe Spannungen in der Klebschicht
herrschen (siehe Abschn. 4.1.1). Daher sind die Prüfergebnisse
untereinander nur vergleichbar, wenn neben den Festigkeitswerten auch eine Beschreibung der Versagensformen, d.h. eine Analyse der Bruchflächen durchgeführt wird, worauf weiter unten
noch ausführlich eingegangen wird.

Die Tabelle 3.1 gibt die gemessenen Anfangswerte von Zugscherproben aus Stahl und Kunststoff mit einem kalthärtenden Epoxid-

Tabelle 3.1. Scheinbare Klebfestigkeiten von Stahl-Kunststoff-
Klebungen im Ausgangszustand.
Es bedeuten:
100 FB: 100 % der Proben im Fügeteil gebrochen
40 FB und 60 AB-Ku: 40 % Bruch im Fügeteil und
60 % Adhäsionsbruch am Kunststoff

Klebstoff	Kunststoff	Klebfestigkeit (N/mm^2)	Versagensform
Epoxidharz	ABS	5,5	100 FB
	PA	5,8	100 FB
	PP	7,2	100 AB-Ku
	PC-GV	9,9	100 FB
Polyurethan	ABS	9,6	100 FB
	PA	7,6	40 FB und 60 AB-Ku
	PP	10,1	100 FB
	PC-GV	13,7	100 FB

harz-Klebstoff und einem kalthärtenden Polyurethan-Klebstoff
wieder, wobei in jedem Falle auch die Versagensform mit angegeben wurde. Als Versagensformen kommen grundsätzlich der Bruch
des Fügeteils neben der Klebung, Versagen der Haftung (Adhäsionsbruch) am Stahl oder am Kunststoff oder Versagen des Klebstoffes (Kohäsionsbruch) infrage. Beobachtet wurde im vorliegenden Fall ausschließlich Versagen des Fügeteils und Versagen
der Haftung am Kunststoff. Beim Versagen des Fügeteils stellen
diese Werte, obwohl an Klebungen gemessen, keine Zugscherwerte
der Klebungen dar. Diese Versagensform wurde dennoch wie eine
Klebung behandelt, um Anhaltswerte zum Vergleichen zu erhalten.
Die Tabelle zeigt aber auch, wie wichtig es ist, neben der Festigkeit die Versagensform möglichst genau zu beschreiben. Versucht man zwischen den verschiedenen Kunststoffen und Klebstoffen Beziehungen herzustellen, so ergeben sich beim glasfaser-
verstärkten Polykarbonat die höchsten Werte. Auch liefert der
Polyurethan-Klebstoff hiernach höhere Zugscherfestigkeiten. Die
Anfangswerte sind nicht geeignet, die Beständigkeit der Klebungen zu beschreiben. Hierzu sind andere Versuche, wie zum Beispiel Auslagerungen in feuchtwarmen Klimata, heranzuziehen.

Neben der einfachen Überlappung sind auch Probenformen mit
doppelter Überlappung bekannt, haben sich aber für die Regel-
prüfung nicht durchgesetzt /3.8/.

Reine Zugproben für Klebungen sind für die Beurteilung eines
Bauteiles häufig nicht sehr aussagekräftig, da es in der Regel
auf Schubbeanspruchung konstruiert wird. Zugversuche werden oft
jedoch für die Prüfung von Verbundplatten, wie zum Beispiel
Sandwichbauweisen eingesetzt /3.9/.

Häufig verwendet werden neben dem Zugscherversuch auch noch
Schälversuche. Hier gibt es eine Reihe verschiedener, genormter
Prüfungen /3.10,3.12/. Da Klebungen gerade gegenüber Schälbela-
stungen besonders empfindlich sind, haben diese Versuche oft
auch eine große Bedeutung für die Beurteilung eines geklebten
Bauteiles. Es ist konstruktiv nicht immer möglich, Schälkräfte
an den Enden einer Klebung vollständig zu vermeiden, so daß

dort eine potentielle Schwachstelle besteht. Diese Schälversuche eignen sich auch für eine erste Beurteilung der Oberflächenvorbehandlung.

Auf Modifikationen der Schälversuche, den Keilspaltversuch, den Biegeschälversuch und vergleichbare soll hier nur am Beispiel des Biegeschälversuches näher eingegangen werden, da er eine besonders hohe Aussagekraft für die Prüfung von Stahl-Kunststoff-Klebungen besitzt. Die Biegeschälprobe besteht aus einem 12 mm dicken Stahlblech, auf das der Kunststoff mit einer Dicke von 4 mm, wie im Bild 3.2 dargestellt, aufgeklebt wird. Die Breite der Probe beträgt 25 mm. Die überstehenden Klebstoffwülste sind nach dem Kleben sorgfältig abzuarbeiten. Die Prüfung erfolgt, wie im Bild angedeutet, durch Herunterbiegen des Kunststoffteils in einer Prüfmaschine mit einer Vorschubgeschwindigkeit von 5 mm/s. Als Ergebnis erhält man das im Bild 3.3 schematisch wiedergegebene Kraft-Weg-Diagramm. Für die Auswertung wird die Anrißkraft in N/mm Probenbreite berechnet, der sogenannte Biegeschälwiderstand. Bei dieser Vorgehensweise wird weitgehend der bei Zugscherproben beobachtete Bruch des Kunststofffügeteils vermieden. Außerdem spricht der Versuch empfindlicher auf Unterschiede in der Haftung an, was ihn auch besonders geeignet für die Untersuchung von Beständigkeiten macht.

Bild 3.2.   Schematische Darstellung der Biegeschälprobe.
            (F = Angriff der Prüfkraft, a_0 = Länge des eingebrachten Anrisses)

Bild 3.3. Schematische Darstellung zum Anrißwiderstand in
Biegeschälproben

(F = Prüfkraft)

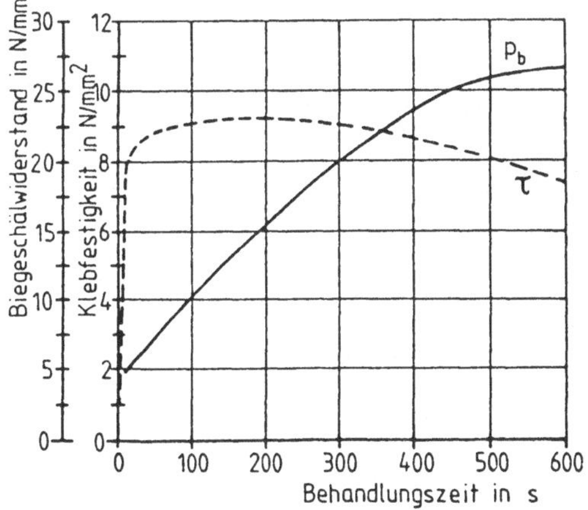

Bild 3.4. Vergleich der Klebfestigkeiten und des Biegeschälwiderstandes (p_b) in Abhängigkeit von der Vorbehand-
lungszeit von Polypropylen (Epoxid-Klebstoff)

Das Bild 3.4 zeigt Zugscherfestigkeiten und Biegeschälwider-
stände von Epoxidharz-Klebungen mit Polypropylen als Kunststoff
im Vergleich, wobei als weitere Variable die Behandlungszeit im
Sauerstoff-Niederdruckplasma gewählt wurde.

Langzeitprüfungen

Zu den mechanischen Prüfungen gehören auch dynamische Versuche
/3.13/. Es mag darauf hingewiesen werden, daß die Schwingfestig-
keit von Klebungen stark von der Belastungsfrequenz abhängig
ist. Niedrige Frequenzen führen zu niedrigeren Werten. Das Bild
3.5 verdeutlicht dies anhand von sogenannten Wöhlerkurven an
Metallklebungen, die mit zwei verschiedenen Belastungsfrequen-
zen aufgenommen wurden. Die Kurven zeigen die bis zum Bruch er-
tragene Lastwechselzahl bei einer sinusförmigen Belastung im
Zugschwellbereich. Als Probenform diente hier ebenfalls die
Zugscherprobe. Bei Betrachtung der dynamischen Dauerfestigkeit
sind entsprechend dem Bauteileinsatz auftretende niedrige Last-
frequenzen mit zu berücksichtigen, was u.U. Prüfzeiten von mehreren Tagen erforderlich macht.

Ein weiterer Versuch ist die Bestimmung der Zeitstandfestigkeit
unter statischer Last /3.14/. Auch ohne Einwirkung von Umwelteinflüssen ist mit Versuchsdauern von Wochen bis Monaten zu
rechnen, wenn nicht extrem hohe Lasten auf die Proben aufgebracht werden, die sofort zu erheblichen plastischen Verformungen des Klebstoffes oder des Fügeteiles führen. Auch für Zeitstandversuche ist die Zugscherprobe die übliche Probenform. Ein
Beispiel zum Zeitstandverhalten von Kunststoffklebungen zeigt

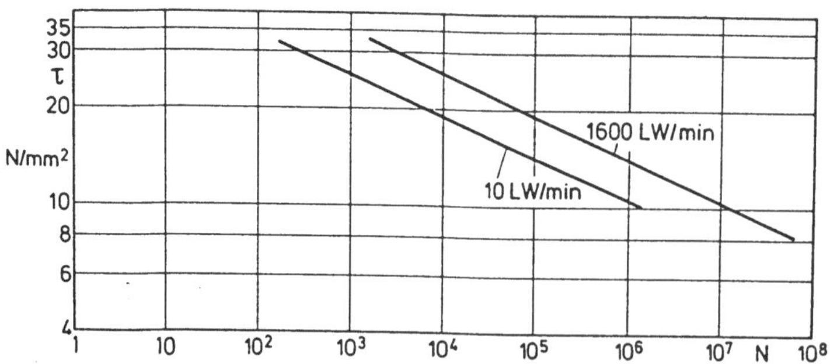

Bild 3.5. Wöhlerkurven von Metallklebungen, geprüft mit ver-
           schiedenen Frequenzen
           (τ = Oberlast, N = Zahl der Belastungen)

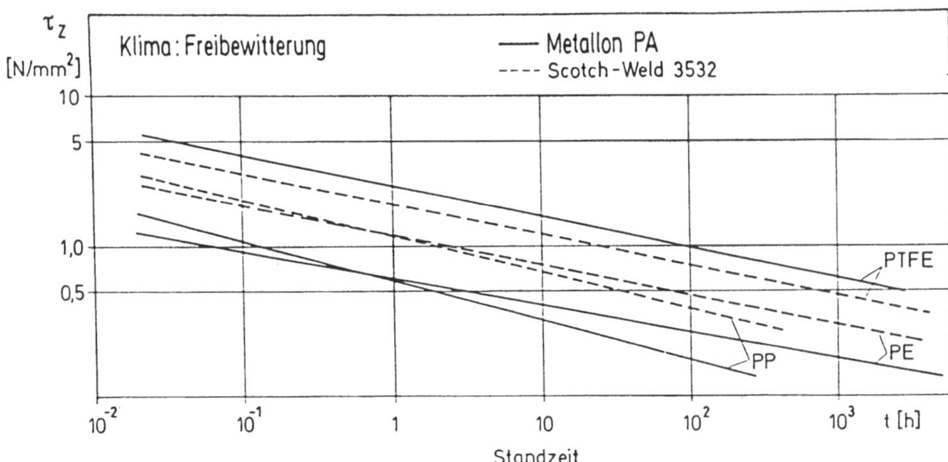

Bild 3.6. Zeitstandkurven von Kunststoff-Kunststoff-Klebungen
(τ = aufgebrachte Last, h = Standzeit bis zum
Versagen)

das Bild 3.6. In dieses Verhalten gehen sehr stark die Ver-
formungseigenschaften des Klebstoffes ein. Beim Überschreiten
des elastischen Bereiches kommt es zu einem Kriechen und letzt-
lich zu einer Zerstörung der Klebung. Dies läßt sich am deut-
lichsten mit Hilfe von Schubspannungs-Gleitungs-Diagrammen ermitteln.

Diese hier beschriebenen Versuche erfassen aber noch nicht das
Langzeitverhalten unter Umwelteinflüssen. Die dabei zu berück-
sichtigenden komplexen Vorgänge sollen in den folgenden Kapiteln detailliert beschrieben werden. Versuche, die Rückschlüsse
auf die Beständigkeit von Klebungen zulassen, können prinzipiell wie die oben beschriebenen durchgeführt werden, nur werden die Prüfkörper vor oder während des Versuches den zu erwartenden Umweltbedingungen ausgesetzt. Ein typisches Beispiel
hierfür sind Zeitstandversuche unter Freibewitterung oder Auslagerung in feuchtwarmem Klima vor der Prüfung /3.15/.

3.3 Verhalten unter Umwelteinflüssen

3.3.1 Zum Begriff der Beständigkeit

Das Verhalten von Klebungen unter dem Einfluß der Umwelt ist
für viele Anwendungszwecke von zentraler Bedeutung. Es ist in
den meisten Fällen geprägt durch eine langsame Abnahme der Festigkeit. Entscheidend für die Praxis ist die Geschwindigkeit
der Abnahme unter den gegebenen Umweltbedingungen. Dieser auch
mit Alterung bezeichnete Vorgang entzieht sich noch immer einer
für technische Zwecke ausreichenden Berechenbarkeit. Oft wird
er allein mit dem Eindringen von Wasser in eine Klebung in Verbindung gebracht. Dieser Vorgang ist jedoch sehr viel komplexer,
da auch die Temperatur und der Sauerstoff mit eingreifen.

Die Bewertung, ob eine Klebung unter den gegebenen äußeren Bedingungen eine ausreichende Lebensdauer besitzen wird, hängt
von einer möglichst sachgerechten Schätzung ab. Dies bedeutet,
daß ausgehend von Laborversuchen mit möglichst kurzer Dauer auf
die Gesamtlebensdauer von einigen Jahren oder sogar Jahrzehnten
geschlossen werden soll. In diesem Zusammenhang muß zwischen
einem Laborversuch und einem Bauteilversuch unterschieden werden. Im ersten Falle geht es um die Ermittlung von Kenndaten,
wie sie z.B. die Prüfung von Zugscherproben liefert. Diese sind
nur bedingt auf Bauteile zu übertragen, da hier in der Regel
stark abweichende mechanische und klimatische Belastungen vorliegen können.

Die Zerstörungsvorgänge in Klebungen lassen sich nur in systematisch angelegten Langzeitversuchen mit entsprechend hohen
Probenzahlen ermitteln. Hierfür liegt es nahe, eine einfach zu
fertigende und prüfbare Probe zu verwenden, der zumindest eine
gewisse Allgemeingültigkeit zugemessen werden kann. Daher wurden die folgenden Ergebnisse überwiegend in Laborversuchen an
Zugscherproben ermittelt. Hierbei ist besonders darauf hinzu-
weisen, daß die Fügeteile aus Stahl in der Regel keinen Korrosionsschutz erhielten. Nur für die Freibewitterung und die Prüfung im Salznebeltest wurde eine Grundierung aufgebracht. Sie

stellt aber nur einen temporären Schutz dar. Die Übertragung
solcher Ergebnisse auf ein reales Bauteilverhalten ist nur bei
Beachtung und Kenntnis der tatsächlichen Belastungen wirklich
erfolgversprechend.

Besonders deutlich wird dies bei den Umweltbelastungen und
deren Simulation im Laborversuch. Ziel eines solchen Versuches
soll es sein, gleiche Veränderungen in einer Klebung in einer
kürzeren Zeit zu erzeugen als im realen Bauteil unter realen
Einsatzbedingungen. Es liegt nun nahe, diese Zeitraffung durch
eine Verschärfung der Umweltbelastungen zu erzielen. Dies hat
dazu geführt, daß Klebungen in extremen Klimata, wie sie in der
Praxis nicht auftreten können, schnell gealtert werden. Schnell
bedeutet hierbei eine Prüfzeit von nur wenigen Wochen oder Monaten. Dabei wird oft nicht überprüft, ob diese Simulation tat-
sächlich zu den Veränderungen führt, die real auftreten. In
manchen Fällen hat dies bereits zu einer Abqualifikation von
Klebungen nach den Ergebnissen im Laborversuch geführt, obwohl
entsprechende Klebungen nachweislich in technischen Bauteilen
eine Lebensdauer von mehreren Jahrzehnten haben. Im folgenden
soll versucht werden, diese Lücke zwischen Laborversuch und
realem Bauteilverhalten am Beispiel von Kunststoff-Stahl-
Klebungen zu verkleinern. Als erster Schritt gehört hierzu die
Definition der Umweltbedingungen.

3.3.2 Umweltbedingungen

Unter Umweltbedingungen muß zunächst alles verstanden werden,
was auf eine Klebung einwirkt. Hierzu gehören die umgebenden
Medien, die Temperatur, die Strahlung, aber auch die von außen
einwirkenden Kräfte. Diese Einflüsse überlagern sich mit den
inneren Bedingungen, wie Restmonomere im Klebstoff oder in den
Fügeteilen und Eigenspannungen. Dieses Netzwerk von Einflußgrößen bestimmt das gesamte zeitabhängige mechanische Verhalten
einer Klebung.

Es ist nicht möglich, alle Einflußgrößen in ihrer zeitlichen
Wirksamkeit gleichzeitig zu betrachten. Die Erfahrung hat aber

gezeigt, daß der überwiegende Teil aller Klebungen der Luftat-
mosphäre ausgesetzt ist. Daher soll hier auf diese Einflüsse
besonders abgehoben werden. Sie lassen sich auf die Parameter
Wasser als Dampf oder Flüssigkeit, Sauerstoff aus der Luft,
Sonneneinstrahlung und Temperatur reduzieren. Hierbei nimmt die
Sonneneinstrahlung eine Sonderstellung ein, da für die Klebung
selbst durch die absorbierende Wirkung der Fügeteile die schädigende UV-Strahlung nur selten ins Gewicht fällt. Ihre Wirkung
beschränkt sich auf einen schmalen Kantenbereich. Allerdings
können die Kunststoff-Fügeteile gegenüber dieser Strahlung
empfindlich sein.

Die beiden Parameter Wasser und Temperatur werden in der Regel
unter dem Begriff Klima zusammengefaßt. Es läßt sich durch die
Angabe der Temperatur und der relativen Luftfeuchtigkeit vollständig beschreiben. So bedeutet ein Klima 30/95 eine Temperatur von 30°C und 95 % relative Feuchte. Die relative Feuchte
ist keine unabhängige Größe, sondern stark temperaturabhängig.
Dies kann man eliminieren, wenn man die Menge des Wasserdampfes
in einer Atmosphäre betrachtet, wobei Menge gleichbedeutend mit
dem Dampfdruck ist. Um diese Zusammenhänge zu verdeutlichen,
soll die relative Feuchte von 100 % betrachtet werden. Bei
dieser Feuchte ist die maximale Wassermenge in einer Atmosphäre
vorhanden. Gleichzeitig muß auch kondensiertes Wasser vorliegen. Mehr Wasser kann bei der gegebenen Temperatur nicht verdampfen. In einem offenen System mit Druckausgleich mit der
Atmosphäre ist kein Druckanstieg möglich. Hier wird der einge-
brachte Wasserdampf die übrigen Gase (z.B. Luft) verdrängen. Es
gilt, daß die Summe der Partialdrücke in nicht miteinander
reagierenden Gasgemischen konstant ist. Besonders deutlich wird
dies beim Siedepunkt des Wassers. Hier ist der Dampfdruck über
dem flüssigen Wasser genau 1 bar, damit verdrängt der Wasserdampf vollständig die Luft. Bei allen niedrigeren Temperaturen
nimmt er nur einen seiner Konzentration entsprechenden Anteil
ein.

Hier zeigt sich aber auch die Problematik der üblichen Beschreibung des Wasserdampfgehaltes der Luft in Prozent relati-

ver Feuchte. Sie beschreibt den Quotienten aus dem tatsächlichen Wasserdampfdruck und dem maximal möglichen Dampfdruck von 100 % rel. Feuchte. Die relative Feuchte ist eine abgeleitete Größe, die stark temperaturabhängig ist. Dies soll das Bild 3.7 verdeutlichen. Es zeigt die Abhängigkeit des maximalen Wasserdampfdruckes von der Temperatur zwischen 0 und 100°C. Der Druck ist hier in absoluten Prozent angegeben. Multipliziert mit dem Faktor 10 entspricht dies dem Druck in mbar. Diese Kurve beschreibt die relative Luftfeuchte von 100 %, alle existierenden Klimate müssen unterhalb dieser Kurve liegen. Jeder Versuch, die Kurve zu überschreiten, führt zur Kondensation des Wasserdampfes, der sich dann auch auf den Außenseiten der Klebungen niederschlagen wird. Diese Betauung ist erfahrungsgemäß ein wichtiger Auslöser für Korrosion, wenn nicht ein ausreichender Korrosionsschutz vorhanden ist. Aus der Kurve im Bild 3.7 läßt sich entnehmen, daß ein Klima 50/95 etwa dreimal soviel Wasser in der Atmosphäre enthält wie ein Klima 30/95. Die Wasserdampfanteile betragen ca. 12,1 bzw. 4,2 %. Theoretisch sollten damit auch Alterungsvorgänge dreimal so intensiv ablaufen. Beim Normalklima 20/65 sind etwa 1,5 % Wasserdampf in der Gasphase ent-

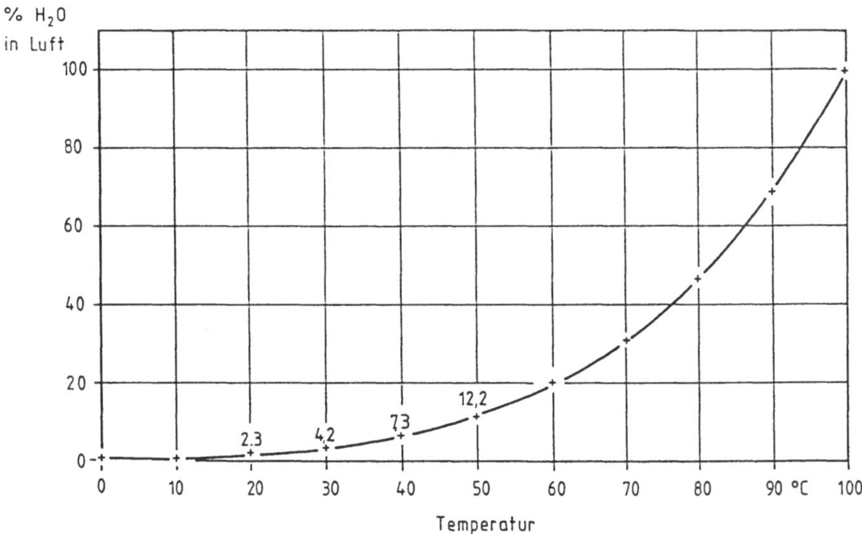

Bild 3.7. Die Abhängigkeit der absoluten Luftfeuchte von der Temperatur

halten, beim Klima 50/75 aber bereits etwa 7,3 %. Jede Temperaturerhöhung verstärkt damit auch überproportional die Menge des angebotenen Wassers.

Betrachtet man den für die hier untersuchten Klebungen interessierenden Bereich von 20 bis 50°C, so nimmt die absolute Wassermenge in der Luft bei gleicher relativer Feuchte um etwa den Faktor fünf zu. Damit wird einer Klebung auch fünfmal mehr Wasser angeboten, was zu einer erheblichen Beschleunigung der Alterungsvorgänge führen muß. Die in dieser Atmosphäre vorhandene Luft und anteilig der Sauerstoff nehmen im gleichen Umfang ab, weil die Summe der Partialdrücke konstant bleiben muß, was jedoch durch die natürlichen Schwankungen des Luftdruckes teilweise überlagert wird. Man kann für einen nicht zu großen Temperaturbereich näherungsweise den Ansatz machen, daß ausschließlich der Partialdruck des Wasserdampfes für die Alterung der Klebungen verantwortlich ist, wenn die Temperaturabhängigkeit des Diffusionskoeffizienten für Wasser in Klebstoffe vernachlässigt wird. Dies führt dazu, daß die Temperatur als Einflußgröße in gewissen Grenzen eliminiert werden kann. Dies läßt sich durch Ergebnisse stützen, die das Eindringen von Wasser in Klebschichten betrachten /3.16, 3.17/. Mit unterschiedlichen Meßmethoden und bei verschiedenen Temperaturen wurde festgestellt, daß Wasser etwa mit einer Geschwindigkeit von 1,5 mm pro Monat in die nicht beanspruchte Klebschicht eindringt. Dieser Wert scheint auch von der Art des Klebstoffes, solange vernetzende Reaktionsharze wie Epoxide oder Polyurethane betrachtet werden, relativ unabhängig zu sein.

Bereits hieraus läßt sich abschätzen, daß eine Klebung, die frei der Witterung ausgesetzt ist, weniger belastet wird, als eine Klebung in einem umschlossenen, innen feuchten Gehäuse, das zum Beispiel durch Sonneneinstrahlung aufgeheizt wird. Es muß dabei an dieser Stelle angemerkt werden, daß atmosphärische Klimata auf der Erde als durchschnittliche Dauerwerte kaum 30°C und 90 % relative Luftfeuchte überschreiten. Ein Klima dieser Art tritt ausschließlich in einigen tropischen und subtropischen Wäldern auf. Zwar treten auf der Erde höhere Temperaturen

auf, sie sind aber immer mit direkter Sonneneinstrahlung und
damit geringer relativer Feuchte verbunden. In dem Mikroklima,
das eine Klebung unmittelbar umgibt, können sich jedoch deutlich andere Werte einstellen. Ein geschlossener Behälter, der
Wasser enthält, kann sich unter tropischer Sonne durchaus auf
100°C und mehr erwärmen. Die Feuchte, die sich dann einstellt,
kann dann auch auf Werte von 90 % und mehr ansteigen. Dies bedingt jedoch, wie dem Bild 3.7 entnommen werden kann, erhebliche Überdrücke oder rasches Verdampfen des Wassers.

Neben dieser Beschreibung des Klimas muß speziell für das Kleben auch schon der Einfluß von Substanzen aus der Verbindung
selbst mit berücksichtigt werden. Wird eine Klebung in einem
räumlich begrenzten Klima eingeschlossen, das mit der Umwelt
nicht oder nur in geringem Umfang einen Gasaustausch durchführen kann, so werden sich flüchtige Substanzen, die aus der Verbindung herausdiffundieren, in der Umgebung anreichern. Solche
Bedingungen gelten zum Beispiel für Falznahtklebungen in einer
Autotür oder bei Versuchen in geschlossenen Gefäßen. Für diese
Art des Klimas soll hier der Begriff "geschlossenes Klima" verwendet werden. Es führt in vielen Fällen zu deutlich anderen
Alterungsmechanismen, als ein "offenes Klima" mit gutem Gasaustausch. Ein offenes Klima bedeutet eine gut belüftete Klebung,
was sich experimentell in Klimaschränken verifizieren läßt. In
Bauteilen läßt sich dies durch konstruktive Maßnahmen erreichen
(siehe Kapitel 4.). In der Praxis ist bei der Beurteilung der
Beständigkeit dieser Einfluß mit zu berücksichtigen, wie im
folgenden noch ausführlich beschrieben wird.

Während im Vorhergehenden nur die Einflußparameter Wasser und
Temperatur erfaßt wurden, ist auch noch der Parameter Sauerstoff
zu berücksichtigen. Er ist zusammen mit dem Wasser sowie Substanzen aus der Verbindung und der Umgebung für die Korrosion
in der Klebfuge verantwortlich. Wegen der besonderen Bedeutung
wird hierauf bei der Diskussion der Versagensmechanismen ausführlich eingegangen.

3.3.3 Wasseraufnahme und Festigkeit

Die Festigkeit von Klebungen ist zeitlich veränderlich. Eine
besondere Bedeutung kommt dabei der Diffusion des Wassers in
Klebungen zu $/3.18$, $3.19/$.

Eine wasserhaltige Klebschicht weist im Vergleich zu einer
trockenen einen geringeren E-Modul und eine höhere plastische
Verformbarkeit auf. Da die Diffusion des Wassers in eine Klebschicht überwiegend über ihre Kanten abläuft, an denen meistens
auch Spannungsspitzen existieren, herrscht bis zur Einstellung
des Gleichgewichtes am Ort der Spannungsspitze auch die höchste
Konzentration an Wasser mit ihren Auswirkungen auf den Spannungs-
verlauf und damit die Gesamtfestigkeit. Dieses Verhalten soll
an Hand des Bildes 3.8 näher betrachtet werden. Die hierin ge-

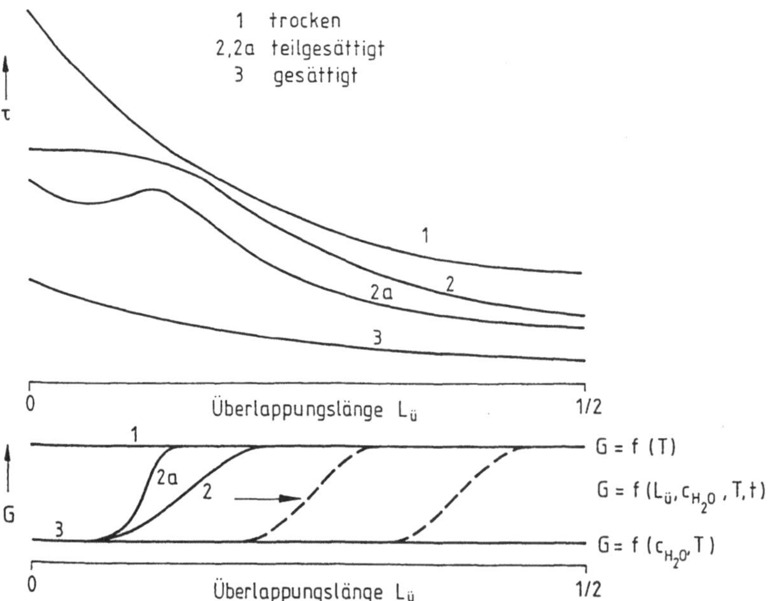

Bild 3.8. Schematische Spannungsverteilung in Klebungen mit
unterschiedlichem Wassergehalt
(τ = Klebfestigkeit, G = Schubmodul, T = Temperatur,
t = Zeit, c = Konzentration)

zeigten Kurven basieren auf abschätzenden Berechnungen nach
Volkersen für einfach überlappte Klebungen. Sie sind nur als
grobe Näherungen zur Verdeutlichung des folgenden zu verstehen.
Das Bild zeigt oben schematisch die Spannungsverteilung in
einer Klebschicht über die halbe Überlappungslänge in verschiedenen Zuständen. Die Kurven sind dabei, um eine bessere Übersichtlichkeit zu erhalten, parallel verschoben. Das untere
Teilbild zeigt angenommene Wasserverteilungen ebenfalls über
der Überlappungslänge. Die Kurven 1 und 3 zeigen die Extremwer-
te der völlig trockenen Klebfuge und der mit Wasser homogen beladenen Fuge. Im ersten Fall mit hohem E-Modul bestehen hohe
Spannungsspitzen an den Enden (siehe Abschn. 4.1.1). Im gesättigten Zustand verteilen sich die Spannungen gleichmäßiger über
die gesamte Überlappungslänge, Kurve 3 hat aber grundsätzlich
die gleiche Form wie die Kurve 1.

Die optimalen Festigkeitswerte sind theoretisch zu erwarten,
wenn nur eine teilweise Beladung mit Wasser vorliegt. Die Tragfähigkeit einer Klebung ist die Summe aller elastisch ertrage-
nen Spannungen, das heißt das Integral unter den gegebenen Kurven. Allerdings läßt sich dieses Optimum nicht gezielt einstellen. Ist die Wasserverteilung in einer Klebschicht jedoch nicht
gleichmäßig, wird der E-Modul ortsabhängig. Derartige Systeme
sind bereits gemessen und berechnet worden. Hier wurden Klebungen mit einem weichen Klebstoff an den Überlappungsenden und
einem spröden in der Mitte verwendet. Dies entspricht auch
einer inhomogen mit Wasser beladenen Klebung, da der E-Modul
durch Wasseraufnahme in der Regel stark sinkt. Es ergeben sich
völlig andere Spannungsverteilungen als in homogenen Klebungen.
Je nach Unterschiedlichkeit des feuchten und des trockenen
Klebstoffes wird das Spannungsmaximum in der Berechnung breiter
oder es tritt ein weiteres Maximum auf, das an der Grenze
feucht/trocken liegt. Es kann unter Umständen höher sein als
das Randmaximum. Die Form der Kurve hängt aber nicht nur von
den Klebstoffeigenschaften ab, sondern auch von der Schärfe des
Überganges. Nun sind bei teilweise wasserhaltigen Klebstoffen
die Übergänge wahrscheinlich weich. Es liegen jedoch bisher
keine genügend hoch auflösenden Messungen vor, weil hierfür

keine Meßmethode vorhanden ist. Untersuchungen von Althof
$\angle\overline{3}.16\underline{7}$ deuten jedoch auf diesen weichen Übergang hin. Die Kurven 2 und 2a sollen zwei extreme Gradienten der Wasserkonzen-
tration wiederspiegeln. Einmal ergibt sich dann das bereits er-
wähnte zweite Maximum bzw. eine Verbreiterung. Da bei konstanter Last die Fläche unter der Kurve konstant bleiben muß, verändern sich nicht nur die Randbereiche, sondern der gesamte
Kurvenzug. Mit zunehmender Wasseraufnahme dehnen sich die Randbereiche immer mehr zum Zentrum hin aus, bis schließlich die
Kurve 3 erreicht ist.

Um eine solche teilweise feuchte Klebung berechenbar zu machen,
müssen die mechanischen Kennwerte des Klebstoffes in Abhängigkeit vom Wassergehalt und die Gradienten innerhalb einer Klebschicht bekannt sein. Diese Funktionen sind dann den bekannten
Rechenmodellen zu überlagern. Diese Forderung ist jedoch wegen
der Zahl der erforderlichen Meßwerte und der erforderlichen
Rechenkapazität kaum erfüllbar.

Für den praktischen Einsatz erscheinen diese Überlegungen recht
wichtig. Kaum eine Klebung ist einem konstanten Klima ausgesetzt. Bei jeder Veränderung des Umgebungsklimas, wenn sie
langsam abläuft, wie zum Beispiel bei jahreszeitlichen Schwankungen, werden zumindest die Kanten einer Klebung Wasser aufnehmen oder abgeben. Damit ergeben sich immer wechselnde Gradienten in der Wasserverteilung mit den beschriebenen Folgen
für das mechanische Verhalten. Grundsätzlich läßt sich dieses
Problem aber durch konservative Rechnungen lösen.

Eine solche Rechnung kann von einer mit Wasser gleichförmig beladenen Klebung ausgehen. Der Grad der Wasserbeladung richtet
sich dabei an der ungünstigsten zu erwartenden klimatischen Belastung aus. Wenn der Klebstoff im feuchten Zustand ein stabi-
les Polymersystem ist, können wahrscheinlich sein Langzeitverhalten und die damit verbundenen Festigkeitsverluste in einer
ausreichenden Näherung durch einen konstanten Sicherheitsfaktor
beschrieben werden. Jedoch behandelt diese Rechnung nur die
Kohäsion. Ein Versagen der Adhäsion ist damit in der Regel noch
nicht beschrieben.

Damit stellt sich die Frage nach einem Festigkeits-Zeit-Gesetz oder zunächst bescheidener, wie ein solches Gesetz aussehen könnte und ob es dem Ingenieur eine praktische Handhabe geben kann.

3.3.4 Die Prüfung unter Umwelteinflüssen

Vor diesem Hintergrund sollen nun am Beispiel von Laborergebnissen an Zugscherproben die Möglichkeiten zur Untersuchung des Alterungsverhaltens betrachtet werden. Hierzu wurden Klebungen aus Karosseriestahl und Kunststoff mit einem kalthärtenden Epoxidharz und einem kalthärtenden Polyurethanklebstoff unbelastet in verschiedenen offenen und geschlossenen Klimaten gelagert. Die wichtigsten Kenndaten der Klebstoffe enthält Tabelle 3.2.

Tabelle 3.2. Klebstoffeigenschaften

	Tegocoll 1636S	Araldit AW 2104/HW 2934
Zahl der Komp.	2	2
Komponente A	Isocyanat	Epoxid
Konponente B	mod. Polyol	mod. Amin
Mischungsverh.	26 : 100	100 : 100
Topfzeit	4 min	4 min
Viskositäten (mPas)		
Komponente A	120	30.000
Komponente B	20.000	25.000
Mischung	5.000	
Lagerfähigkeit	6 Monate	6 Monate
Härtezeit (20°C)	14 h	2,5 h
Zugscherfestigkeit Härtung 20°C	19 N/mm^2	15 N/mm^2

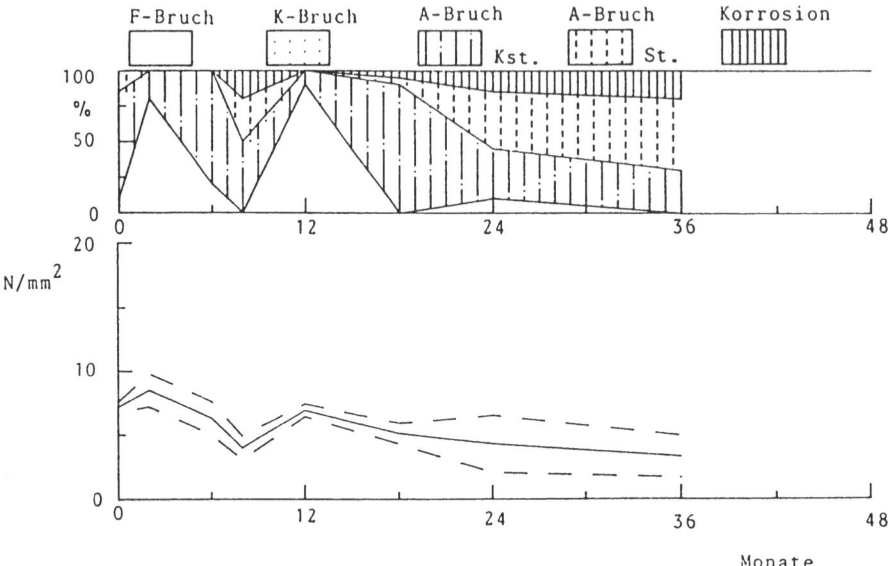

Bild 3.9. Die Klebfestigkeit von Polypropylen-Stahl-Klebungen
mit Epoxid-Klebstoff im geschlossenen Klima 20/60

Nach unterschiedlichen Zeiten wurden Proben entnommen und
mechanisch geprüft. Aus diesen Ergebnissen lassen sich Festigkeits-Zeit-Kurven erstellen, wie sie im Bild 3.9 unten dargestellt sind.

Das untere Diagramm enthält die gemessenen Klebfestigkeiten als
durchgezogene Kurve. Neben dem Anfangswert, wie er in Tabelle
3.1 aufgeführt ist, wurden Messungen nach 2, 6, 8, 12, 24 und
36 Monaten Lagerungszeit durchgeführt. Die beiden unterbroche-
nen Linien im unteren Diagramm geben die Standardabweichung vom
Mittelwert wieder. Alle Messungen beruhen auf der Prüfung von
jeweils fünf Proben.

Das obere Diagramm im Bild 3.9 enthält eine Beschreibung der
Bruchart, auf deren Bedeutung bereits hingewiesen wurde. Erst
gemeinsam mit den Festigkeitswerten läßt sich daraus die Beständigkeit der Klebungen mit ausreichender Sicherheit abschätzen. Die jeweiligen Bruchanteile wurden nach Augenscheinprüfung
der Bruchflächen geschätzt, was mit einer recht guten Reprodu-

zierbarkeit möglich ist. Die Summe der verschiedenen Bruchformen wurde dann auf 100 % normiert. Wie die darüber stehende Legende zeigt, wurde das Bruchverhalten wie folgt klassifizert:

- F-Bruch ist der Bruch des Kunststoffügeteils unmittelbar neben der Klebung. Streng genommen wird hier keine Klebfestigkeit bestimmt. Für eine einheitliche Darstellung wurde dieser Bruch wie eine Klebfestigkeit behandelt.

- K-Bruch ist der Kohäsionsbruch in der Klebschicht

- A-Bruch Kst. ist der Adhäsionsbruch am Kunststoffügeteil

- A-Bruch St. ist der Adhäsionsbruch am Stahlfügeteil ohne sichtbare Korrosion in der Bruchfläche

- Korrosion ist der Anteil der Klebfläche, der durch Korrosion zerstört ist.

Aufgebaut wurden die Kurvenzüge aus einzelnen Meßpunkten. Das bedeutet, daß die verbindenden Geraden nicht unbedingt den tatsächlichen Verlauf in der Änderung der Versagensform wiedergeben. Außerdem wurden bei jedem Prüfzeitpunkt fünf Proben zufällig der Auslagerung entnommen. Dabei kann zum Beispiel das Bild eines scheinbaren Rückganges der Korrosion entstehen, weil später geprüfte Proben zufällig weniger korrodiert waren. Das Einsetzen bestimmter Versagensformen deutet aber auf eine kommende Gefährdung hin.

Die Auswertung der Bruchbilder erscheint, da es sich um ein Schätzverfahren handelt, nicht sehr exakt und mit großen Streuungen behaftet. Die Erfahrung hat jedoch gezeigt, daß in den meisten Fällen die Abweichungen meistens nicht mehr als 10 % betragen. Für eigene Vergleiche mit dem Diagramm sind in den Bildern 3.10 bis 3.16 Aufnahmen von Bruchflächen wiedergegeben. Für eine Beurteilung sollten alle Bruchflächen einer Prüfung möglichst gleichzeitig betrachtet werden. Man beginnt mit beiden Bruchflächen einer geprüften Probe, die etwa dem Durchschnitt entspricht. Bei der Beurteilung des Adhäsionsbruches ist dabei

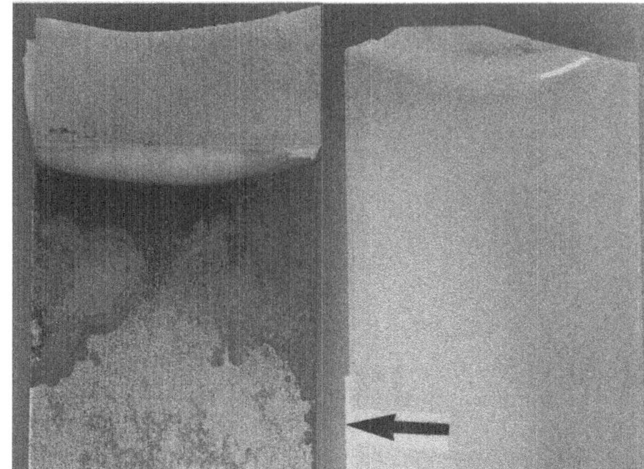

Bild 3.10. Bruchflächen zu Bild 3.9, Anfangswerte

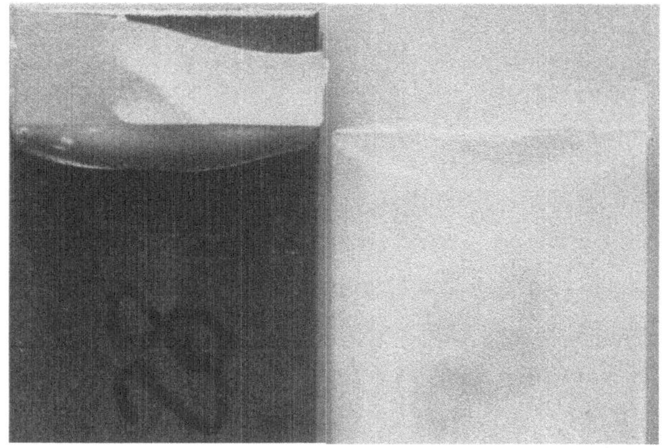

Bild 3.11. Bruchflächen zu Bild 3.9, 2 Monate Alterung

Bild 3.12. Bruchflächen zu Bild 3.9, 6 Monate Alterung

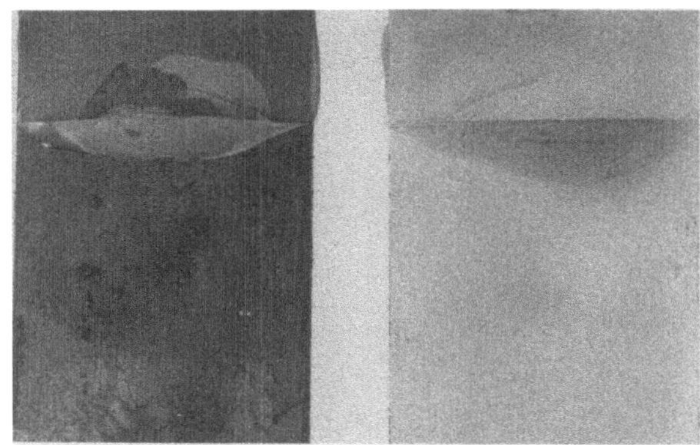

Bild 3.13. Bruchflächen zu Bild 3.9, 8 Monate Alterung

Bild 3.14. Bruchflächen zu Bild 3.9, 12 Monate Alterung

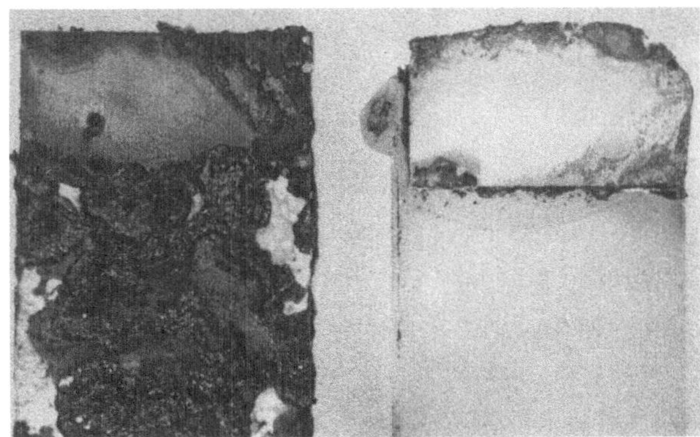

Bild 3.15. Bruchflächen zu Bild 3.9, 24 Monate Alterung

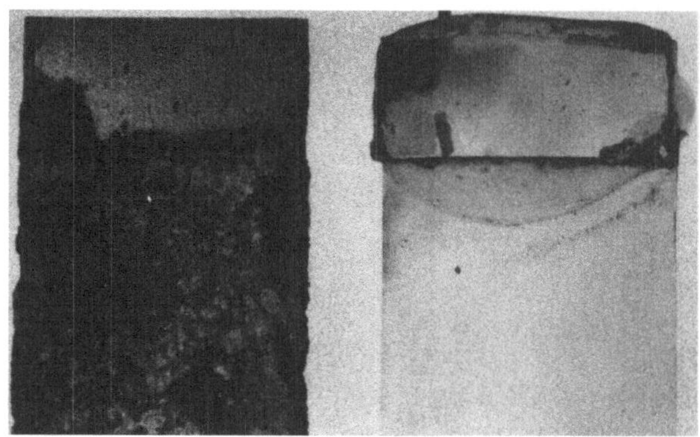

Bild 3.16. Bruchflächen zu Bild 3.9, 36 Monate Alterung

zu beachten, daß er häufig von einem Fügeteil zum anderen
springt. Ein vollständiger Adhäsionsbruch bedeutet, daß bei
einem Zusammenlegen immer Klebstoff auf blankes Metall oder
Kunststoff trifft. Dies erfordert etwas Übung, da die Bruchflächen seitenverkehrt sind. Wegen der Gefährlichkeit der Korrosion sollte sie lieber etwas überwertet werden und die Proben
sind sorgfältig auf erste Spuren in der Klebfuge an den Kanten
zu untersuchen. Nach der Festlegung des ersten Bruchbildes werden die weiteren entsprechend eingeschätzt und über alle Proben
der Mittelwert gebildet.

Für die Bewertung kann es hilfreich sein, Musterproben oder gute
Fotos von Bruchflächen mit einer einmal festgelegten Bewertung
als Standards heranzuziehen. Dies gilt besonders, wenn mehrere
Personen diese Prüfung durchführen oder sie nur selten angewendet wird.

Aus über fünfzig vorliegenden Diagrammen dieser Art wurde das
im Bild 3.9 gezeigte Diagramm ausgewählt, weil es besonders
typisch für das Festigkeitsverhalten unter Umwelteinflüssen
ist. Es zeigt den Verlauf der Alterung für Polypropylen-Stahl-
Klebungen mit Epoxidharz-Klebstoff bei Lagerung im Klima 20/60.
Innerhalb der ersten zwei Monate steigt die Klebfestigkeit an,
was einmal auf eine Nachhärtung des Klebstoffes, aber auch auf
die beginnende Erweichung an den Kanten zurückzuführen ist.

Dies hat, wie erwähnt, Folgen für die Spannungsverteilung in der Klebung. Dann fällt die Festigkeit, um nach acht Monaten ein Minimum zu erreichen und steigt dann wieder. Nach zwölf bis achtzehn Monaten ist die Klebung entsprechend den Umweltbedingungen homogen mit Wasser beladen, so daß sich nun wieder eine "normale" Spannungsverteilung in der Klebfuge einstellen kann. Jetzt beginnt ein stetiger langsamer Abfall der Klebfestigkeit, der nicht mehr durch die Diffusion des Wassers und die damit verbundene ungleichmäßige Verteilung in der Klebschicht beeinflußt wird. Es laufen vielmehr nur noch langsame und irreversible Schädigungen ab, die schließlich zur Zerstörung der Klebung führen werden. Offen bleibt, zu welchem Zeitpunkt dies geschehen wird.

3.4 Vergleich von Kurzzeitversuchen mit dem Langzeitverhalten

Während im vorhergehenden Abschnitt ausschließlich Langzeitversuche betrachtet wurden, sollen nun die Möglichkeiten gezeigt werden, wie das Langzeitverhalten aufgrund von Kurzzeitversuchen beurteilt werden kann. Aufgrund des vorher gesagten, ist es verständlich, daß Kurzzeitversuche nicht die Sicherheit bieten können wie die beschriebenen Langzeitversuche. Sie geben aber dennoch in vielen Fällen wertvolle Hinweise in vergleichenden Untersuchungen und bieten damit die Möglichkeit, weniger geeignete Vorbehandlungen der Oberflächen oder Klebstoffe schnell zu erkennen. Hierzu ist jedoch immer nicht nur der Festigkeitswert, sondern auch die Versagensform mit zu berücksichtigen. Darstellungen in einer Form, wie sie das Bild 3.9 zeigt, die eine gleichzeitige Beurteilung von Meßwert und Versagensform erlauben, sind hier außerordentlich hilfreich. Dies gilt nicht nur für die oben angesprochenen Zugscherproben, sondern für jede Art von Klebung, insbesondere auch dann, wenn Bauteile geprüft werden.

3.4.1 Beurteilung der Adhäsionsstabilität

Als mechanische Kurzzeitversuche zur Beurteilung des Langzeitverhaltens bietet sich als einfachster Versuch die Keilspalt-

58

probe an /3.20/. Hierzu werden zwei relativ steife Bleche, zum
Beispiel in den Abmessungen 100 mm lang, 25 mm breit und 3,2 mm
dick, ganzflächig miteinander verklebt. In die eine Schmalseite
der Klebung wird ein Keil eingedrückt, so daß die Klebung ein-
reißt. Die Rißspitze wird nach einer Lagerung unter Spannung
von zwei Stunden bei Raumtemperatur markiert. Darauf folgt eine
Auslagerung in einem feuchtwarmen Klima über etwa zwölf Stunden.
Nach dieser Zeit läßt sich der Rißfortschritt in der Klebung
ausmessen. Er ist ein Maß für die zu erwartende Beständigkeit
der Haftung. Anschließend wird die Klebung vollständig zerlegt
und die Bruchflächen beurteilt. Hierbei sind besonders die Ad-
häsionsbruchanteile während der feuchtwarmen Auslagerung zu beachten.

Ein ähnlicher Versuch geht von Schälproben aus. Während des
Schälens wird die Prüfung kurz angehalten und die Probe entla-
stet. In die Rißspitze wird dann etwas tensidhaltiges Wasser
eingespritzt und der Schälvorgang fortgesetzt /3.21/. Bei
vielen Klebungen tritt jetzt innerhalb weniger Senkunden ein
deutlicher Abfall der Schälfestigkeit auf. Er kann wieder gemeinsam mit einer Beurteilung der Bruchflächen zur Abschätzung
der Beständigkeit herangezogen werden. Bei der Beurteilung
dieses Versuches ist jedoch besondere Vorsicht geboten, da er
eine sehr scharfe Prüfung darstellt.

Ein weiterer Versuch, der an der Grenze zwischen Langzeit- und
Kurzzeitversuch anzusiedeln ist, ist der Biegeschälversuch, auf
den in den folgenden Kapiteln noch näher eingegangen wird. Er
liefert sowohl im Anfangszustand als auch nach Auslagerungen
sehr deutliche Hinweise auf das Langzeitverhalten von Klebungen.

3.4.2 Beurteilung der Kohäsionsstabilität

Das mechanische Verhalten des Klebstoffes läßt sich sehr gut
mit Hilfe von Schubspannungs-Gleitungs-Diagrammen erfassen. Als
Probe wird in der Regel eine Zugscherprobe mit etwa 6 mm dicken
Fügeteilen verwendet /3.22/. Im Zugversuch wird mit Hilfe ge-

eigneter Wegaufnehmer die Verschiebung der Fügeteile bis zum
Bruch verfolgt. Diese Diagramme lassen sich in zwei Bereiche
teilen. Der erste, mit niedrigen Gleitungen, das heißt mit geringen Verschiebungen der Fügeteile gegeneinander unter geringen
Prüflasten, kann als quasielastisch angesehen werden. Die zu
diesem Bereich gehörende maximale Schubspannung sollte bei Dau-
erlasten nicht überschritten werden. Es kommt sonst zu einem
Kriechen und in der Regel auch zu einem vorzeitigen Versagen.
Der zweite Bereich der plastischen Verformung bei höheren Lasten beschreibt die Möglichkeiten zum Abbau von Spannungsspitzen in der Klebung durch örtlich begrenztes Kriechen. Dieser
Versuch kann sowohl an Klebungen im Anfangszustand als auch
nach einer Auslagerung erfolgen. Das Bild 3.17 zeigt hierzu
Beispiele. Das Epoxidharz ist im Anfangszustand "0" bis zu etwa
40 N/mm^2 als linear elastisch anzusehen. Nach zwei Monaten Lagerung im Klima erreicht es aber in diesen Klebungen noch gerade 10 N/mm^2. Für einen Dauereinsatz unter Last stellt dieser
Wert damit die äußerste ertragbare Obergrenze dar, wenn die
Fügeteile wie in diesem Falle selbst als steif angenommen werden können. Dieser Wert sinkt noch weiter ab, wenn Schälbela-
stungen hinzutreten. Anders sieht es bei dem Polyurethan-
Klebstoff im Bild 3.17 aus. Im Anfangszustand erreicht er eben-

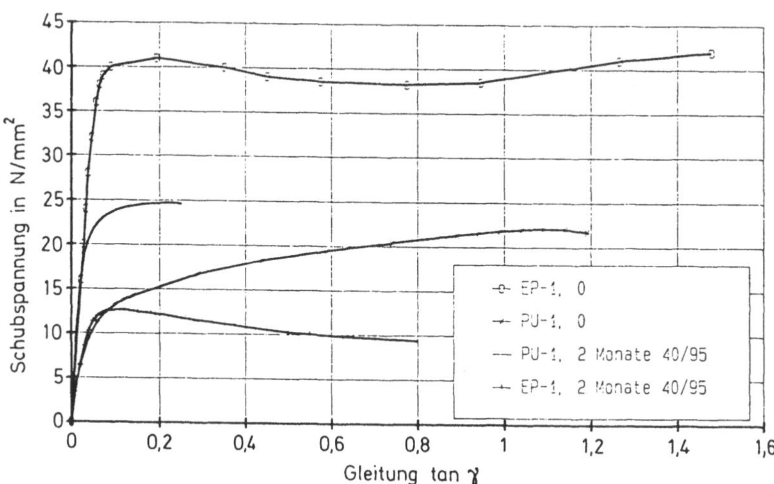

Bild 3.17. Schubspannungs-Gleitungs-Diagramme trockener und
feuchter Klebstoffe

falls nur knapp 10 N/mm^2 im elastischen Bereich. Nach der Auslagerung ist aber eine Nachhärtung eingetreten und es werden
jetzt Werte bis zu 20 N/mm^2 elastisch ertragen. Der Klebstoff
besitzt aber dann nur eine relativ kleine plastische Verformbarkeit.

Hinweise auf Probleme mit der Langzeitbeständigkeit sind auch
aus chemischen Analysen zu erhalten. Hierbei werden die Restmonomeren in ausgehärteten Klebstoffen untersucht. Geeignete
Methoden sind die Headspace-Gaschromatografie oder die Hoch-
druckflüssigkeits-Chromatografie nach einer Extraktion. Ein
sehr einfacher Versuch ist die Lagerung von ca. 5 bis 10 g aus-
gehärtetem Klebstoff in 20 ml reinem Wasser bei etwa 40°C.
Dabei wird über etwa zwei Wochen der pH-Wert des Wassers in
regelmäßigen Abständen gemessen, bis sich ein konstanter Wert
eingestellt hat. Es ist in den meisten Fällen ausreichend,
diese Messungen mit fein abgestuften Indikatorpapieren durchzuführen. Die gemessenen pH-Werte sind nun mit der Beständigkeit
der zu verklebenden Metalle in solchen Lösungen in Verbindung
zu bringen. So kann ein Klebstoff, der pH-Werte von 8 und mehr
ergibt, durch seine hohe Alkalität unter Umständen Aluminium
auch in Klebungen angreifen, während Stahl bzw. seine Oxide an
den Oberflächen auch bei hohen pH-Werten, das heißt hoher Alkalität, beständig ist. Diese Werte lassen sich den Pourbaix-
Diagrammen entnehmen /3.23/. Der pH-Wert allein ist nur ein
grober Hinweis, es sollten auch die ausgewaschenen Substanzen
analysiert werden. Hier bieten sich vor allen Dingen die Infra-
rotspektroskopie, aber auch andere Analysenverfahren an.

3.5 Das Verhalten von Kunststoff-Stahl-Klebungen unter Umwelteinflüssen

3.5.1 Mechanische Prüfungen

Die folgenden Ergebnisse basieren auf Untersuchungen in konstanten Klimata mit folgenden Bedingungen: 30/20 (offen), 20/60,
30/40, 30/60, 30/80, 30/95 und 50/60 (geschlossene Klimata),
der Wasserlagerung bei 30 °C, dem Salznebeltest /3.24/ und der
Freibewitterung in Norddeutschland. Als Übersicht zeigen die

Bilder 3.18 bis 3.25 die gemessenen Anfangswerte, die Werte
nach drei Jahren Alterung oder die Lebensdauer bis zum vollständigen Versagen der Klebungen.

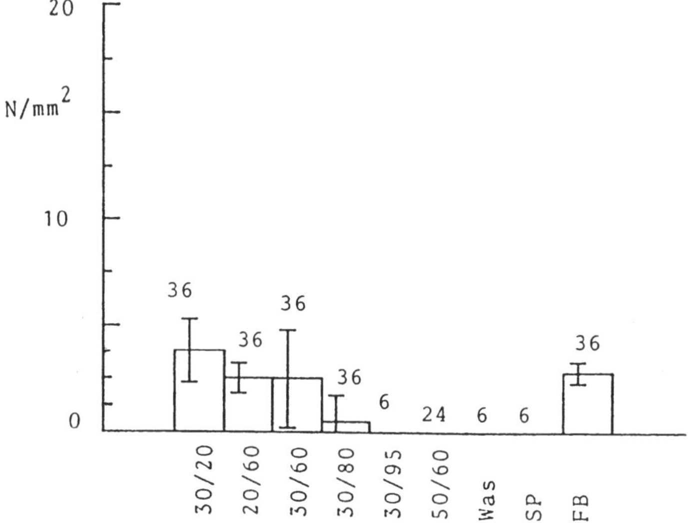

Bild 3.18. Klebfestigkeiten von Epoxid-Klebungen. Die Zahlen
in den Balken geben die Prüfdauer in Monaten an
(WAS = Wasserlagerung bei 30°C, SP = Salznebeltest,
FB = Freibewitterung. Kunststoff: Polyamid)

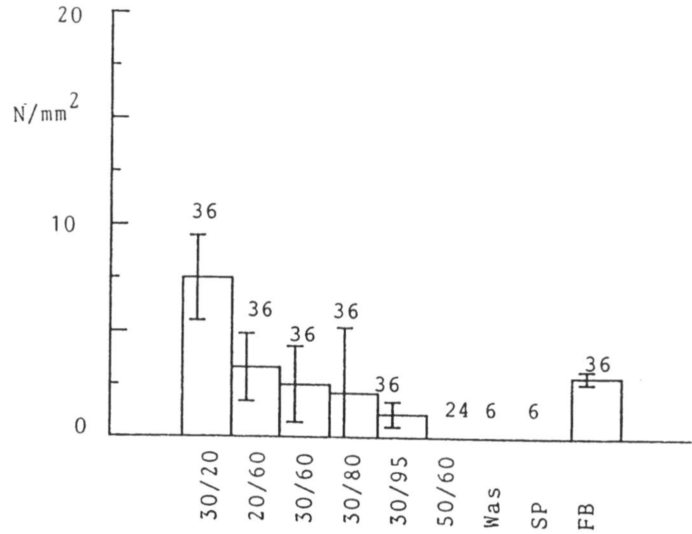

Bild 3.19. Klebfestigkeiten von Epoxid-Klebungen. Die Zahlen
in den Balken geben die Prüfdauer in Monaten an.
Kunststoff: Polypropylen

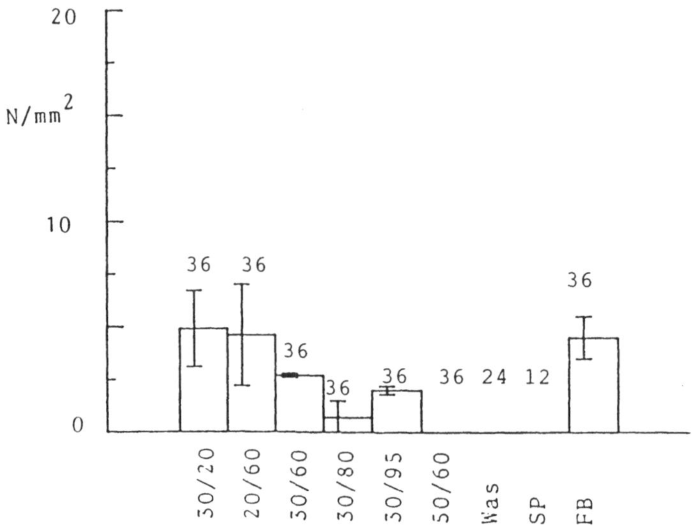

Bild 3.20. Klebfestigkeiten von Epoxid-Klebungen. Die Zahlen
in den Balken geben die Prüfdauer in Monaten an.
Kunststoff: ABS

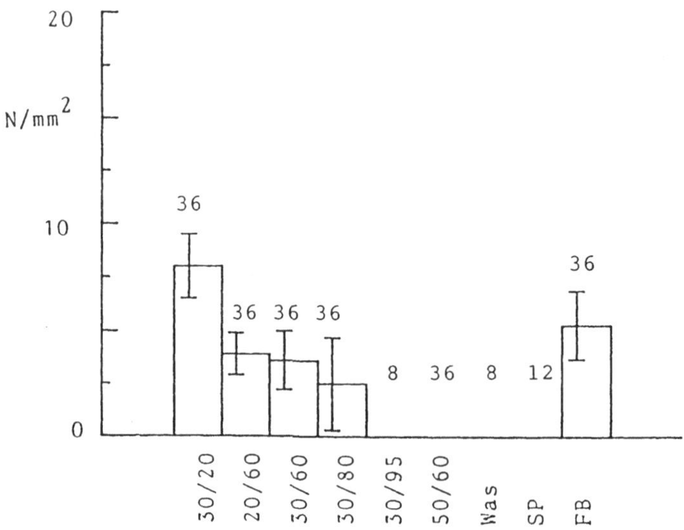

Bild 3.21. Klebfestigkeiten von Epoxid-Klebungen. Die Zahlen
in den Balken geben die Prüfdauer in Monaten an.
Kunststoff: Polykarbonat

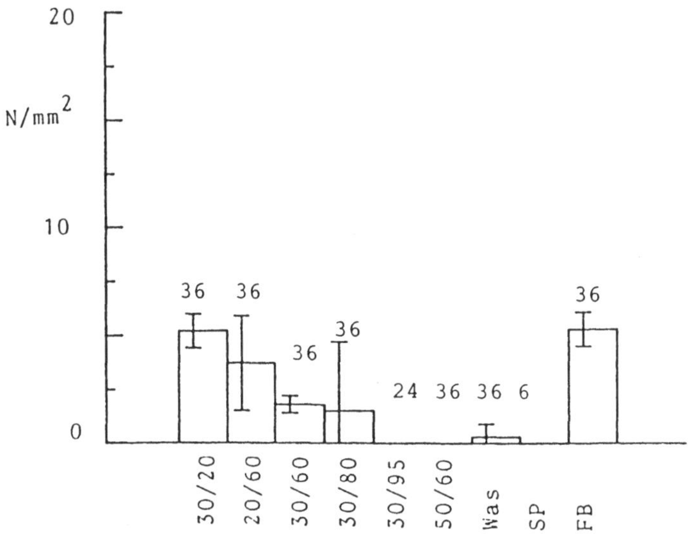

Bild 3.22. Klebfestigkeiten von Polyurethan-Klebungen. Die Zahlen in den Balken geben die Prüfdauer in Monaten an.
Kunststoff: Polyamid

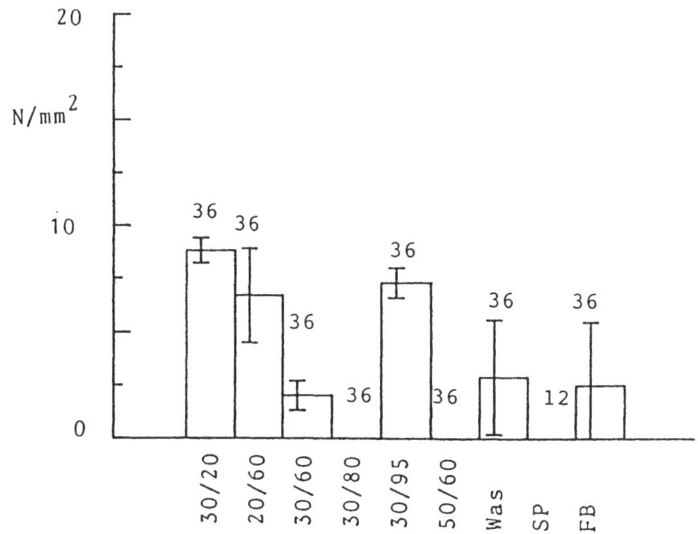

Bild 3.23. Klebfestigkeiten von Polyurethan-Klebungen. Die
Zahlen in den Balken geben die Prüfdauer in Monaten
an. Kunststoff: Polypropylen

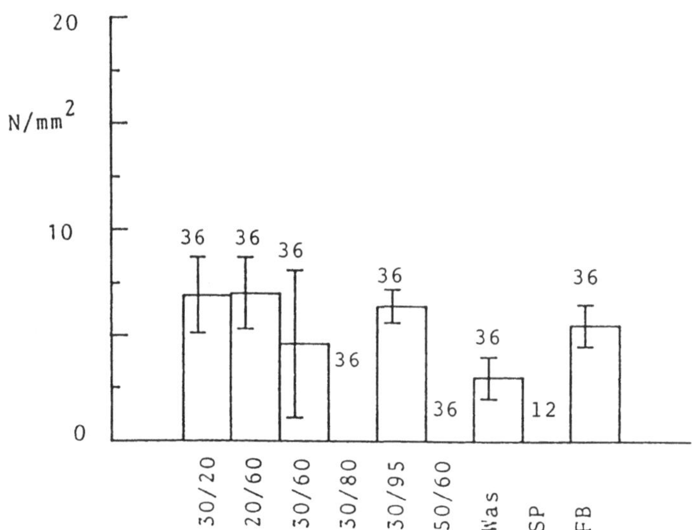

Bild 3.24. Klebfestigkeiten von Polyurethan-Klebungen. Die
Zahlen in den Balken geben die Prüfdauer in Monaten
an. Kunststoff: ABS

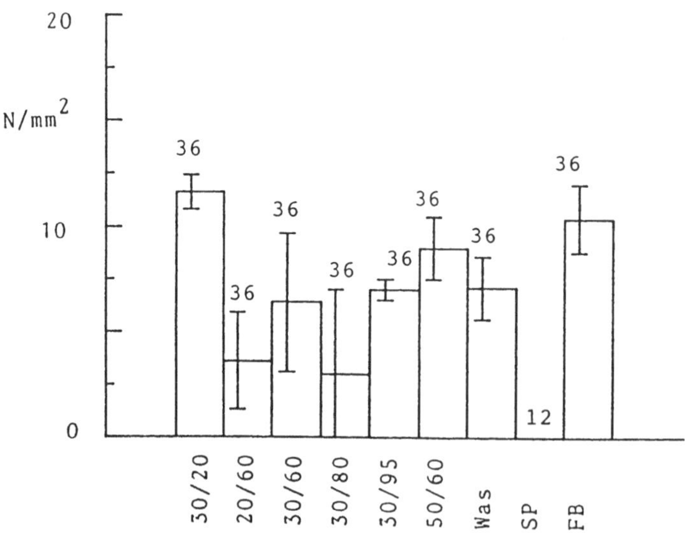

Bild 3.25. Klebfestigkeiten von Polyurethan-Klebungen. Die
Zahlen in den Balken geben die Prüfdauer in Monaten
an. Kunststoff: Polykarbonat

Die Bilder sagen nur wenig darüber aus, wie diese Klebungen
versagten, bzw. welche Lebensdauer zu erwarten ist. Sie enthalten auch scheinbare Widersprüche, wenn man zum Beispiel die ersten drei Klimata, die als nicht sehr hart anzusprechen sind,
miteinander vergleicht. Die Bilder 3.26 bis 3.31 zeigen daher
weitere Kurven wie im Bild 3.9. Sie wurden so ausgewählt, daß
sie Grenzwerte aufzeigen.

Gerade die Klebungen in den hier untersuchten geschlossenen
Klimata sind sehr viel stärker durch Korrosion geschädigt als
die dem offenen Klima 30/20 ausgesetzten. Dies muß als klarer
Hinweis darauf gedeutet werden, daß Monomere aus den Verbindungen in das Korrosionsgeschehen eingreifen.

Besonders auffällig ist das frühe Versagen der Proben im Klima
30/40. Es ist als ein Musterbeispiel zu werten, welche Probleme
eine exakte Versuchsführung aufwerfen kann. Die Ergebnisse mit
diesem Klima sind durchaus mit denen des Salznebeltestes ver-

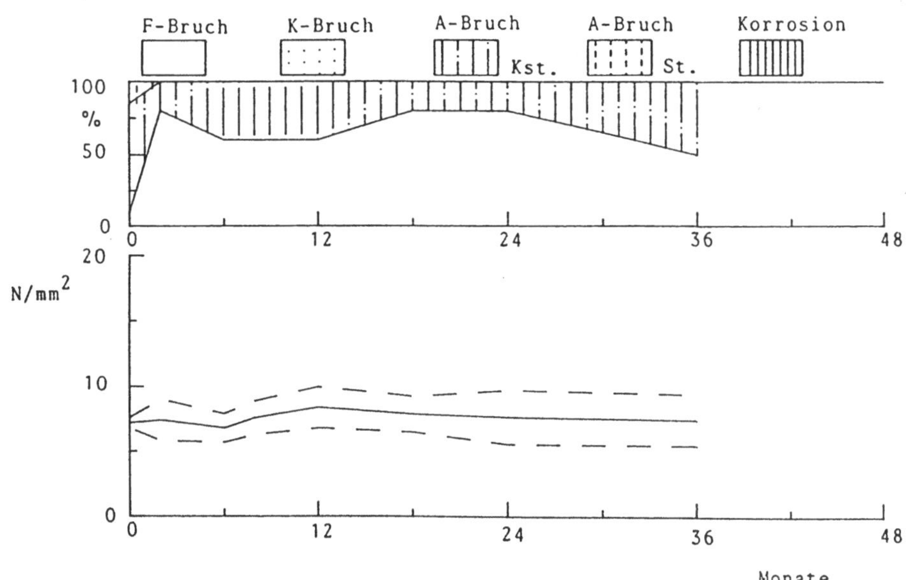

Bild 3.26. Klebfestigkeiten von PP-Stahl-Klebungen im
           Klima 30/20

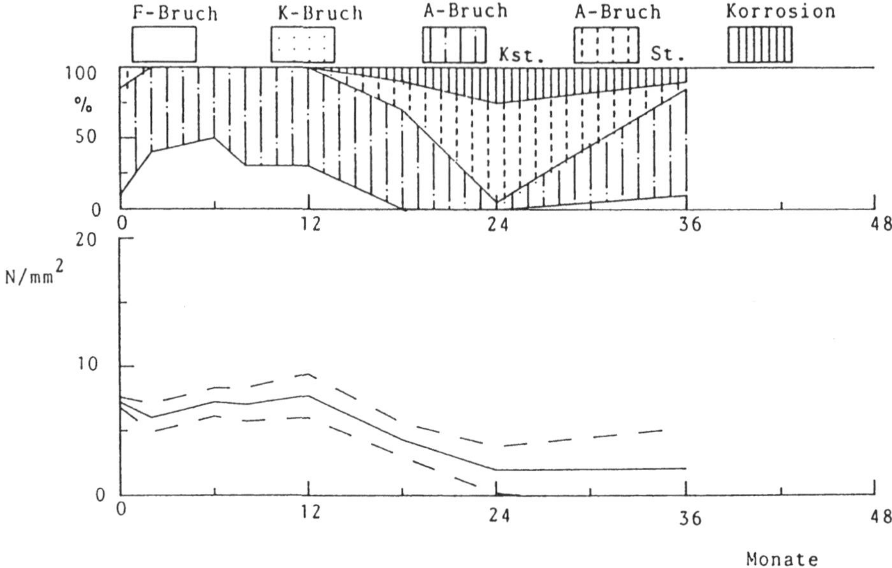

Bild 3.27. Klebfestigkeiten von PP-Stahl-Klebungen im
Klima 30/80

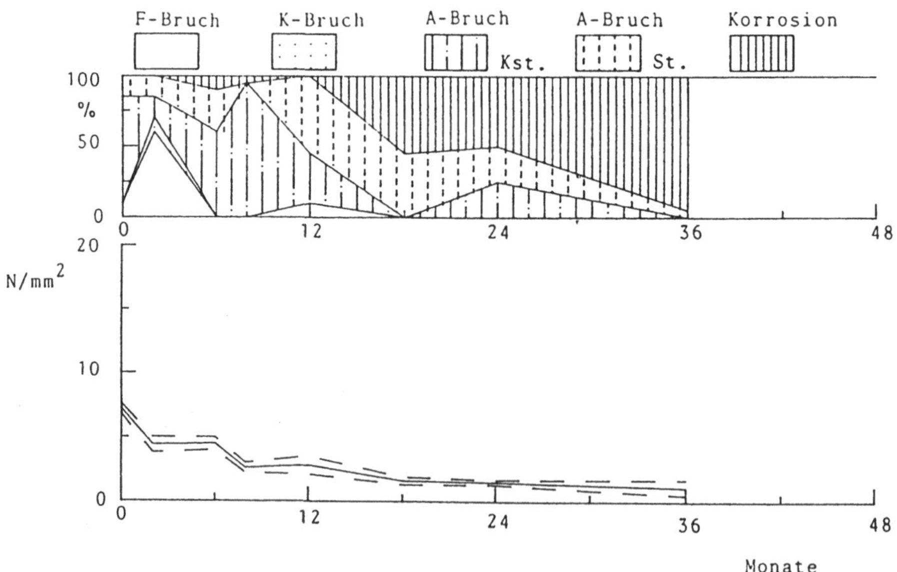

Bild 3.28. Klebfestigkeiten von PP-Stahl-Klebungen im
Klima 30/95

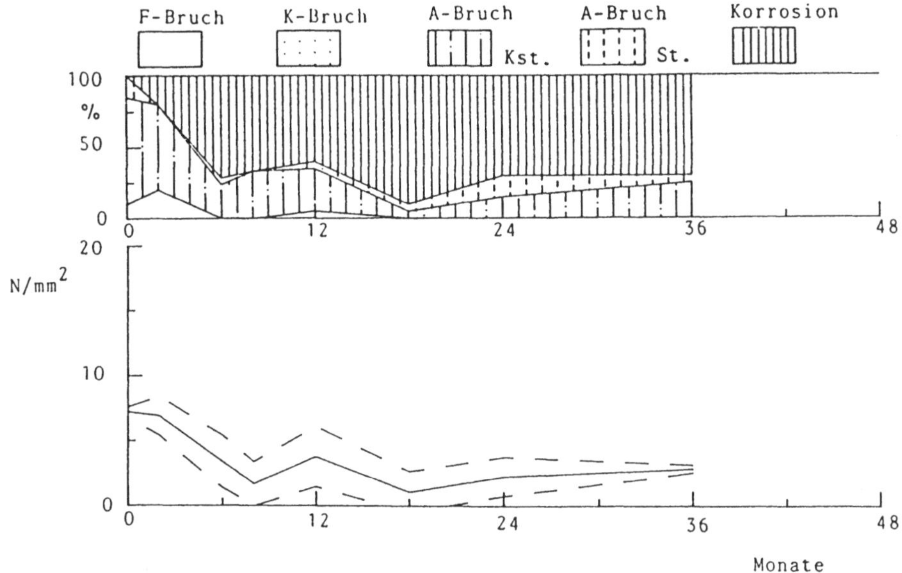

Bild 3.29. Klebfestigkeiten von PP-Stahl-Klebungen nach
Freibewitterung

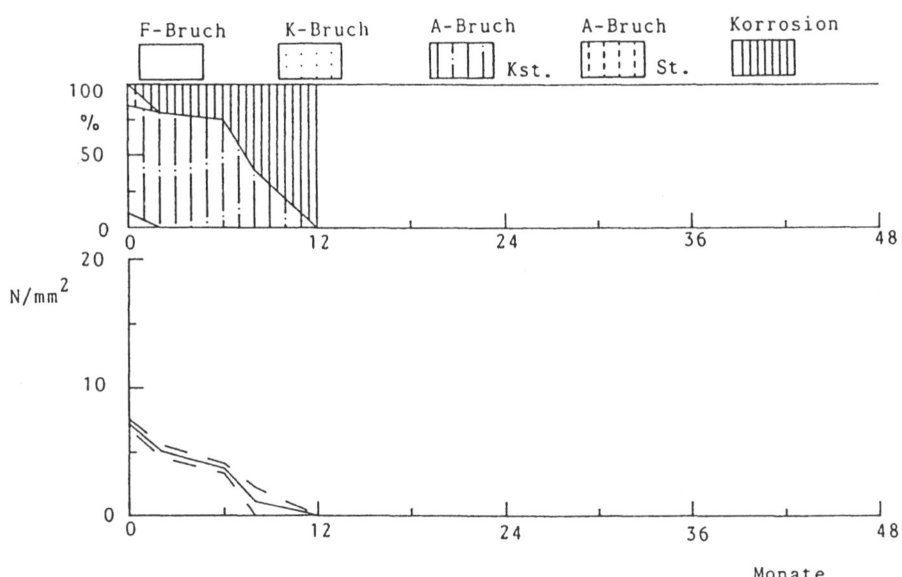

Bild 3.30. Klebfestigkeiten von PP-Stahl-Klebungen im
Salznebeltest

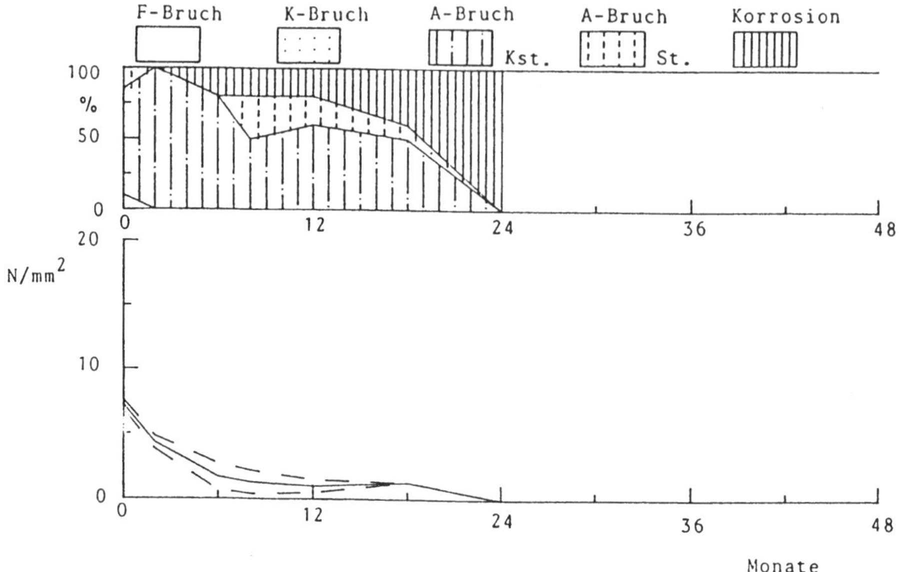

Bild 3.31. Klebfestigkeiten von PP-Stahl-Klebungen nach
Wasserlagerung bei 30°C

gleichbar. In einem solchen Fall muß immer geklärt werden, warum
gerade diese Prüfbedingung besondere Ereignisse zur Folge hat.
Eine kurze Beschreibung der durchgeführten Versuche liefert
hierzu Hinweise. Die Klimalagerungen erfolgten in gut verschließ-
baren Kunststoffbehältern von ca. 10 l Inhalt mit Schnappdeckeln
(Eimer für Dispersionsfarben). Damit sind die Bedingungen für
ein geschlossenes Klima vorhanden. Auf dem Boden der Eimer befand sich etwa 3 cm hoch eine Salzlösung zur Einstellung der
Luftfeuchte. Nur beim Klima 30/40 handelte es sich hierbei um
eine Kochsalzlösung. Über der Lösung befand sich ein gelochter
Einlegeboden aus PVC, auf den die Proben senkrecht mit dem metallischen Fügeteil nach unten aufgestellt wurden. Zur Erzielung
der entsprechenden Temperaturen wurden die Eimer in einfache
Öfen eingestellt.

Während der Lagerung sackten die Lochböden mit der Zeit zum
Teil etwas durch, so daß die metallischen Fügeteile direkt mit
der Sole oder dem Wasser in Berührung kamen. Als Folge davon
korrodierten die Fügeteile stark in der Sole und unmittelbar

darüber. In keinem Falle berührte jedoch die Sole auch nur kurzzeitig die unmittelbare Umgebung der Klebungen. Bei der Prüfung der Proben zeigte sich daher auch der Stahl neben der Klebung als metallisch blank. Nur bei der Kochsalzlösung ist trotz metallisch blanken Fügeteils neben der Klebung die Grenzschicht selbst oft vollständig durch Korrosion zerstört.

Für dieses Verhalten konnte bisher keine gesicherte Erklärung gefunden werden, jedoch sind drei Phänomene als Ursache der Korrosion über einer Kochsalzsole denkbar. Zum einen sind dies Restmonomere aus den Kunststoffen und den Klebstoffen, die in der Fuge bei einer bestimmen Wasserkonzentration die Korrosion hervorrufen. Diese Erklärung erscheint nicht sehr wahrscheinlich, da sie nahezu sprunghafte Eigenschaftsänderungen voraussetzt, die in der Chemie nur ausgesprochen selten beobachtet werden. Eine andere Möglichkeit ergibt sich aus der Diffusion von Natriumionen und Chloridionen in die Klebschicht. Dies wird zwar nur zu sehr geringen Konzentrationen führen, kann aber möglicherweise katalytische Bedingungen schaffen, die die Aggressivität des Wassers in Verbindung mit den Restmonomeren erheblich steigern. Dann müßte sich jeder Fingerabdruck auf einem Fügeteil auch in einiger Entfernung von der Klebfuge deutlich auf die Beständigkeit auswirken. Hierzu gibt es aber aus der Praxis keinerlei Hinweise. Stichversuche zeigten, daß diese Aggressivität der Kochsalzlösungen nach mehrmaligem Öffnen des Behälters abnahm. Zu vermuten ist daher, daß im verwendeten reinen Kochsalz Spuren verdampfender Substanzen enthalten sind. Aufgrund der Herstellung von Kochsalz kann es sich hierbei um Salzsäure oder Chlor handeln, die beide die Korrosion sehr stark fördern können.

3.5.2 Versagensmechanismen

In Verbindung mit den Umwelteinflüssen sind die möglichen vier Versagensformen der Kunststoff-Metall-Klebungen zu betrachten.

Der Fügeteilbruch ist eine Versagensform, die vorwiegend konstruktive Ursachen hat und an dieser Stelle nicht betrachtet

werden soll. Wenn er nach längeren Lagerungszeiten auftritt,
ist er auf Veränderungen des Kunststoffügeteils zurückzuführen.
Hier ist entweder durch Wahl eines anderen Kunststoffes bzw.
durch eine optimierte Konstruktion des Klebbereichs Abhilfe zu
schaffen, vgl. Kapitel 4.

Der Kohäsionsbruch in der Klebschicht kann insbesondere durch
Klebstofferweichung infolge Wasseraufnahme bereits bei niedrigeren Lastniveaus auftreten. Mit einer örtlichen Erweichung muß
nicht zwingend eine Verminderung der Tragfähigkeit verbunden
sein, da durch die höhere plastische Verformbarkeit auch Spannungsspitzen in der Klebschicht besser abgebaut werden können.
Der Kohäsionsbruch kann in der Regel als ungefährlich angesehen
werden, da er durch Untersuchungen an mit Wasser gesättigten
Klebungen kalkulierbar gemacht werden kann.

Der Adhäsionsbruch am Kunststoff nach Alterung hat komplexe
Ursachen. Beim Polyamid 6 diffundiert z.B. noch vorhandenes
Caprolactam aus dem Polyamid in die Klebfuge ein und trägt zu
einer Verminderung der Adhäsion bei. Gespritzte Kunststoffteile
verändern beim Abbau von inneren Spannungen ihre Form, was
wiederum Spannungen in die Klebung induziert und diese zerstören kann. Dies kann besonders dann auftreten, wenn ein größeres
Kunststoffteil durch die Klebung starr eingespannt wird. Des
weiteren verändert sich die Spritzhaut langsam in ihrer Kristallinität, was wiederum eine Schwächung der Adhäsion bewirkt.

Der Adhäsionsbruch am Stahl läßt sich in zwei Arten unterteilen.
Einmal kann die Zerstörung der Haftung ohne sichtbare Korrosion
erfolgen. Sehr viel kritischer stellt sich das Versagen durch
Korrosion am metallischen Fügeteil dar, so daß hier die wesent-
lichste Gefährdung der Klebung unter Umweltbelastung gesehen
werden muß.

Die Korrosion in der Grenzschicht der Klebung ist ein begrenzender Faktor für den Einsatz des Klebens von Stahl überhaupt.
Wie die Bilder 3.26 bis 3.31 zeigen, tritt eine leichte Korro-

sion der Kanten sehr häufig auf. Klebungen, die einem Salznebeltest unterworfen werden, versagen bereits nach wenigen Monaten, wie beispielhaft das Bild 3.30 zeigt. Das gleiche gilt auch in einigen Fällen bei Wasserlagerung, Bild 3.31. Die Klebstoffalterung wird von der langsamen und gleichförmig ablaufenden Diffusion des Wassers und des Luftsauerstoffes kontrolliert, weshalb sich auch die Eigenschaften der Klebungen langsam und kontinuierlich ändern. Die Korrosion in der Klebfuge ist dagegen - wenn sie erst einmal begonnen hat - ein vergleichsweise schnell ablaufender Vorgang. Der Korrosionsstart wiederum ist zeitlich nicht vorauszusagen. An Klebungen wurde festgestellt, daß mit und ohne Korrosionsschutz bis zu achtzehn Monate Alterungszeit benötigt werden, bis Korrosion überhaupt einsetzt. Bei anderen Proben war diese Inkubationszeit sehr viel kürzer. Zuordnungen zu den Alterungsbedingungen sind aber nicht möglich. Der Zeitraum vom Beginn der Korrosion bis zur totalen Zerstörung beträgt dann weitgehend unabhängig von den Bedingungen etwa wieder sechs Monate. Nach den vorliegenden Ergebnissen beträgt die Lebensdauer einer durch Korrosion zerstörten Versuchsklebung zwischen zwei und etwa zwölf Monaten nach Einsetzen der Korrosion.

Nachteilig ist auch, daß die Korrosion in der Klebfuge in nahezu allen Fällen von außen nicht erkennbar ist. Zwar können einige Bereiche des Stahlfügeteils leichte Korrosion aufweisen, in unmittelbarer Nachbarschaft der Klebung ist in der Regel die Stahloberfläche metallisch blank. Gleichzeitg kann die Klebfläche total korrodiert sein. Das Bild 3.32 gibt hierfür ein Beispiel.

Die von den Kanten ausgehende Korrosion kann als eine Form der Spaltkorrosion angesehen werden, die auch in filigraner Form ("Filiformkorrosion") auftreten kann. Das Bild 3.33 zeigt eine teilweise so korrodierte Klebfuge. Diese Art der Korrosion wird unter nahezu allen Alterungsbedingungen beobachtet, wenn ungeschützter Stahl verwendet wird.

Um nun Möglichkeiten für die Unterbindung dieser Korrosion aufzuzeigen, ist die Kenntnis des Mechanismus und insbesondere des

Bild 3.32. Durch Korrosion zerstörte Klebung mit nahezu
metallisch blanker Umgebung am Stahlfügeteil

Bild 3.33. Klebfuge mit Filiformkorrosion (Stahloberfläche mit
Klebstoff nach Ablösen des Fügeteils aus Kunststoff)

Startmechanismus erforderlich. Letzterer läßt sich aber nicht
untersuchen, da Ort und Zeitpunkt unbestimmt sind. Daher sind
nur aus der Analyse der Korrosionsprodukte Rückschlüsse zu zie-
hen. Hierzu wurden Dünnschnitte angefertigt und die Morphologie
und Kristallstruktur im Transmissions-Elektronen-Mikroskop ermittelt. Die Elektronenbeugung ergab, daß es sich um γ-Fe_2O_3
handelt.

Wird die Ursache der Spaltkorrosion in unterschiedlichen Sauerstoffkonzentrationen gesehen /3.25/, so kann man folgenden
Startmechanismus annehmen.

Die für den Beginn der Korrosion erforderlichen Potentialdiffe-
renzen ergeben sich aus unterschiedlichen Sauerstoffkonzentrationen neben und in der Klebung. Neben der Klebung läuft dann
die Teilreaktion

$$O_2 \quad + \quad 2\,H_2O \quad + \quad 4\,e^- \longrightarrow 4\,OH^- \tag{3.1}$$

ab. Dadurch wird die freie Stahloberfläche zur Kathode. Im
Klebbereich kann dagegen z.B. die Reaktion

$$Fe \longrightarrow Fe^{2+} \quad + \quad 2\,e^- \tag{3.2}$$

ablaufen. Dies ist die anodische Teilreaktion, der weitere Reaktionen folgen können. Schematisch ist der Startvorgang im
Bild 3.34 dargestellt. Nach diesem Korrosionsstart, der bereits
geringfügig in die Klebung hineinläuft, folgt dann eine Spaltkorrosion, wobei an der Kante der gleiche Mechanismus abläuft.
Im Innern der Klebschicht bildet sich aber jetzt eine weitere
Kathode aus. Damit hat die Korrosion einen eigenen Antrieb erhalten und verläuft schneller als andere Alterungsreaktionen.
Das Bild 3.35 zeigt das Schema dieses Vorganges in einer vereinfachten Form.

Im Bereich I vor der Klebung läuft die Reaktion 1 ab. Dadurch
wird hier die Bildung von sichtbaren Korrosionsprodukten ver-

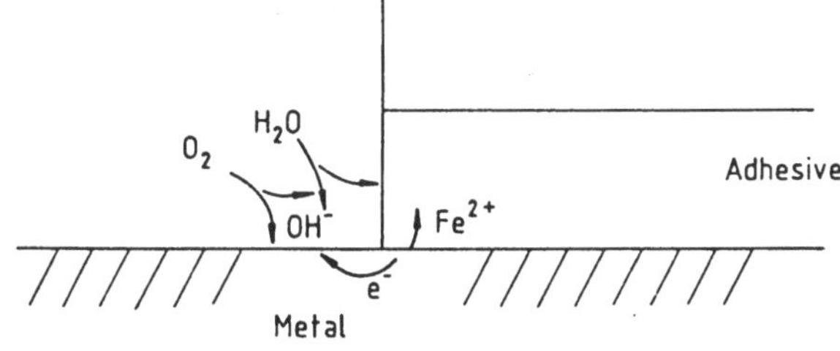

Bild 3.34. Schema des Korrosionsstarts in einer Klebung

74

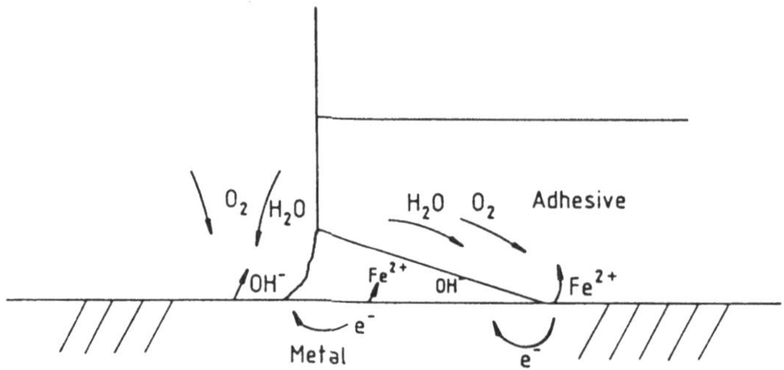

Bild 3.35. Schema des Korrosionsfortschritts

hindert. Im Bereich II läuft die Reaktion 2 ab. Diese Zone
zeichnet sich wahrscheinlich als der Adhäsionsbruchbereich auf
den Stahloberflächen ab, der der Korrosion als schmaler Strei-
fen vorausläuft. In den korrodierten Zonen des Bereiches III
greifen Wasser und Sauerstoff ein. Die Reaktionen lassen sich
wie folgt beschreiben:

$$Fe^{2+} + 2\ OH^- \longrightarrow Fe(OH)_2 \qquad (3.3)$$

bzw.

$$Fe^{2+} + 2\ H_2O \longrightarrow Fe(OH)_2 + 2H^+ \qquad (3.4)$$

und

$$4\ Fe(OH)_2 + O_2 + 2\ H_2O \longrightarrow 4\ Fe(OH)_3 \qquad (3.5)$$

Aus diesen Abläufen läßt sich der Unterschied im Verhalten von
grundierten und lackierten Klebungen im Salznebeltest im Vergleich zu nur grundierten Proben erklären. In beiden Fällen
wurden diese Beschichtungen nach dem Kleben aufgebracht. Nach
zwei Monaten Salznebeltest zeigten die lackierten Proben einzelne Roststellen während die grundierten Proben in den unverklebten Bereichen ganzflächig korrodiert waren. Die Lackschicht
wird die Diffusion von Wasser und Sauerstoff zwar verzögern,
aber nicht entscheidend verändern. Anders sieht es jedoch bei
größeren Molekülen, wie Restmonomeren aus den Kunststoffen bzw.

Klebstoffen, aus. Dies läßt sich anhand des Polyamides 6 besonders deutlich machen. Es enthält, wie erwähnt, herstellungsbedingt größere Mengen an Caprolactam, das im Polyamid relativ beweglich ist. Bei der Alterung wird es zur 6-Aminohexansäure hydrolysiert. Diese Säure kann aus den unbeschichteten und unverklebten Kunststoffoberflächen zu einem großen Teil herausdiffundieren und wird damit wirkungslos für die Klebung. Ist dieser Weg nach außen jedoch durch eine Lackschicht versperrt, so ist während der gesamten Versuchsdauer die Konzentration dieser Säure hoch und die Diffusion in die Klebfuge entsprechend gesteigert. Dort bewirkt sie dann Adhäsionsschäden und fördert wahrscheinlich auch die Korrosion.

Werden die Stahlfügeteile andererseits vor dem Kleben ganzflächig mit einem Korrosionschutz versehen, so werden sowohl die anodische wie auch die kathodische Teilreaktion deutlich gebremst und der Korrosionskreislauf unterbrochen.

Welche Maßnahmen sind geeignet, die Korrosion in der Klebfuge wirkungsvoll zu verhindern? Ein guter Korrosionsschutz nach dem Kleben, wie er z.B. in der Automobilindustrie durchgeführt wird, ist sicherlich in vielen Fällen voll ausreichend. Jedoch sollten dann auch "korrosionsarme" Klebstoffe verwendet werden. Sie zeichnen sich unter anderem durch einen geringen Monomerengehalt, eine Fähigkeit zur teilweisen Passivierung der Metalloberfläche und durch geringe Wasseraufnahme aus, wie z.B. einige warmhärtende Epoxidharze. Eine chemische Vorbehandlung der Stahloberflächen vor dem Kleben mit dem Ziel analog zum Aluminium dichte schützende Oxidschichten zu erzeugen, ist nicht erfolgversprechend, da außer einigen Lacksystemen festhaftende Schutzschichten mit ausreichendem Korrosionsschutz nicht bekannt sind. Phosphatieren bringt nur begrenzte Verbesserungen. Verzinken kann als wirksamer Korrosionsschutz angesehen werden, jedoch bestehen häufig Haftungsprobleme zwischen Zink und Klebstoff. Als beste Lösung erweist sich das Kleben nach dem Lackieren des Stahls in Verbindung mit einer günstigen Gestaltung der Klebung.

Bild 3.36. Korrosion ohne Verbindung zur Kante

Ein Sonderfall der Korrosion, der nur bei bestimmten Klebstoffen auftritt, ist die "innere" Korrosion, d.h. das Auftreten von "schwarzen Flecken" an der Stahlgrenzfläche ohne Verbindung zur Kante. Dies wurde bisher nur bei Epoxidklebstoffen mit Mercaptoverbindungen beobachtet. Das Bild 3.36 zeigt hierzu ein Beispiel. Verantwortlich ist die enthaltene SH-Gruppe, die unter dem Einfluß von eindiffundierendem Wasser und Sauerstoff Potentialverschiebungen bewirkt und so diese Korrosion ermöglicht. Die Korrosionsprodukte konnten durch Elektronenbeugung als Magnetit identifiziert werden, was auf einen Mangel an Sauerstoff hindeutet. Dieser Vorgang ist durch Diffusionsvorgänge kontrolliert, woraus sich auch der fadenförmige Verlauf erklären läßt.

3.5.3 Beständigkeit der Klebungen

Die Verminderung der mechanischen Eigenschaften im Laufe der Zeit sollte nach den Gesetzmäßigkeiten der Thermodynamik verlaufen. Danach verlaufen solche Vorgänge nicht sprunghaft, was wiederum eine stetige Veränderung der Festigkeiten zur Folge haben muß. Eine Kenntnis der Langzeitgesetze eröffnet daher die Möglichkeit zur Extrapolation über längere Zeiträume. Sie setzen sich einerseits aus der Summe aller ablaufenden Langzeitreaktionen und andererseits aus den Beziehungen zwischen dem chemischen Aufbau des Klebstoffes und seinem mechanischen Verhalten

zusammen. Hierzu steht aber nur der empirische Weg offen, da die Verknüpfung der einzelnen Gesetzmäßigkeiten nicht bekannt ist. Zum Ablauf müssen jedoch gewisse Randbedingungen erfüllt sein. Um Überlagerungen der Ergebnisse durch Diffusion von Wasser und Sauerstoff zu minimieren, müssen die Klebungen mit ihrer Umgebung im Gleichgewicht stehen, was Zeiten von mehren Monaten erfordert. Erst dann ist mit einem stetig (fallenden) Verlauf der Festigkeits-Zeit-Kurven zu rechnen. Es dürfen aber im Laufe der Langzeitbeanspruchung keine schwerwiegenden oder relativ schnellen Änderungen im Degradationsmechanismus auftreten, wie es z.B. bei der Korrosion der Fall ist.

Es muß aber festgestellt werden, daß die Randbedingungen nicht immer eingehalten werden können. So kommt es im Klima 50/60 bereits zu bleibenden plastischen Verformungen der Kunststoffteile, die durch einen Abbau der vorhandenen Eigenspannungen bewirkt werden.

Ein weiteres Problem ergibt sich aus der angewendeten Prüftechnik, die sich hier ausschließlich auf Zugscherproben beschränkte. Die Ergebnisse sind deshalb nicht ohne weiteres auf Bauteile mit anderen Beanspruchungszustand übertragbar, jedoch sollten dort die gleichen Tendenzen bestehen. Je weiter eine Extrapolation über den gemessenen Bereich hinausreichen soll, desto genauer müssen die Messungen sein. Die Messung der Klebfestigkeiten ist aber immer mit relativ großen Streuungen behaftet. Bei der Prüfung von fünf Proben pro Meßpunkt ergeben sich in der Regel Standardabweichungen vom Mittelwert in der Größenordnung von 1 bis 2 N/mm^2.

Trotz aller Ungenauigkeiten in den Messungen fällt es jedoch auf, daß nach Erreichen des Gleichgewichtes die meisten Festigkeits-Zeit-Verläufe linear zu sein scheinen. Daher wurden an den oben genannten Beispielen für die meisten Zeitkurven die Geraden berechnet. Die Ermittlung dieser Geraden erlaubt nun auch eine Extrapolation, die aber aus der Streuung der Meßwerte

und der geringen Neigung der Geraden mit erheblichen Fehlern
behaftet ist.

Die gemittelte Gerade wurde durch den Zeitraum von 12 bis 36
(bzw. in Einzelfällen bis 24) Monaten gelegt und hieraus die
Zeit bestimmt, in der die Festigkeit auf den Wert Null abgefal-
len ist. Die so ermittelte "Lebensdauer" der Klebung ist als
ein grobes Maß für die Beständigkeit anzusehen.

Die Balkendiagramme in den Bildern 3.37 bis 3.40 zeigen die Ergebnisse dieser Rechnungen, wobei ausschließlich Klebungen berücksichtigt wurden, die nicht schnell durch Korrosion zerstört
wurden, d.h. denen unter den gewählten Umweltbedingungen eine
gewisse technisch bedeutsame Lebensdauer zugemessen werden
kann.

Die großen Unterschiede in den Extrapolationen der Klimata
30/20, 20/60 und 30/60 lassen sich nicht aus den unterschiedlichen Feuchtigkeiten erklären. Hier spielen auch die Art der
Lagerung in einem offenen oder geschlossenen System eine große

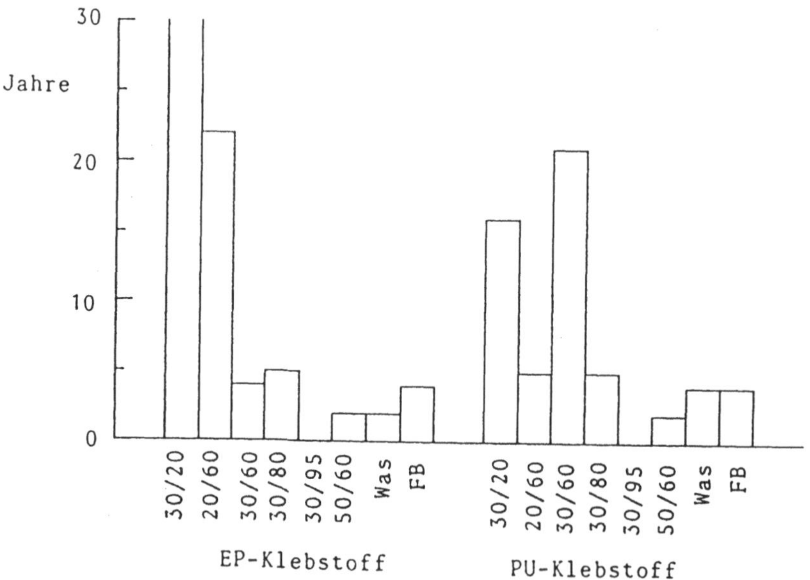

Bild 3.37. Berechnete Lebensdauer von Polyamid-Klebungen

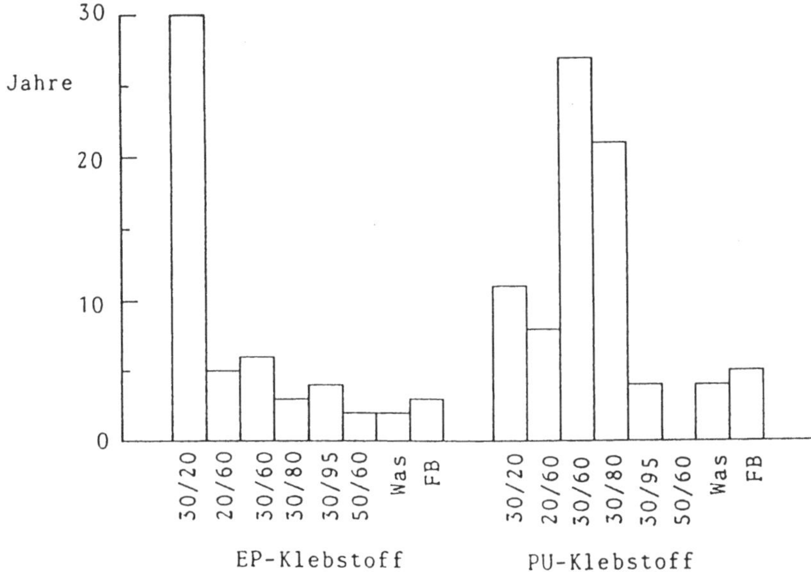

Bild 3.38. Berechnete Lebensdauer von Polypropylen-Klebungen

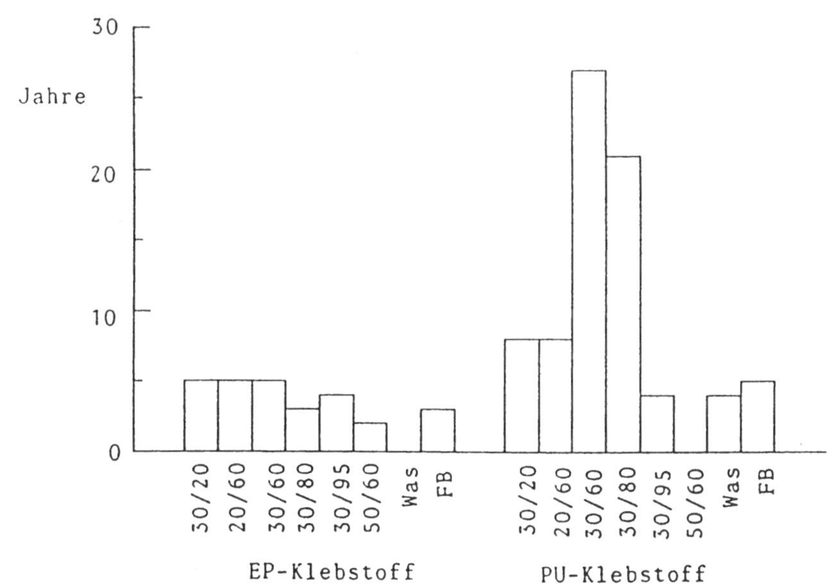

Bild 3.39. Berechnete Lebensdauer von ABS-Klebungen

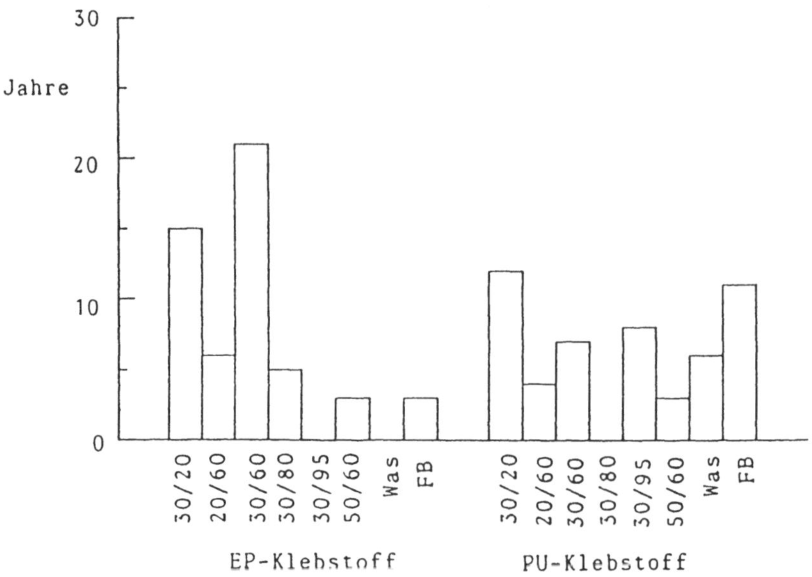

Bild 3.40. Berechnete Lebensdauer von Polykarbonat-Klebungen

Rolle. Dies gilt in verschiedenem Ausmaß für alle untersuchten
Klimata. Die schlechte Beständigkeit der Klebungen im Klima
20/60 ist auf die Lagerung in einem geschlossenen System
zurückzuführen.

Diese Ergebnisse gelten aber in dieser Form nur für Klebungen,
die ohne Dauerlast den Umweltbedingungen ausgesetzt wurden. Bei
gleichzeitigem Einwirken von Last und Feuchtigkeit kommt es
zunächst einmal zu einem Kriechen der Fügeteile aus dem thermoplastischen Kunststoff. Hierdurch werden die Lasten relativ
schnell fast vollständig abgebaut. Aber auch die verbleibenden
geringen Restlasten beeinflussen das Langzeitverhalten. Sie bewirken im Laborversuch ein früheres Versagen, als es bei unbelasteten Proben der Fall ist. Auch ist die Versagensform eine
andere, weil das Versagen der Haftung am Kunststoff dominiert,
während Adhäsionsversagen am Stahl und Korrosion nur noch eine
untergeordnete Rolle einnehmen. Die Gründe hierfür lassen sich
aus Zeitstandversuchen in der Freibewitterung ableiten. Hier
versagten die Proben immer dann in größerer Anzahl, wenn extreme Temperaturänderungen eintraten, so zum Beispiel bei Frost-

perioden nach relativ warmer Witterung oder zu Beginn einer
sonnenreichen Periode im Sommer. Durch die Temperaturschwankungen verändern sich die mechanischen Eigenschaften der Kunststoff-Fügeteile und auch des Klebstoffes in kurzer Zeit recht
stark. Die unterschiedliche Wärmedehnung führt zu raschen Veränderungen der Spannungsverhältnisse in der Klebung, die durch
plastische Verformungen in diesem behinderten System Klebung
nicht so schnell abgebaut werden können. Eine bereits durch die
Umweltbedingungen vorgeschädigte Klebung wird bevorzugt dort
versagen, wo die größten Veränderungen eingetreten sind; dies
ist aber der Bereich zwischen Kunststoff und Klebstoff.

3.6 Folgerungen aus den Versuchen

Die Klebverbindung ist so zu gestalten, daß sie möglichst gut
belüftet ist. Dies bedeutet, daß schädigende Stoffe aus der
Klebung sich nicht in einem umschlossenen Raum ansammeln können.
Ferner sind sie nicht einer stehenden Feuchte und eventuellen
starken Aufheizung durch Sonnenstrahlung auszusetzen. Kurze,
aber schwere Belastungen, wie zum Beispiel durch Regenschauer
und hohe Temperaturen sind wegen der geringen Diffusionsge-
schwindigkeit des Wassers in Klebstoffen unkritisch. Diese konstruktive Maßnahme ist überwiegend als Prävention für Korrosion
zu sehen.

Eine weitere Möglichkeit, die Lebensdauer von Klebungen zu erhöhen, liegt in einer Vergrößerung der Klebfläche. Aufgrund der
geringen Diffusionsgeschwindigkeiten von Wasser in Klebungen
wird damit die Zeit bis zur Einstellung des Gleichgewichtes
verlängert. Diese Zeit beträgt bereits bei einer überlappten
Klebung wie der Zugscherprobe mit 12,5 mm Überlappung und damit
maximalen Diffusionswegen von 6,25 mm bis zu acht Monate. Größere Klebflächen verlängern diese Zeiten entsprechend. Hinzu
kommt, daß der Kantenbereich, der zum Beispiel durch jahres-
zeitliche Schwankungen verstärkt wechselnden Umweltbedingungen
ausgesetzt ist, im Bezug auf die gesamte Klebfläche einen geringeren Anteil einnimmt. Es ist aber nicht sinnvoll, die Kleb-

fläche über eine gewisse Größe hinaus wachsen zu lassen (siehe Kapitel 4.).

Die Größe der bei wechselnden Temperaturen auftretenden Spannungen zwischen Klebstoff und Fügeteilen ist abhängig von der Verformbarkeit der verwendeten Werkstoffe; sie können im Extremfall Klebungen zerstören. Dieses Verhalten fordert eine möglichst kleine Klebfläche, was dem zuvor gesagten entgegensteht. Es ist dann zu entscheiden, welcher Einfluß gravierender ist. In der Regel werden dies Umweltbelastungen durch Feuchte sein, wenn ein ausreichend flexibler Klebstoff eingesetzt wird.

Eine der wichtigsten Maßnahmen gegen das Auftreten von Korrosion ist die Vorbehandlung der Oberflächen (siehe Kapitel 6.).

Ein Abdecken der Klebung durch Lackieren liefert nur einen vorübergehenden Schutz, da es die Korrosionsmechanismen nicht von vornherein unterbindet. Diese Art des Schutzes kann aber dennoch oft ausreichend sein. Antrieb für die Korrosion sind unterschiedliche Sauerstoffkonzentrationen neben und in der Klebung. In einer Lackschicht, die wie ein Klebstoff ebenfalls für Sauerstoff und Wasser durchlässig ist, kann sich aufgrund ihrer großen und der Umgebung frei ausgesetzten Oberfläche eine höhere Sauerstoff- und Wasser-Konzentration einstellen als in der durch die möglicherweise durch Metall abgedeckten Klebung. Als wirksamster Korrosionsschutz muß ein Beschichten des gesamten Fügeteiles aus Stahl vor dem Verkleben angesehen werden.

Für die Kunststoffe lassen sich aufgrund der großen Typenvielfalt keine allgemeinen Regeln aufstellen. Bei der Verwendung von Polyamid 6 ist aufgrund seines schädigenden Monomerengehaltes unter feuchten Bedingungen mit einer eingeschränkten Lebensdauer zu rechnen. Es ist auch davon auszugehen, daß sich Kunststoffe mit geringen Eigenspannungen beständiger verkleben lassen als mit höheren. Dies trifft zum Beispiel für kurzfaserverstärkte Kunststoffe oder für Duroplaste zu.

3.7 Übertragbarkeit der Prüfergebnisse auf die Praxis

Die vorgestellten Ergebnisse lassen sich näherungsweise auf
reale Bauteile übertragen, wenn die Klebflächengröße, die tatsächlichen langzeitigen Umweltbelastungen und der vorhandene
Korrosionsschutz berücksichtigt werden.

Als Beispiel soll hier geprüft werden, ob Klebungen der beschriebenen Art im Karrosseriebau eingesetzt werden können, wo
eine mittlere Lebensdauer von etwa zehn bis zwölf Jahren erreicht
werden muß. Dazu sind die verschiedenen durchgeführten Alterungs-
versuche kritisch zu bewerten. Am leichtesten ist dies bei der
Freibewitterung. Sie entspricht weitgehend der realen Umweltbelastung einer Klebung in einer gut belüfteten Umgebung. Es
fehlt jedoch der Angriff durch Salze, der sich überwiegend auf
die Korrosion auswirkt. Die mögliche Inkubationszeit der Korrosion kann zwölf bis achtzehn Monate betragen und dann innerhalb
von weiteren sechs bis zwölf Monaten zur völligen Zerstörung
der Klebung führen. Bedingungen der Freibewitterung werden sich
bei einem Kraftfahrzeug nur an Außenteilen, wie z.B. Spiegeln
einstellen. Solche Klebungen werden mit anderen Klebstoffen,
als den hier untersuchten, in der Praxis durchgeführt und haben
sich bewährt.

Die anderen Konstantklimata unterscheiden sich von der Freibewitterung nicht nur in Feuchte und Temperatur, sondern auch in
der Art der Versuchsführung. Mit Ausnahme des Klimas 30/20 wurden alle Lagerungsversuche in nahezu geschlossenen Systemen mit
nur geringer Belüftung durchgeführt. Bezogen auf ein Kraftfahrzeug entsprechen diese Klimata den Bedingungen in einem nahezu
geschlossenen Kasten mit Belüftungsöffnungen, in den neben Wasser auch Salz, z.B. als Streusalz eindringen kann. Unter diesen
Bedingungen besitzen die betrachteten Klebungen nach den bisher
vorliegenden Ergebnissen eine nicht ausreichende Beständigkeit.

Der Vergleich zwischen den Ergebnissen mit Laborproben und dem
tatsächlichen Verhalten von Klebungen in Bauteilen zeigt, daß
bei einer sorgfältigen Analyse der Umweltbelastungen in einem

Bauteil auch im Labor Bedingungen geschaffen werden können, die diesen weitgehend entsprechen. Ein zeitraffender Test läßt sich dann so entwickeln, indem die als weniger kritisch erkannten Phasen der wechselnden Umweltbelastungen nicht oder nur verkürzt in den Test aufgenommen werden. Solche Prüfzyklen haben in der Automobilindustrie bereits breiten Eingang gefunden /3.26/. Sie bestehen z.B. aus feuchtwarmer Lagerung mit Betauung gefolgt von einer trockenen warmen Phase. Daran anschließen kann sich dann noch ein Salznebeltest, bevor der Zyklus wieder beginnt. Diese Prüfverfahren, die sich zum Teil nur noch mit speziellen Einrichtungen durchführen lassen, dienen zur vergleichenden Beurteilung von Klebungen. Versuche dieser Art führen nicht zu extremen Zeitraffungen. Die Prüfzeiten lassen sich aber weiter verkürzen, indem der Verlauf der Festigkeit über die Belastungszeit betrachtet wird. Es ist auch möglich, die Festigkeiten in gewissem Maße auf die geplante Gesamtlebensdauer hin zu extrapolieren. Daneben muß aber auch immer eine sorgfältige Analyse der Versagensformen stehen. Sie gibt sehr oft schon frühzeitig darüber Auskunft, ob sich Schädigungen mit unzulässigen Geschwindigkeiten in einer Klebung ausdehnen.

4 Gestalten des Fügebereichs

H. Käufer, H. Elsner

Geschicktes räumliches Anordnen, Gestalten und Dimensionieren des Fügebereichs einer Klebung machen es möglich, in weiten Grenzen Einfluß auf die Eigenschaften des geklebten Bauteils auszuüben. Bei der Kunststoff-Metall-Klebung bietet besonders die einfache und relativ freie Gestaltbarkeit des Kunststoffügeteils hierzu besondere Möglichkeiten.

Untersuchungen an Klebungen, die mit einschnittig überlappten Zugscherproben durchgeführt wurden, sind naturgemäß nicht geeignet, um den Einfluß der Gestaltung auf die Tragfähigkeit der geklebten Verbindung zu erfassen. Dabei ist aber gerade die Gestaltung des Fügebereichs besonders für das Tragverhalten der Klebung mitverantwortlich. Daher wird hier, basierend auf neuen Untersuchungen, die Wirkung der Fügebereichsgestaltung auf die Festigkeit, die Funktion und die Fertigung näher betrachtet.

Um das ganze technische Potential des Klebens nutzen zu können, ist es zweckmäßig, während der Konzeptphase eines Bauteils die im Einzelfall zutreffenden Gestaltungsziele zu formulieren und zu gewichten. Die folgende Liste der möglichen Gestaltungsziele dient dabei als Leitfaden.

Festigkeit:
- Kurzzeit-, Langzeit-, Ermüdungsfestigkeit
- Gleichmäßige Spannungsverteilung
- Festigkeitsreserven bei möglichem Adhäsionsversagen durch
  andere Verbindungsunterstützung (z.B. Formschlußunterstützung)

86

Beständigkeit gegen:
- Feuchtigkeit
- Chemischen Angriff durch aggressive Medien
- Hohe und tiefe Temperaturen
- Zeitliche Temperaturschwankungen
- Örtliche Temperaturdifferenzen
- Physikalischen Angriff durch Licht, radioaktive-
  und UV-Strahlung.

Erfüllen von Zusatzfunktionen:
- Abdichten
- Thermische Isolation oder Leitfähigkeit
- Elektrische Isolation oder Leitfähigkeit
- Dämpfen von mechanischen Schwingungen
- Dämpfen von Schall
- Sichern gegen Lockerung z.B. bei Schraubverbindungen.

Fertigungsvereinfachung:
- Positionierung der Fügeteile zueinander
- Führen der Fügeteile beim Fügen
- Druckgabe auf den Klebstoff während des Aushärtens
- Mechanische Fixierung der Fügeteile nach dem Fügen
- Ausgleich von Fertigungstoleranzen
- Automatisierbarkeit des Klebprozesses
- Integrierbarkeit des Klebprozesses in die vorhandene Fertigung

Qualität:
- Konstanz und Kontrollierbarkeit aller Fertigungsparameter, die
  die Eigenschaften der Klebung beeinflussen
- Prüfbarkeit der Klebung (möglichst zerstörungsfreie)
- Fertigungsbegleitende Qualitätssicherung z.B. durch eine
  Klebprobe am Bauteil, die am Ende der Fertigung abgetrennt
  und geprüft wird

Recycling:
- Einfache Lösbarkeit der Verbindung zur (sortenreinen) Trennung
  der wiederverwertbaren Werkstoffe

Wartungsfreundlich⁣ ⁣it:

- Neben der Lösbarkeit der Klebung muß im Reparaturfall die
  Verbindung mit definierten Mitteln wiederherstellbar sein.
- Für die Wartung ist neben der Reparaturfähigkeit auch die
  Inspizierbarkeit der Klebung nötig.

4.1 Festigkeits- und beanspruchungsgerechtes Gestalten

Die Kunststoff-Metall-Klebung ist bis heute noch nicht umfassend
beschrieben worden, da Werkstoffe mit extrem unterschiedlichen
chemischen und mechanischen Eigenschaften zu fügen sind. So
unterscheiden sich z.B. die E-Moduln von Kunststoff und Stahl.
größenordnungsmäßig um zwei Zehnerpotenzen. Deshalb werden hier
am Beispiel der einschnittig überlappten zugscherbelasteten
Kunststoff-Stahl-Klebung die linearelastischen Verformungen der
Fügeteile und die daraus folgende Spannungsüberhöhung am Auslauf
des steiferen Fügeteils dargestellt, Bild 4.1. Da der Klebstoff

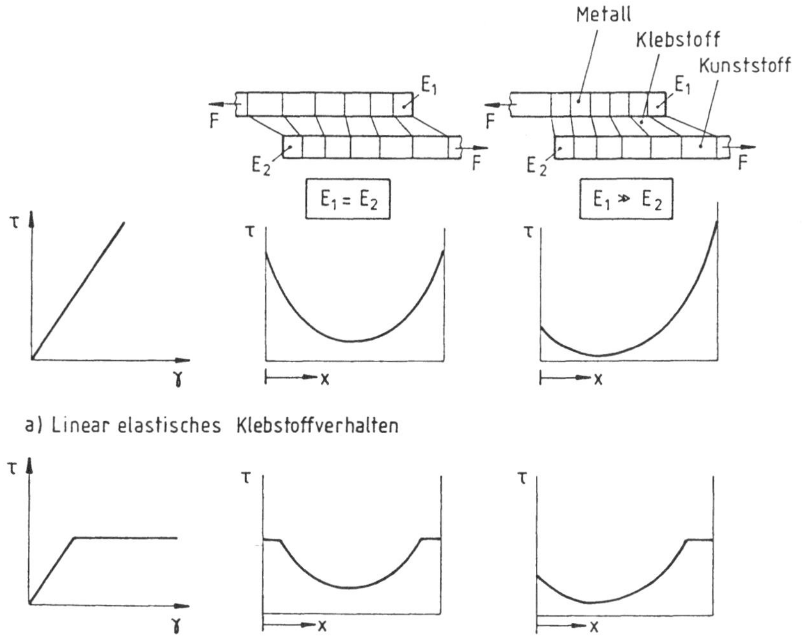

Bild 4.1. Verformung und Schubspannungsverteilung einer belasteten Überlappungsklebung mit gleich- und ungleich
steifen Fügeteilen

neben dem elastischen immer auch ein plastisches Verformungsver-
halten hat, ist die wirkliche Spannungsverteilung umso gleichmäßiger, je größer die Anteile der plastischen Verformungen im
Klebstoff werden, da die plastischen Verformungen die Spannungen
begrenzen (Abschn. 4.1.3).

Die seit langem bekannten Spannungsüberhöhungen am Überlappungsende begrenzen das Tragverhalten der Verbindung, während im mittleren Bereich der Überlappung die Klebung geringer beansprucht
wird. Das Streben nach einer möglichst gleichmäßigen Spannungsverteilung ist folglich ein Hauptziel beim festigkeits- und
beanspruchungsgerechten Gestalten des Fügebereichs. Dies ist
durch konstruktive Optimierung einer Überlappung möglich, indem
z.B. die Fügeteilsteifigkeiten an den Überlappungsenden einander
angepaßt werden (Abschn. 4.1.3.2).

4.1.1 Einschnittig überlappte Verbindung

Die einschnittige Überlappung ist bei Metallen aus Formgebungs-
gründen günstig und hinsichtlich der Zugänglichkeit des Fügebereichs für den Klebstoffauftrag oder für eine eventuell notwendige Oberflächenvorbehandlung unproblematisch. Der überwiegende
Teil der wissenschaftlichen Untersuchungen an Klebungen ist daher
anhand der einschnittig überlappten Klebung durchgeführt worden.
Die dabei ermittelten umfangreichen Ergebnisse über die Festigkeitseigenschaften von Klebungen mit verschiedenen Klebstoffen
und Fügeteilwerkstoffen geben dem Konstrukteur eine gewisse
Sicherheit beim Dimensionieren einschnittig überlappter
Klebungen. Das macht es verständlich, daß die einschnittige
Überlappung auch eine in der Praxis häufig anzutreffende Fügebe-
reichsgestaltung von Klebungen ist. Dabei gibt es gerade für die
Kunststoff-Metall-Klebung eine Fülle von weiteren Gestaltungs-
varianten des Kunststoffügeteils mit speziellen Eigenschaften und
Wirkungen auf das Bauteilverhalten.

Infolge des asymmetrischen Aufbaus der einschnittig überlappten
Klebung erfolgt die Krafteinleitung bei Zugscherbelastung
exzentrisch, so daß ein Biegemoment entsteht. Dieses Biegemoment
erzeugt an den Überlappungsenden Normalspannungen, die als

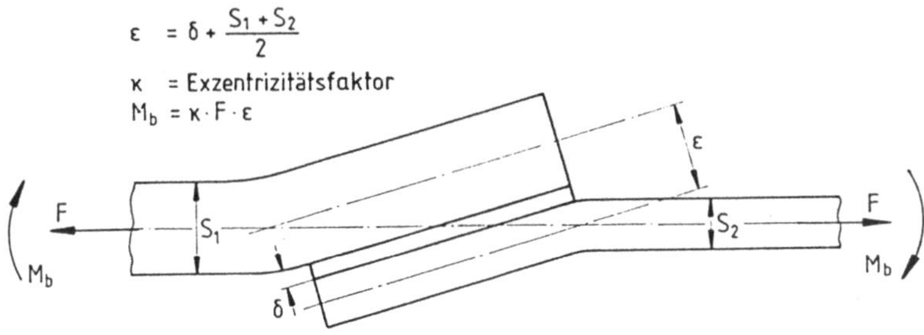

$$\varepsilon = \delta + \frac{S_1 + S_2}{2}$$

κ = Exzentrizitätsfaktor

$M_b = \kappa \cdot F \cdot \varepsilon$

Bild 4.2. Biegemoment in einer einschnittig überlappten Klebung.

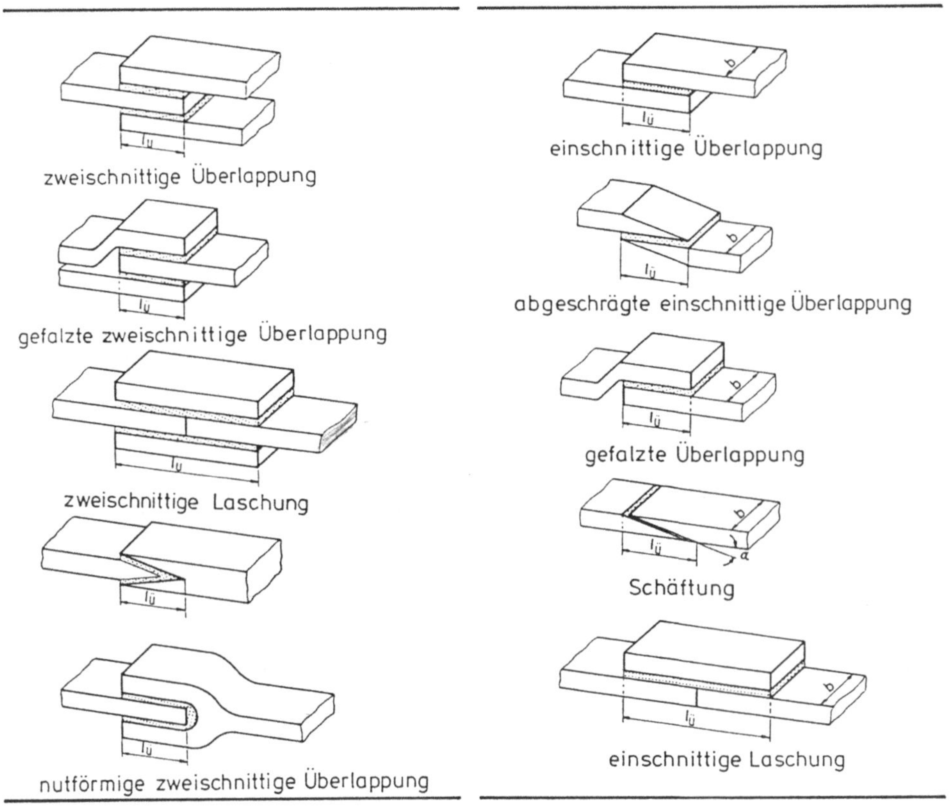

zweischnittige Überlappung

gefalzte zweischnittige Überlappung

zweischnittige Laschung

nutförmige zweischnittige Überlappung

einschnittige Überlappung

abgeschrägte einschnittige Überlappung

gefalzte Überlappung

Schäftung

einschnittige Laschung

Bild 4.3. Gestaltungsvarianten ein- und zweischnittig überlappter Klebungen (nach Habenicht [8.10]   lü=Überlappungslänge)

zusätzliche Schälbeanspruchung die Tragfähigkeit der Verbindung
erheblich mindern, Bild 4.2. Dünnwandige Fügepartner und dünne
Klebschicht verringern die Exzentrizität und somit das wirkende
Biegemoment. Vermeidbar ist der exzentrische Lastangriff bei
einer gefalzten Überlappung, wobei das gefalzte Fügeteil
hinreichend biegesteif sein muß, damit sich der Falz unter Last
nicht streckt, Bild 4.3. Die Schäftung vermeidet zwar die
Exzentrizität, überlagert jedoch den Schubspannungen in der
Klebschicht zusätzlich Normalspannungen, was in der Regel die
Festigkeit mindert. Schälbeanspruchung an den Überlappungsenden
kann durch biegeschlaffe Fügeteilenden gemindert werden, z.B.
durch Verjüngung der Fügeteildicke am Fügeteilende.

Neben diesen Optimierungsmöglichkeiten sind in Abschn. 4.1.3
weitere Maßnahmen zur Optimierung des Kraftflusses, der Fügeteilgeometrie und Abstimmung der Werkstoffe aufeinander erklärt, die
sich nicht allein auf die einschnittige Überlappung beziehen.

4.1.2 Zweischnittig überlappte Verbindung

Wenig angewandt und untersucht ist die zweischnittig überlappte
Klebung, die unter Belastung einen symmetrischen Kraftfluß
aufweist, wodurch äußere Biegemomente vermieden werden können,
Bild 4.3. Die in der Kunststoffteilefertigung dominierenden
Fertigungsverfahren wie Spritzguß und Extrusion lassen ohne
nennenswerten Mehraufwand auch komplizierte Formgebungen zu.
Dadurch sind als zweischnittige Überlappungen auch nutförmige
Gestaltungen des Kunststoffügeteils herstellbar. Die Nut als
integraler Bestandteil des Bauteils bietet die Möglichkeiten der
Kraftschluß- und der Formschlußunterstützung, wie sie in
Abschn. 4.2 erläutert werden.

Es hat sich gezeigt, daß der Fügebereich entsprechend der
Lasteinleitung so anzuordnen ist, daß bei Belastung möglichst
Druckspannungen bevorzugt vor Schub- und diese wiederum bevorzugt
vor Zugspannungen in der Klebfläche auftreten. Durch eine zwei-
schnittig, nutförmig gestaltete Klebung ist es möglich mittels
Vorspannung der Nutschenkel den lastbedingten Spannungen in der

Klebfläche eine Druckspannung zu überlagern, sodaß vorhandene Zugspannungen gemindert werden können.

Die zweischnittige Überlappung stellt eine parallele Anordnung zweier Fügeflächen dar, so daß bei gleicher Überlappungslänge rund doppelte Last im Fügebereich übertragen werden kann. Dies ist dann wichtig, wenn eine Vergrößerung der Klebfläche zum Erzielen einer höheren Tragfähigkeit nötig ist, jedoch eine Vergrößerung der Überlappungsbreite oder der Überlappungslänge nicht möglich ist.

Neben der höheren Belastbarkeit der zweischnittigen Überlappung, können konstruktive Varianten der nutförmigen Fügebereichsgestaltung auch bei der Durchführung der Klebung hilfreich sein (Abschn. 4.3.1). Bild 4.3 zeigt grundsätzliche Gestaltungsvarianten ein- und zweischnittig überlappter Klebungen.

4.1.3 Maßnahmen zur Optimierung

4.1.3.1 Kraftflußoptimierung

Es wird zu wenig beachtet, daß die Festigkeit von Klebungen entscheidend von der Belastungsart abhängt. Die Klebflächen sind so anzuordnen, daß die angreifenden Kräfte möglichst senkrecht zur Klebfläche als Druck wirken. Ist dies nicht möglich, so ist es anzustreben, daß die angreifenden Kräfte in einer Ebene mit den Klebflächen liegen, zumindest jedoch parallel zu ihnen verlaufen. Dadurch wird erreicht, daß die angreifende Last in der Klebschicht hauptsächlich Schubspannungen verursacht.

Besonders durch die beim Kunststoffügeteil mögliche Wahl einer zweischnittigen bzw. nutförmigen Fügebereichsgestaltung können zusätzliche Momente infolge asymmetrischen Kraftflusses und die daraus resultierenden zusätzlichen Normalspannungen im Bereich der kritischen Überlappungsenden vermieden werden.

Durch Werkstoffwahl und Fügebereichsgestaltung kann für eine möglichst gleichmäßige Spannungsverteilung in der Klebschicht gesorgt werden.

Werden dem Bauteil durch Eigenspannungen im Material, thermische
Ausdehnung oder äußere Belastung Verformungen aufgezwungen, so
sollten diese Verformungen gezielt in weniger kritischen
Bereichen, möglichst außerhalb des Fügebereichs, stattfinden.

Bei Kunststoff-Metall-Klebungen ist zu beachten, daß durch
Gestalt- und Materialdiskontinuitäten ein gleichmäßiger Kraftfluß
im geklebten Bauteil gestört wird, so daß es zu Festigkeits-
einbußen kommt, die mit der Kerbwirkung solcher Diskontinuitäten
beschrieben werden können.

Materialdiskontinuitäten liegen an der Verbindungsstelle von
Werkstoffen mit unterschiedlichen mechanischen Eigenschaften vor,
wie dies bei Kunststoff-Metall-Klebungen notwendigerweise der
Fall ist. Daher ist es wichtig, daß zusätzliche Gestaltdiskontinuitäten im unmittelbaren Bereich der Klebung möglichst vermieden
werden.

Materialdickensprünge stellen z.B. Gestaltdiskontinuitäten dar,
die in der Nähe des Fügebereichs die Tragfähigkeit des Bauteils
besonders stark mindern. So kommt es in unmittelbarer Nähe des
Fügebereichs oft zu Fügeteilbrüchen, obgleich die mittlere
Spannung des Fügeteils noch unterhalb der Bruchspannung liegt.
Materialdickensprünge in den Fügeteilen sollten also mit weichen
Übergängen gestaltet und nicht in die Nähe des Fügebereichs
gelegt werden. Für die Außenkonturen des Fügebereichs sind
fließende Linien günstiger als schroffe Absätze und Kanten.

4.1.3.2 Klebschichtdicke, Überlappungslänge, Fügeteilgeometrie.

Zentrales Problem der Dimensionierung einer Klebung ist die
Abschätzung der maximalen Spannungen und Dehnungen im Fügeteil
und in der Klebschicht, um sie mit den maximal zulässigen
Spannungen und Dehnungen der Werkstoffe zu vergleichen. Dazu muß
zunächst einmal die Spannungsverteilung in der Klebschicht
bekannt sein. In der Literatur sind unter Zugrundelegung
verschiedener vereinfachender Annahmen entsprechende Berechnungen
der Spannungsverteilung für den Fall der quasistatischen

Zugscherbelastung angegeben worden [4.1]. Grundlegende Arbeiten
dazu stammen von Volkersen [4.2], Goland und Reissner [4.3],
Hart-Smith [4.4] und Hahn [4.5].

Kunststoffe, zu denen auch die Klebstoffe gehören, haben ein
viskoelastisches und temperaturabhängiges mechanisches Werkstoffverhalten. Daher sind Berechnungen mit diesen Werkstoffannahmen
bei Klebungen mit Kunststoffen sehr komplex und nur begrenzt mit
hinreichender Genauigkeit möglich. Das zwingt den Konstrukteur in
der Regel zum Dimensionieren der Klebfläche mit großzügigen
Sicherheitszugaben.

Die Klebfläche ist gekennzeichnet durch die Überlappungsbreite,
die Überlappungslänge und die Anzahl der parallelgeschalteten
Klebflächen, Bild 4.4. Grundsätzlich sind neben ein- und zweischnittigen auch mehrschnittige Klebungen denkbar, jedoch in der
Regel aus wirtschaftlichen und fertigungstechnischen Gründen
nicht sinnvoll. In solchen Fällen bleiben also nur noch Überlappungslänge und Überlappungsbreite zum Variieren der
Fügefläche.

Die Vergrößerung der Überlappungslänge über eine nach Volkersen
abschätzbare Grenzlänge hinaus läßt das Schubspannungsmaximum in
der Klebschicht am Ende des steiferen Fügeteils nicht mehr wesentlich abnehmen. Diese Grenzlänge läßt sich leichter berechnen,
da nicht mehr nach dem Betrag der maximalen Spannung gefragt
wird, sondern nur noch nach dem Einfluß der Überlappungslänge auf
die Charakteristik der Spannungsverteilung.

Der besonders einfache Ansatz von Volkersen zur Abschätzung der
Spannungsverteilung in zugscherbelasteten Klebungen, Bild 4.5,
geht von folgenden vereinfachenden Annahmen aus:
- linear elastisches Werkstoffverhalten
- keine Gleitung im Fügeteil (reine Dehnung)
- keine Dehnung senkrecht zur Klebschicht (reine Gleitung).
Interessanterweise ist dieser Rechenansatz zur Abschätzung einer
günstigen Überlappungslänge für Kunststoff-Metall-Klebungen
anwendbar. Diese Grenzlänge konnte in Versuchen mit nutförmigen

94

Lösung der Differentialgleichung (nach O. Volkersen) für Schubbelastung des Klebers und für linearelastisches Werkstoffverhalten

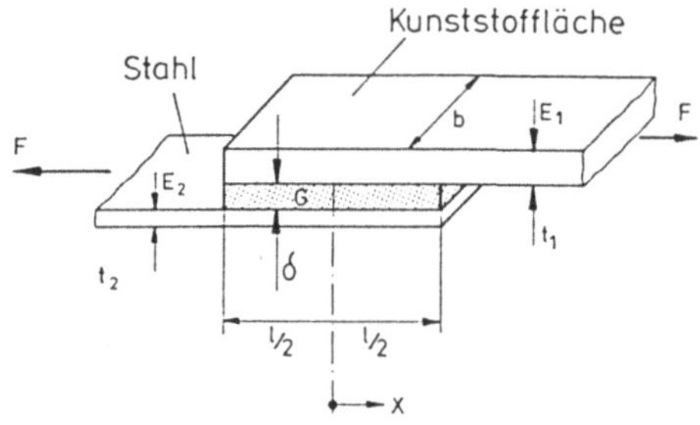

E_1 = E-Modul Kunststoffügeteil δ = Klebspaltdicke

t_1 = Dicke Kunststoffügeteil l = Überlappungslänge

E_2 = E-Modul Metallfügeteil b = Fügeflächenbreite

t_2 = Dicke Metallfügeteil F = Zugscherkraft

G = Gleitmodul Klebstoff

Schubspannung an der Stelle x = $\tau(x)$

$$\frac{\tau(x)}{\frac{F}{l\cdot b}} = b \cdot \frac{\kappa}{2} \left[\frac{\cosh\left(\frac{\kappa x}{l}\right)}{\sinh\left(\frac{\kappa}{2}\right)} - \frac{1 - \psi}{1 + \psi} \cdot \frac{\sinh\left(\frac{x}{l}\right)}{\cosh\left(\frac{\kappa}{2}\right)} \right]$$

$$\psi = \frac{E_1 t_1}{E_2 t_2} < 1$$

$$\kappa = \sqrt{(1+\psi)\, \frac{G\, l^2}{E_1 t_1 \delta}}$$

$$x = -\frac{l}{2} \Rightarrow \tau_{max} = \tau\left(-\frac{l}{2}\right)$$

$$\frac{\tau_{max}}{\frac{F}{l\cdot b}} = b \cdot \frac{\kappa}{2} \left[\frac{\cosh\left(\frac{\kappa}{2}\right)}{\sinh\left(\frac{\kappa}{2}\right)} - \frac{1 - \psi}{1 + \psi} \cdot \frac{\sinh\left(\frac{\kappa}{2}\right)}{\cosh\left(\frac{\kappa}{2}\right)} \right]$$

$$\kappa > 5 \Rightarrow \quad \text{ctgh}\left(\frac{\kappa}{2}\right) \to 1, \qquad \text{tgh}\left(\frac{\kappa}{2}\right) \to 1$$

$$\Rightarrow \frac{\tau_{max}}{\tau_m} = b \cdot \frac{\kappa}{2} \left[\frac{1 - \psi}{1 + \psi}\right] \Rightarrow \tau_{max} = F \sqrt{\frac{G}{E_1 t_1 \delta (1+\psi)}}$$

$$\Rightarrow \text{für } l > l_{min} = 5 \sqrt{\frac{E_1 t_1 \delta}{G(1+\psi)}} \quad \text{Schubspannungsspitze unabhängig von } l$$

Bild 4.4. Einschnittig überlappte Klebung

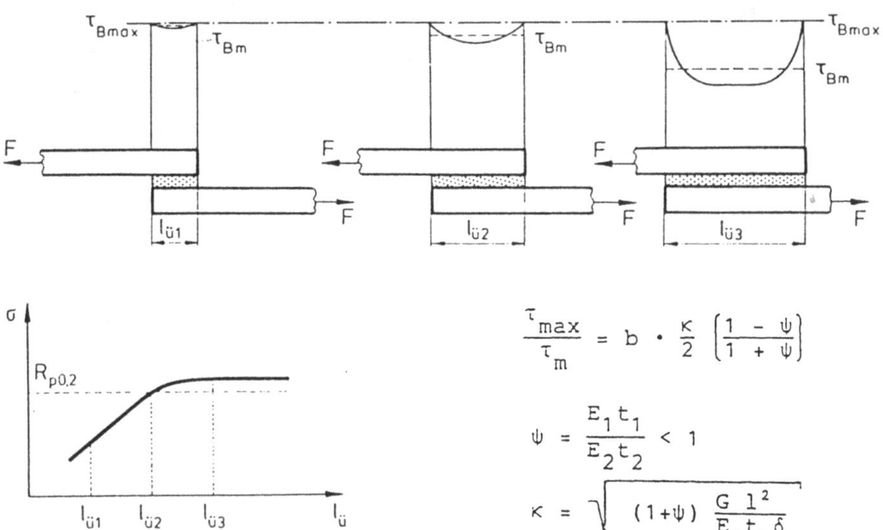

Bild 4.5. Spannungsüberhöhung als Funktion der Überlappungslänge

Kunststoff-Metall-Klebungen in den untersuchten Fällen recht gut bestätigt werden, da bei nutförmigen zweischnittigen Klebungen der Kraftfluß symmetrisch ist, und somit der Einfluß des Biegemonentes der belasteten einschnittigen Überlappung entfällt. Trotz der eingeschränkten Gültigkeit der Annahmen für das mechanische Werkstoffverhalten ist also eine Mindestüberlappungslänge für die Kunststoff-Metall-Klebung rechnerisch einfach angebbar. Diese sollte nicht unterschritten werden, da sich sonst der festigkeitsmindernde Einfluß der Spannungsüberhöhung am Überlappungsende noch stärker auswirkt. Ein Überschreiten der Mindestüberlappungslänge bringt nur einen sehr geringen Festigkeitsgewinn bei Zugscherbelastung.

Legt man für das Kunststoffügeteil und den Klebstoff ein plastisches Werkstoffverhalten zugrunde, so werden die Schubspannungen am Überlappungsende durch plastische Verformung begrenzt, so daß eine gleichmäßigere Spannungsverteilung entsteht, als es Berechnungen mit linear-elastischer Werkstoffannahme darstellen.

Andere Rechenansätze nach Hart-Smith [4.4] oder Hahn [4.5], mit weniger vereinfachenden Annahmen, beschreiben die Spannungsverteilung selbst besser, führen jedoch zu einer ähnlichen Abhängigkeit der Spannungsverteilung von der Überlappungslänge und sind rechnerisch aufwendiger. Eine exakte Berechnung der Spannungs- und Dehnungsverteilung für viskoelastische Werkstoffe, wie Kunststoff und Klebstoff es sind, ist heute noch nicht möglich. Ebensowenig ist es heute möglich, die Spannungen oder Dehnungen in der Klebschicht mit hinreichender örtlicher Auflösung ohne Störung des Werkstoffverhaltens in der Klebfuge zu messen.

Dimensioniert man Klebungen, die dynamisch belastet werden und auf eine längere Lebensdauer unter klimatischen Einflüssen ausgelegt werden sollen, ist für die zulässige Spannung ein Wert innerhalb des quasielastischen Bereichs im Spannungs-Dehnungs-Diagramm bzw. im Schubspannungs-Gleitungs-Diagramm zu wählen. Diese im Verhältnis zur Bruchspannung sehr geringe zulässige Spannung kann mit den maximalen Spannungen aus der linear-elastischen Berechnung verglichen werden, um die Tragfähigkeit der Klebung abzuschätzen.

Für kritische Dimensionierungen hochbelasteter Klebungen sind jedoch Versuche zu empfehlen. Bild 4.6 zeigt Bruchkräfte für verschiedene Überlappungslängen von Stahl-Polypropylen-Klebungen mit zweischnittiger Überlappung.

Reicht die Belastbarkeit der Überlappungsklebung nicht aus, obwohl die Überlappungslänge den Grenzwert l_{min} hat, so besteht auch die Möglichkeit, die nutzbare Überlappungslänge zu vergrößern, indem der Steifigkeitsunterschied der Fügeteile vermindert wird. Neben der Werkstoffauswahl, die in Abschn. 4.1.3.3 erläutert wird, kann durch die Dimensionierung der Dicken der Fügeteile und der Klebschicht auf eine gleichmäßigere Spannungsverteilung und damit auf eine größere nutzbare Überlappungslänge hingewirkt werden.

Durch Wahl einer größeren Fügeteildicke des Kunststoffügeteils sowie geringerer Metallfügeteildicke wird der Steifigkeits-unterschied der Fügeteile vermindert. Weiterhin wird durch Wahl eines dickeren Klebspaltes die Spannungsverteilung entlang der

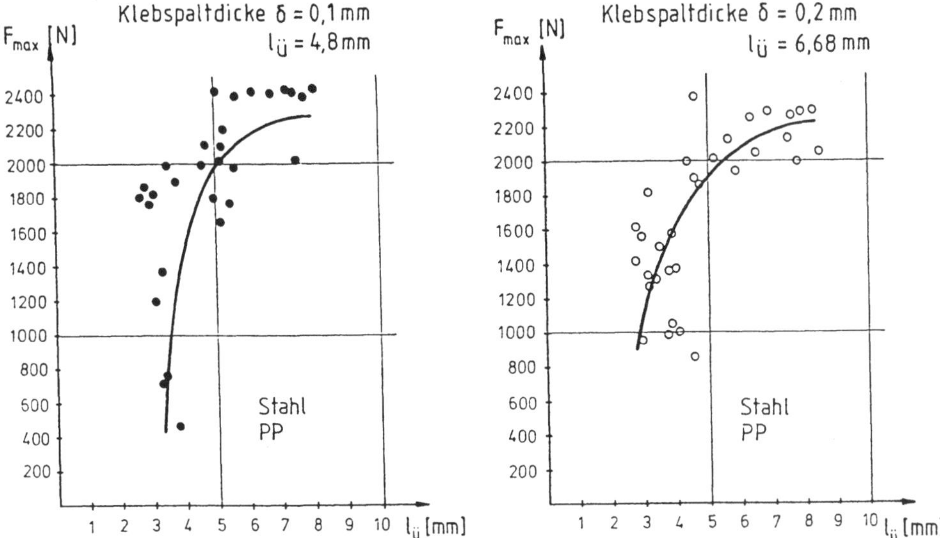

Bild 4.6. Bruchkraft für verschiedene Überlappungslängen von Stahl-Polypropylen-Klebungen mit zweischnittiger Überlappung

Überlappungslänge gleichmäßiger, bzw. die nutzbare Überlappungslänge größer. Da der kritische Bereich sich grundsätzlich am Auslauf des steiferen Fügeteils befindet, können beide Maßnahmen auf diesen Bereich beschränkt werden, so daß eine Fügebereichsgestaltung mit variabler Fügeteil- und Klebspaltdicke entsteht.

Die Wirkung der partiellen Fügeteil- und Klebschichtdickenvariation auf die Spannungsverteilung ist in Bild 4.7 dargestellt. Die Abschätzung der Spannungsverteilung wurde für linearelastisches Werkstoffverhalten von Klebstoff und Fügeteil durchgeführt. Da in Wirklichkeit der Klebstoff jedoch plastisches Werkstoffverhalten zeigt, sind die wahren Spannungsüberhöhungen an den Fügeteilenden geringer als im Bild 4.7 dargestellt, da die Spannungsspitzen durch plastische Verformungen begrenzt werden.

Eine Verjüngung des Metallfügeteils im kritischen Fügebereich, läßt prinzipiell den gleichen Effekt erwarten, kommt jedoch bei großen Steifigkeitsunterschieden der Fügeteilwerkstoffe, wie sie bei Kunststoff und Stahl vorliegen, kaum zum Tragen und scheidet aus fertigungstechnischen Gründen aus.

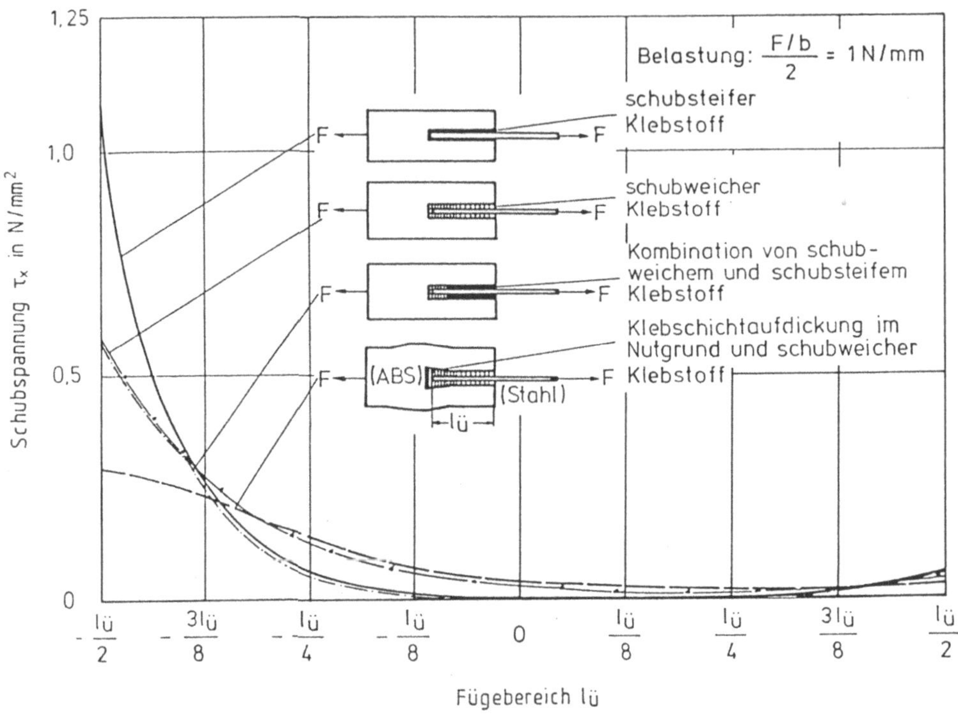

Bild 4.7. Prinzipielle Spannungsverteilungen von Gestaltungsvarianten ein- und zweischnittiger Überlappungs-
klebungen

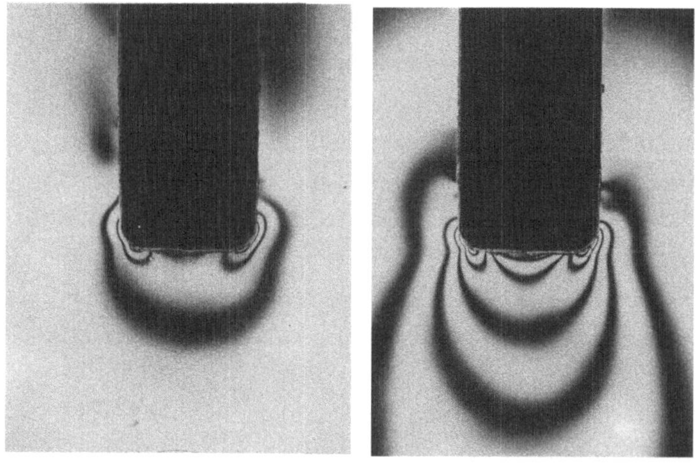

Bild 4.8. Spannungsoptische Aufnahme einer nutförmigen Kunststoff-Stahl-Klebung

Ross [4.6] hat mit spannungsoptischen Aufnahmen von unterschiedlich gestalteten Kunststoff-Stahl-Klebungen den Zusammenhang zwischen Fügebereichsgestaltung und Kraftfluß deutlich gemacht. Bild 4.8 zeigt die spannungsoptische Aufnahme einer nutförmigen Kunststoff-Stahl-Klebung im unbelasteten und im belasteten Zustand. Deutlich ist die Konzentration der Spannungen im Bereich des Nutengrundes der belasteten Probe zu erkennen. Daß auch die unbelastete Probe in diesem Bereich Spannungen zeigt, liegt an Eigenspannungen, die durch Schwindung des Klebstoffs beim Aushärten entstehen.

4.1.3.3 Klebstoffauswahl und Fügeteil-Werkstoffoptimierung

Neben der konstruktiven Gestaltung des Fügebereichs bestimmen die Werkstoffeigenschaften in hohem Maße die Festigkeit der Klebung. Insbesondere die Werkstoffeigenschaften des Kunststoffügeteils sind in weiten Grenzen variierbar, einmal durch die Vielfalt der zur Auswahl stehenden Kunststoffe selbst, zum anderen auch durch die Möglichkeiten, die Kunststoffe durch Füllen oder Verstärken in ihren Eigenschaften einzustellen.

Je nach der gewählten Fügebereichsgestaltung werden an die Werkstoffeigenschaften des Klebstoffes bestimmte Forderungen hinsichtlich seiner Festigkeit, Verformungsfähigkeit, Schwindung und Verarbeitbarkeit gestellt. Heute ist es jedoch meist möglich die Klebstoffeigenschaften an die Forderungen anzupassen (Kapitel 5).

Das grundsätzliche Streben nach möglichst gleichmäßiger Spannungsverteilung im Fügebereich begünstigt die Wahl von Fügeteilwerkstoffen mit geringem Steifigkeitsunterschied. Im vorliegenden Buch wurde jedoch bewußt das in dieser Hinsicht besonders kritische Beispiel der Kunststoff-Metall-Klebung gewählt. So liegt beispielsweise der E-Modul von Stahl rund zwei Zehnerpotenzen über dem von Kunststoff. Damit gewinnen bei der Kunststoff-Metall-Klebung die verbleibenden Maßnahmen zum Erzielen einer gleichmäßigen Spannungsverteilung an Bedeutung.

In Abschn. 4.1.3.2 wurde auf die Möglichkeit hingewiesen, daß eine Klebschichtaufdickung im kritischen Bereich der Überlappung zu einer gleichmäßigeren Spannungsverteilung beitragen kann.

Versuchsergebnisse zeigen, daß schubweiche Klebstoffe größere
Klebschichtdicken bedeutend besser überbrücken können, als
Klebstoffe, die nur geringe Schubverformungen schädigungslos
ertragen können. Schubweicher Klebstoff bedeutet hier, daß der
Klebstoff größere Gleitungen im elastischen Bereich des Schub-
spannungs-Gleitungs-Diagramms aufweist, was in der Regel mit
einem kleineren Schubmodul einhergeht.

Neben hoher Verformungsfähigkeit wird für den Klebstoff eine
hohe Kohäsionsfestigkeit gefordert. Hohe Festigkeit und hohe
Verformungsfähigkeit lassen sich zusammen in einem Klebstoff nur
schwer verwirklichen. Um den geeigneten Kompromiß zu finden,
werden vorläufig Modellversuche unentbehrlich sein, da ein Maß
für die notwendige Verformungsfähigkeit rechnerisch nicht
angebbar ist. Verallgemeinernd läßt sich jedoch sagen, daß der
Verformungsfähigkeit des Klebstoffes in der Praxis häufig noch zu
wenig Bedeutung beigemessen wird.

Darüber hinaus wird vom Klebstoff gefordert, daß er während der
Aushärtung möglichst wenig schwindet, da Schwindung in der Klebschicht innere Spannungen erzeugt, die sich festigkeitsmindernd
auswirken. Werden dickere Klebschichten oder partielle Kleb-
schichtaufdickungen vorgesehen, so machen sich auch die inneren
Spannungen infolge von Klebstoffschwindung stärker bemerkbar, so
daß der Forderung nach einem schwindungsarm aushärtenden
Klebstoff noch mehr Bedeutung zukommt. Die spannungsoptischen
Aufnahmen in Bild 4.9 zeigen die inneren Spannungen in einer
nutförmigen Kunststoff-Metall-Klebung mit Klebschichtaufdickung
im Bereich des Nutgrundes infolge von Klebstoffschwindung beim
Aushärten. Durch Zusatz von Füllstoffen kann die Schwindung des
Klebstoffes meist wirksam verringert werden.

Kombinationen aus starrem Kunststoff und starrem Klebstoff wirken
sich besonders ungünstig auf die Tragfähigkeit der Verbindung
aus. Der Klebstoff muß über eine ausreichende Verformungsfähigkeit verfügen, um eine möglichst gleichmäßige Spannungsverteilung im Fügebereich der belasteten Klebung zu ermöglichen.
Die Verformungsfähigkeit des Werkstoffs wird durch die Dehnung

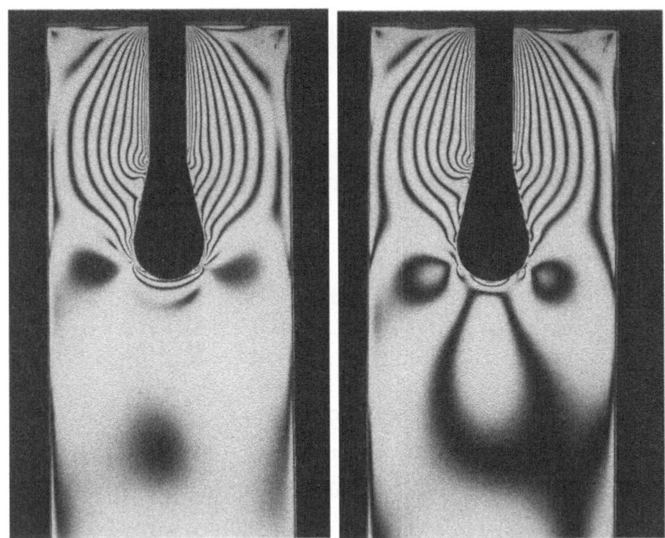

Bild 4.9. Spannungsoptische Aufnahme der Eigenspannungen infolge
von Klebstoffschwindung einer nutförmigen Kunststoff-
Stahl-Klebung mit aufgedicktem Klebspalt im Nutengrund

beschrieben, die der Werkstoff ohne nennenswerte bleibende
Verformungen ertragen kann.

Um die Wirkung von Material- und Gestaltdiskontinuitäten zu
mindern, bietet sich die Wahl eines besonders verformungsfähigen
Kunststoffes an. Für den Kunststoff wird neben der guten Verformungsfähigkeit jedoch auch eine hohe Steifigkeit gefordert, damit
der Steifigkeitsunterschied zum Metallfügeteil nicht zu groß
wird, was meist durch Zusatz von Füllstoffen oder den Wechsel auf
höherwertige Kunststoffe möglich ist. Bei teilkristallinen Kunststoffen bietet sich darüber hinaus die Möglichkeit an, durch das
Einbringen gezielter Gefügeorientierungen bei der Teilefertigung
einen Festigkeitsgewinn zu erzielen ohne Verlust an Verformungsfähigkeit [4.7].

Forderungen an den Klebstoff hinsichtlich der Topfzeit, Viskosität
und Thixotropie sind an das Verarbeitungsverfahren anzupassen und
werden in Kapitel 6 erläutert.

4.2 Kraft/Formschluß-Unterstützung (Hilfsfunktionen)

4.2.1 Kraftschlußunterstützung

Bis jetzt noch zu wenig beachtet und untersucht sind die Möglichkeiten, durch Kraftschlußunterstützung das Tragverhalten von
Kunststoff-Metall-Klebungen zu verbessern, obwohl dies reine
Gestaltungsmaßnahmen sind und daher auf Seiten des Kunststofffügeteils keinen zusätzlichen Aufwand bedeuten.

Wird von den Fügeteilen ohne die Einwirkung äußerer Kräfte Druck
auf die Klebschicht ausgeübt, so liegt eine Kraftschlußunterstützung der Klebung vor. Das setzt eine Fügebereichsanordnung
mit einem umfassenden und einem umfaßten Fügeteil voraus, wie
beispielsweise bei linienhaft geschlossenen, einschnittigen
Klebungen (z.B. ineinandergeschobene Rohrenden) oder zweischnittigen, nutförmigen Klebungen. Die Fügeteile selbst bringen die
Kräfte mittels Vorspannung auf, die auf die Klebschicht wirken.

Die Kraftschlußunterstützung dient verschiedenen Zielen, wobei
solche Wirkungen des Kraftschlusses, die als Zusatzfunktionen
anzusehen sind, im Abschn. 4.4 erläutert werden. Eine Hilfsfunktion für die Klebung stellt der Kraftschluß dar, wenn er der
Festigkeit dient. Dies setzt eine erhebliche Kraftwirkung der
Fügeteile aufeinander voraus, so daß bei normalen Haftreibungs-
verhältnissen Kräfte vom Kraftschluß übertragen werden können,
die mit den infolge von Stoffschluß übertragenen Kräften
vergleichbar sind. Der im Abschn. 4.4 beschriebene Träger in
Kunststoff-Metall-Mischbauweise ist ein Beispiel für einen
Kraftschluß, der die Tragfähigkeit der Klebung steigert und
sichert.

4.2.2 Formschlußunterstützung

Formschluß wird erreicht, indem die Lösung der Fügeteile in
Belastungsrichtung durch die Gestalt der Fügeteile behindert
wird. Beim Kleben erhält der Klebstoff seine Form beim Fügen
durch den Fügepartner aufgezwungen. Die vielfältigen Gestaltungs-

möglichkeiten von Kunststoffteilen ermöglichen daher auf einfache
Weise einen Formschluß zwischen Kunststoff und Klebstoff. Durch
Formschlußunterstützung kann also ohne zusätzlichen Aufwand eine
Mindestfestigkeit der Verbindung gesichert werden, die auch bei
Adhäsionsversagen zwischen Kunststoff und Klebstoff erhalten
bleibt. Bild 4.10 zeigt die Bruchkräfte von genuteten Klebungen
bei verhinderter Adhäsion zwischen Klebstoff und Kunststoff für
verschiedene Kunststoffe. Die Adhäsion wurde dabei durch Tauchen
des Kunststoffügeteils in eine Wachslösung vor dem Kleben
unterbunden [4.8].

Ein Formschluß zwischen Klebstoff und Metallfügeteil erfordert in
der Regel einen zusätzlichen Fertigungsaufwand für das Metallfügeteil, wie z.B. Bohren oder Stanzen eines Loches, in das der
Klebstoff eindringen kann. Da jedoch die Adhäsion zwischen Metall

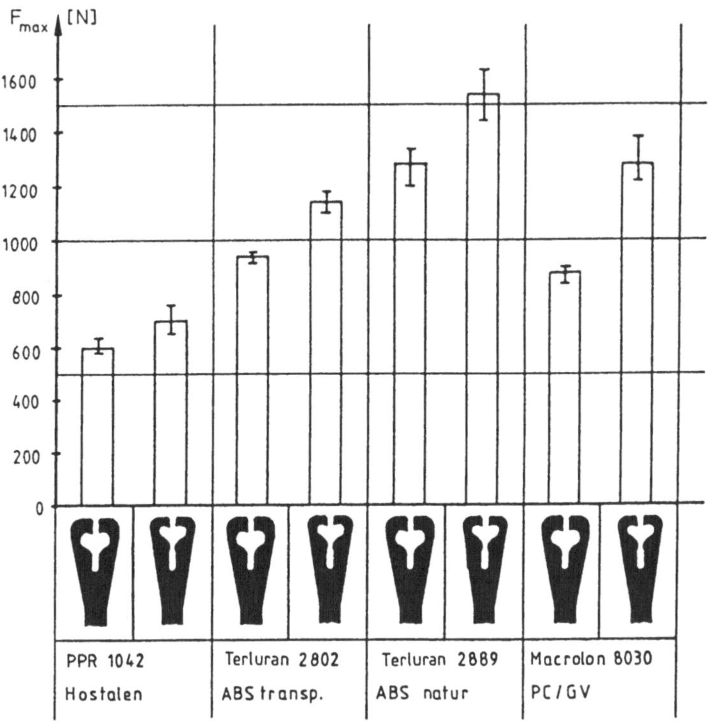

Bild 4.10. Bruchkräfte von genuteten Klebungen bei verhinderter
Adhäsion zwischen Klebstoff und Kunststoff für verschiedene Kunststoffe

und Klebstoff heute recht gut beherrscht wird, reicht meist eine Formschlußunterstützung zwischen Kunststoffügeteil und Klebstoff.

Allerdings ist die formschlüssig gestaltete Klebfläche naturgemäß nicht eben und kann daher auch nicht überall parallel zur angreifenden Last liegen, so daß ein mehrachsiger Spannungszustand entsteht, der die Festigkeit der Verbindung mindert. Dieser Zielkonflikt zwischen Formschlußunterstützung und dem Vermeiden von mehrachsigen Spannungen verdeutlicht, daß die richtige Fügebereichsgestaltung durch den jeweiligen Anwendungsfall bestimmt werden muß.

4.3 Zusatzfunktionen

4.3.1 Zusatzfunktionen, fertigungsbezogen

Im Vergleich zu anderen Fügetechniken ist die Klebfertigung heute noch von einem großen Anteil von Handarbeit begleitet. Erst langsam werden einzelne Fertigungsschritte, wie Oberflächenvorbehandlung der Fügeteile oder Dosieren und Auftragen des Klebstoffes automatisiert. Zum Erzielen einer möglichst konstanten Qualität und für eine wirtschaftliche Massenfertigung ist jedoch eine vollautomatische Klebfertigung anzustreben, die in den gesamten Fertigungsablauf des Bauteils integrierbar ist. Die Aspekte einer fertigungsgerechten Klebstoffauswahl werden in Abschn. 5.4, die Durchführung der Klebung wird in Kapitel 6 behandelt. Im Folgenden werden die konstruktiven Möglichkeiten der Fügebereichsgestaltung angesprochen, die die Fertigung unterstützen.

Vergleicht man die Gestaltbarkeit von Kunststoff- und Metallteilen, so zeichnen sich die Kunststoffteile dadurch aus, daß sie meist ohne großen Aufwand auch mit komplexen Formgebungen herstellbar sind. Besonders die Formgebung spritzgegossener Thermoplastteile bietet die Möglichkeit, durch gezielte Gestaltung des Fügebereichs die Durchführung der Klebung in der Fertigung zu unterstützen, was im folgenden beispielhaft erläutert werden soll.

Fixierhilfen
Bei kraftschlußunterstützten Klebungen entsteht beim Fügen eine Klemmwirkung, die die Fügeteile unabhängig vom Klebstoff zuein-

ander fixiert. Dadurch wird eine Anfangsfestigkeit des Verbundes erreicht, die nicht von der Aushärtungsgeschwindigkeit des Klebstoffes abhängt. Eine Anfangsfestigkeit unabhängig vom Klebstoff kann auch durch eine formschlüssige Hilfsschnappung bewirkt werden. Diese Fixierhilfen sind oft durch entsprechende konstruktive Gestaltung eines oder beider Fügeteile leicht zu ermöglichen, so daß der Fertigungsvorgang erleichtert wird, ohne daß zusätzlicher Aufwand für eine Fixierung nötig wird. Es kann beispielsweise die frische Klebung noch innerhalb der Aushärtungszeit des Klebstoffes transportiert und ggf. weiterbearbeitet werden, ohne die Aushärtung des Klebstoffs zu stören.

Dies ist besonders in der Massenfertigung notwendig, wenn die Klebung in den Takt der gesamten Fertigung integriert werden soll und die Aushärtungszeit des gewählten Klebstoffs bis zum Erreichen der Handhabungsfestigkeit länger ist als die Taktzeit.

Auch wenn die Durchführung der Klebung nicht an einen Takt gebunden ist, müssen Bewegungen der Fügeteile zueinander nach dem Fügen meist durch eine Fixierung verhindert werden, bis der Klebstoff ausgehärtet ist. Dies kann durch eine äußere Fixierung wie zum Beispiel mit Klammern oder mit aufgelegten Gewichten erfolgen, ist jedoch einfacher durch einen Kraftschluß oder eine Hilfsschnappung zu erreichen, die durch die Fügebereichsgestaltung erzeugt wird.

Positionierung
Bei der Gestaltung des Kunststoffügeteils können Anschläge oder Raststellungen vorgesehen werden, die helfen, die Fügeteile zueinander eindeutig zu positionieren. Dadurch wird es möglich, geometrische Toleranzen des geklebten Bauteils einzuhalten, die nur noch von der Formtreue der Fügeteile, nicht aber von der Durchführung der Fügebewegung abhängen.

Da gerade die Klebschichtdicke einen starken Einfluß auf die Festigkeit der Klebung hat, sollte diese Größe nicht nur durch die Viskosität, die Andruckkraft und die Andruckzeit bestimmt werden. Beispielsweise durch Noppen oder Stege auf einer der

Fügeflächen kann die Dicke der Klebschicht definiert eingestellt werden.

Führung beim Fügen
In der Massenfertigung wird die Fügebewegung zweckmäßigerweise automatisch durchgeführt, was im Einzelfall kinematisch aufwendige Bewegungseinrichtungen erforderlich machen kann. In Bild 4.11 wird beispielhaft gezeigt, wie die Fügebereichsgestaltung die Fügebewegung bestimmt. Die Klebstoffraupe kann zwischen den Fügeteilen erst dann verteilt werden, wenn die senkrechte Fügebewegung abgeschlossen ist und das Metallfügeteil über die Abweiserleiste hinweggeschoben worden ist. Dadurch wird ein Verschmieren des Klebstoffs beim Fügen vermieden.

Klebstoffdepot und kontrollierte Klebstoffverteilung
In der Regel erfolgt der Klebstoffauftrag von oben auf eine waagerechte Fläche des Fügeteils, da sonst der Klebstoff durch

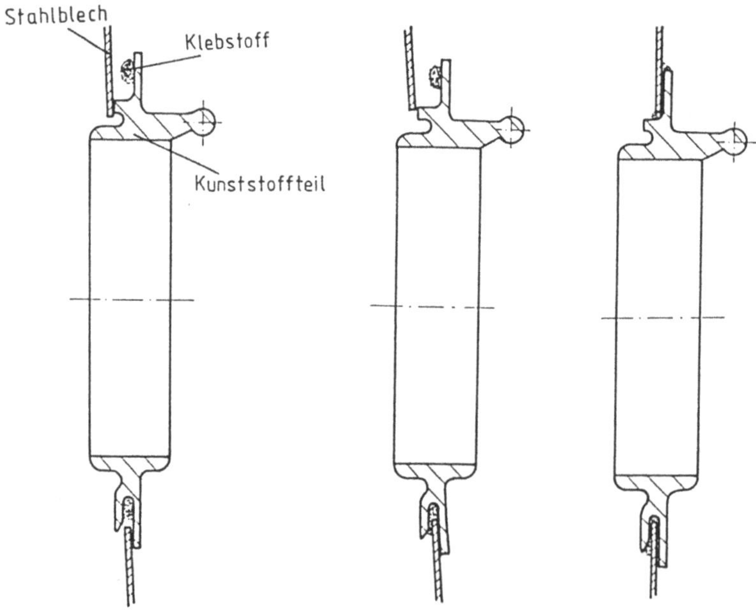

Bild 4.11. Fügevorgang einer kraft- und formschlußunterstützten Klebung mit geführter Fügekinematik und integrierter Fixierung

Schwerkraft bis zum Fügen verlaufen kann. Bei niederviskosem
Klebstoff und geneigtem oder beschleunigtem Fügeteil kann es
notwendig werden, für den Klebstoffauftrag einen Bereich auf dem
Fügeteil vorzusehen, der ein Verlaufen des Klebstoffes verhindert. Die Gestaltung des Fügeteils kann auch dazu dienen, daß
überschüssiger Klebstoff beim Fügen nicht an Stellen austritt, wo
es aus optischen oder funktionalen Gründen nicht zugelassen
werden kann.

Die nutförmige Fügebereichsgestaltung bietet die Möglichkeit, den
Klebstoff in die Nut einzubringen, um ihn dort wie in einem Depot
zu halten. Bild 4.12 zeigt den Fügevorgang, bei dem der Klebstoff
durch die Fügebewegung verteilt wird und mittels Kraftschlußunterstützung daran gehindert wird, oben aus der Nut auszutreten,
sofern der Klebstoff genau dosiert werden kann. Bei linienhaft
offenen Verbindungen muß auch der seitliche Austritt des Klebstoffes verhindert werden. Dies kann bei spritzgegossenen Kunst-
stoffügeteilen meist durch Dichtlippen erfolgen. Ist dies nicht
möglich, bzw. bei extrudierten Profilen, kann durch zusätzliche
Elemente der Fügevorrichtung die Nut seitlich verschlossen
werden.

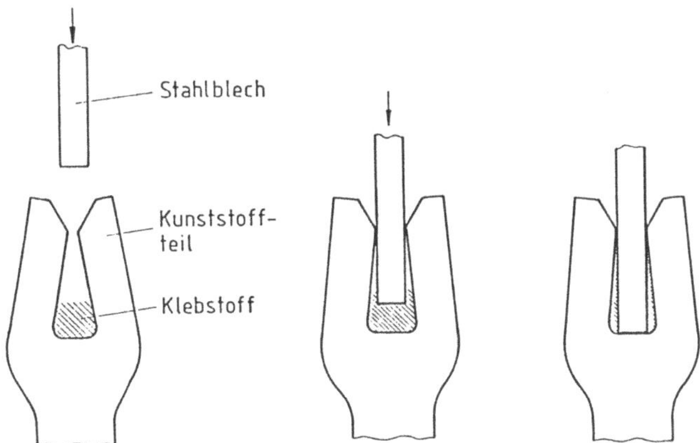

Bild 4.12. Fügevorgang einer kraftschlußunterstützten Klebung mit
Klebstoffdepot und kontrollierter Klebstoffverteilung
durch die Fügebewegung

Druckgabe beim Fügen

Die Gestaltung des Fügebereichs mit Kraftschlußunterstützung
bietet die Möglichkeit, durch die Vorspannung des umfassenden
Fügeteils den Klebstoff während des Aushärtens mit Druck zu
beaufschlagen. Dadurch können Schwindungserscheinungen im Klebstoff ausgeglichen werden. Bei manchen Klebstoffen, wie z.B.
Polykondensaten, ist Druckgabe während des Aushärtens zur
Vermeidung von Blasen und Lunkern notwendig.

Da die Kraftschlußwirkung von der Vorspannung der gefügten Fügeteile abhängig ist, sind die erzielbaren Druckkräfte durch die
Steifigkeit der Fügeteile begrenzt. Eine Druckbeaufschlagung, wie
sie zur Reaktionseinleitung, beispielsweise bei Phenolharzkleb-
stoffen, nötig ist, kann durch Kraftschlußunterstützung daher
kaum aufgebracht werden.

Zugänglichkeit

In vielen Anwendungsfällen muß der Fügebereich für eine evtl.
nötige Oberflächenvorbehandlung, den Auftrag bzw. die Einbringung
des Klebstoffs, für eine evtl. optische Beurteilung der fertigen
Klebung oder für ein späteres Lösen der Klebung zugänglich sein.
Wenn z.B. die Haftfestigkeit zwischen Klebstoff und Fügeteilwerkstoff nicht ausreicht, kommt für eines oder beide Fügeteile
eine Oberflächenvorbehandlung in Betracht. Abhängig vom verwendeten Oberflächenvorbehandlungsverfahren muß dann für eine
ausreichende Zugänglichkeit des Fügebereichs eines oder beider
Fügeteile gesorgt werden, sodaß eine zweischnittige, nutförmige
Fügebereichsgestaltung möglicherweise nicht in Frage kommt.

Qualität

Da es zur Zeit kein praxisgerechtes Verfahren zur zerstörungsfreien Prüfung der Adhäsion gibt, ist die Qualitätskontrolle
weitgehend auf statistische Methoden, wie beispielsweise auf
Stichprobenprüfungen, angewiesen. Dies setzt jedoch geringe
Qualitätsschwankungen in der Fertigung voraus. Andererseits ist
die Qualität einer Klebung von besonders vielen Einflußgrößen
abhängig. Schon die Fertigung der Fügeteile bestimmt deren
Oberflächen- und Gefügeeigenschaften und damit die Eigenschaften

der Klebung. Das bedeutet, daß die Qualitätssicherung mit der
Fügeteil- und Klebstoffherstellung beginnt und sich über die
Einflüsse während der Lagerung des Klebstoffs und der Fügeteile
bis hin zur Aushärtung des Klebstoffs erstreckt. Daher ist eine
möglichst hohe Automatisierung und Integration aller Fertigungsschritte zu erstreben, die Einfluß auf die Qualität der Klebung
haben, um die Qualitätsstreuungen in möglichst engen Grenzen zu
halten (Abschn. 2.5).

Eine qualitätsgerechte Fügebereichsgestaltung muß daher besonders
die Belange der Fertigungsintegration und der Prozeßsteuerungs-
fähigkeit berücksichtigen, wie dies unter den Stichworten Fixierung, Positionierung, Führung beim Fügen und Klebstoffverteilung
oben bereits erklärt wurde. In Bild 4.13 werden konstruktive

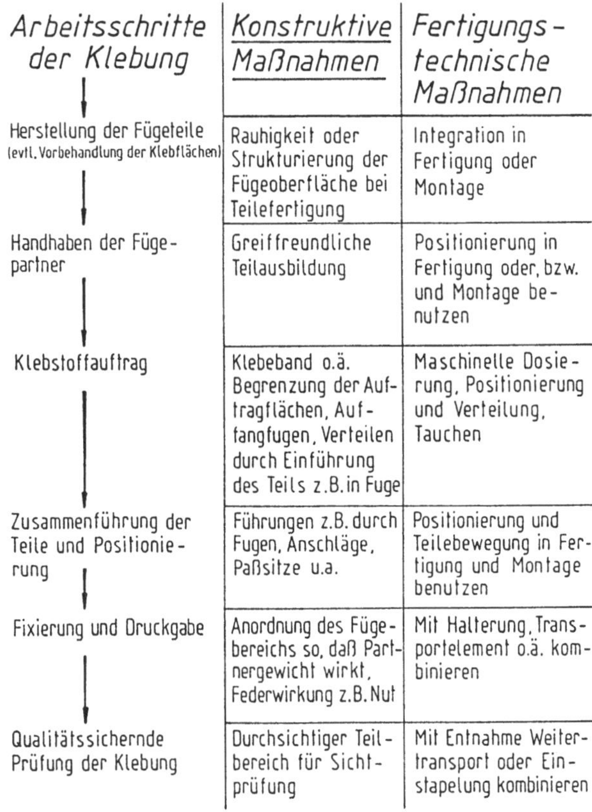

Arbeitsschritte der Klebung	Konstruktive Maßnahmen	Fertigungs- technische Maßnahmen
Herstellung der Fügeteile (evtl. Vorbehandlung der Klebflächen)	Rauhigkeit oder Strukturierung der Fügeoberfläche bei Teilefertigung	Integration in Fertigung oder Montage
Handhaben der Füge- partner	Greiffreundliche Teilausbildung	Positionierung in Fertigung oder, bzw. und Montage be- nutzen
Klebstoffauftrag	Klebeband o.ä. Begrenzung der Auf- tragflächen, Auf- fangfugen, Verteilen durch Einführung des Teils z.B. in Fuge	Maschinelle Dosie- rung, Positionierung und Verteilung, Tauchen
Zusammenführung der Teile und Positionie- rung	Führungen z.B. durch Fugen, Anschläge, Paßsitze u.a.	Positionierung und Teilebewegung in Fer- tigung und Montage benutzen
Fixierung und Druckgabe	Anordnung des Füge- bereichs so, daß Part- nergewicht wirkt, Federwirkung z.B. Nut	Mit Halterung, Trans- portelement o.ä. kom- binieren
Qualitätssichernde Prüfung der Klebung	Durchsichtiger Teil- bereich für Sicht- prüfung	Mit Entnahme Weiter- transport oder Ein- stapelung kombinieren

Bild 4.13. Maßnahmen für eine optimale Durchführung der Klebung

Maßnahmen aufgezeigt, die eine optimale Durchführung der Klebung ermöglichen. Ein Beispiel für eine fertigungsintegrierte Klebprozeßdurchführung wird in Abschn. 4.4.2.3 anhand eines beispielhaften Praxisbauteils vorgestellt.

4.3.2 Zusatzfunktionen, anwendungsbezogen

Durch Einsatz des Klebens sind häufig auch Funktionen erfüllbar, die mit der eigentlichen Fügeaufgabe nicht direkt zusammenhängen. Beispiele für Funktionen, die von einer Klebung mit übernommen werden können, zeigen im folgenden, wie ohne bzw. mit geringem zusätzlichem Fertigungsaufwand multifunktionale Bauteile durch Kleben realisierbar sind.

Abdichtung durch die Klebung
Als stoffschlüssige Fügetechnik eignet sich die Klebung prinzipiell zum Herstellen einer Verbindung mit Dichtwirkung. Werden verschiedenartige Werkstoffe, wie Kunststoff und Metall, gefügt, so ist nur das Kleben geeignet, eine sichere Dichtung ohne Zusatzelemente, wie elastische Dichtungselemente, gleichzeitig mit dem Fügen zu verwirklichen. Voraussetzung ist natürlich, daß es nicht zu unerwünschten Wechselwirkungen zwischen Klebstoff und dem abzudichtenden Medium kommt. Ein Sonderfall des Klebens ist das Vergießen. Hier steht das Abdichten eines Teils gegen Umwelteinflüsse und der Schutz vor mechanischer Beschädigung im Vordergrund, die eigentliche Fügeaufgabe, das Übertragen von Kräften, dagegen im Hintergrund.

Thermische oder elektrische Isolation bzw. Leitfähigkeit
In der Regel sind Kunststoffe und Klebstoffe sehr gute elektrische und thermische Isolatoren, so daß sie im geklebten Bauteil eine Isolierfunktion übernehmen können. Es ist aber auch möglich, Klebstoffe mit einer gewissen elektrischen Leitfähigkeit auszurüsten, so daß beispielsweise statischen Aufladungen zwischen den Bauteilen vorgebeugt werden kann. Neuerdings werden auch Kunststoffe mit sehr guter elektrischer Leitfähigkeit entwickelt, so daß hier mit neuen Anwendungsmöglichkeiten in geklebten Bauteilen zu rechnen ist.

Dämpfen von mech. Schwingungen, Stößen oder Schall
Kunststoffe und Klebstoffe haben gute Dämpfungseigenschaften. Das
elastisch-plastische Verhalten von Klebstoffen dämpft mechanische
Stöße, Schwingungen und Schall. Besonders der Weiterleitung von
Körperschall kann dadurch in der Fügestelle entgegengewirkt
werden.

Sichern gegen Lockerung z.B. bei Schraubensicherungen
Anaerob aushärtende oder mikroverkapselte Klebstoffe werden auf
eine Schraube aufgetragen, härten jedoch erst aus, wenn die
Schraube eingeschraubt wird, und sichern diese gegen Lockerung.

Ausgleich fertigungstechnischer Toleranzen im Klebspalt
Weisen die Fügeteile fertigungstechnisch bedingte Toleranzen auf,
so können diese von der Klebung ausgeglichen werden. Der Ausgleich findet durch das Fügen in einer von der Nennlage verscho-
benen Stellung der Fügeteile zueinander statt, Bild 4.14. Liegt
die Verschiebungsrichtung in der Klebfläche, so ist dieser Ausgleich ohne Beeinflussung der Klebschichtdicke möglich, sonst muß
ein Klebstoff verwendet werden, der nicht die Einhaltung einer
bestimmten Klebspaltdicke erforderlich macht.

4.3.3 Zusatzfunktionen, wartungs- und recyclingbezogen

Die Klebung wird gemeinhin als nichtlösbare Verbindung angesehen,
obwohl in letzter Zeit lösbare Klebungen immer mehr Bedeutung

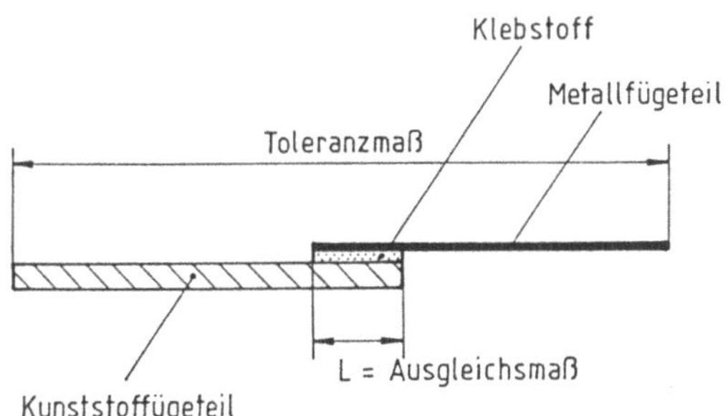

Bild 4.14. Ausgleich von Fertigungstoleranzen der Fügeteile im
Klebspalt

gewinnen. Dabei sind Haftklebeetiketten oder Briefumschläge mit
Adhäsionsverschluß für Drucksachen allgemein bekannte Beispiele.
Auch mit anaerobem Klebstoff gesicherte Schrauben sind als
lösbare Verbindung bekannt. Die hier betrachtete Kunststoff-
Metall-Klebung kann ebenfalls als lösbare Verbindung ausgelegt
werden. Dabei bieten sich zwei Möglichkeiten besonders an:

- Der Klebstoff wird durch Erwärmung des Metallteils erweicht
  bzw. zersetzt, ohne daß das Kunststoffteil angegriffen wird,
  anschließend werden die Teile durch äußere Kraft voneinander
  getrennt. Die Erweichungs- bzw. Zersetzungstemperatur des
  Klebstoffs liegt dabei unter der des Kunststoffügeteils. Ist
  die Trennkraft schon während der Erwärmung wirksam, so kann sie
  auch etwas über der des Kunststoffügeteils liegen, damit sich
  die Teile sofort nach Erreichen der Zersetzungs- bzw. Erwei-
  chungstemperatur des Klebstoffs trennen, so daß das Kunststoffteil unbeschädigt bleibt. Reste des Klebstoffs verbleiben dabei
  auf beiden Fügeteilen.

- Verwendet man einen Klebstoff mit deutlich höherer Erweichungs-
  bzw. Zersetzungstemperatur als der des Kunststoffs, so dringt
  die Wärme des erwärmten Metallteils durch den Klebstoff in den
  Kunststoff bis dieser erweicht und die Verbindung getrennt
  werden kann. In diesem Fall verbleibt kein Klebstoff am Kunststoffteil, da die Trennung direkt an der Kunststoffoberfläche
  stattfindet.

In beiden Fällen wird das Metallteil erwärmt, was auf
verschiedene Weise leicht möglich ist, solange die konstruktive
Gestaltung des geklebten Bauteils ein Heranführen der Heiz-
einrichtung an das Metallteil ermöglicht. Besonders schnell und
örtlich begrenzt wirkt eine Induktionsheizung. Wird die Induk-
tionsspule mit Strom hoher Frequenz betrieben, so erwärmt sich
nur das Metall in unmittelbarer Nähe der Spule.

Grundsätzlich sind auch andere physikalische und chemische Verfahren zum Lösen der Klebung denkbar, jedoch noch wenig erprobt
und meist weniger einfach als die Erwärmung des Metallfügeteils.

Reparaturfreundlichkeit

Neben der Lösbarkeit der Klebung muß im Reparaturfall die Verbindung mit einfachen Werkstattmitteln wiederherstellbar sein. Zwischen den Forderungen, die an die Fügebereichsgestaltung hinsichtlich der Massenfertigung gestellt werden, und den Gegebenheiten der Werkstattfertigung im Reparaturbetrieb kann es zu Zielkonflikten kommen. In solchen Fällen kann es günstiger sein, bei der Reparatur nicht die Klebung zu lösen und erneut durchzuführen, sondern eine größere Einheit mitsamt der industriell und damit preiswert durchgeführten Klebung zu ersetzen.

Recycling

Das Recycling von Bauteilen, die aus verschiedenartigen Werkstoffen aufgebaut sind, erfordert eine möglichst einfache Lösbarkeit der Verbindung zur (sortenreinen) Trennung der wiederverwertbaren Werkstoffe. Ein Beispiel, wie das Kleben einen tragfähigen Balken in Mischbauweise mit Preis- und Gewichtsvorteilen ermöglicht, und gleichzeitig ein einfaches Recycling ermöglicht, wird in Bild 4.15 dargestellt. Der in diesem Beispiel verwendete

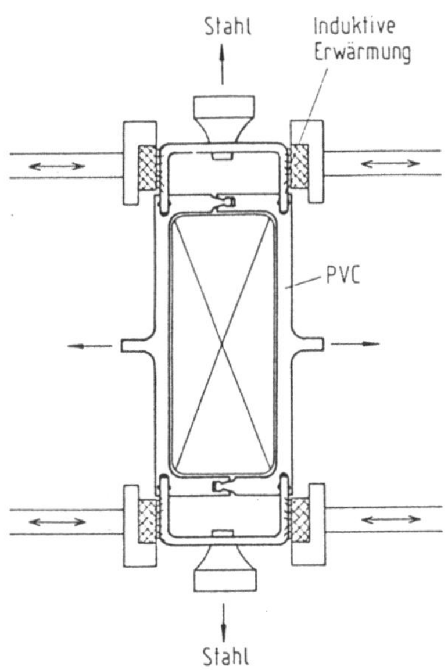

Bild 4.15. Trennen einer Kunststoff-Metall-Klebung durch Erwärmung des Metallteils

Epoxidklebstoff hat eine deutlich höhere Zersetzungstemperatur
als das thermoplastische PVC des Kunststoffügeteils des Leichtbauträgers. Dadurch findet die Trennung nach Erwärmung im Oberflächenbereich des PVC statt, so daß der Klebstoff am Stahlteil
verbleibt, wo er bei der Wiederverhüttung nicht stört. Am Kunststoffteil würden Klebstoffreste dagegen die Wiederaufbereitung
beeinträchtigen. Eine Erläuterung des Leichtbauträgers in Mischbauweise befindet sich in Abschn. 4.4.

4.4 Anwendungsbeispiele für Kunststoff-Metall-Klebungen

4.4.1 Kunststoff-Metall-Leichtbauträger

Ein einfaches und vielseitig angewendetes Bauelement ist der auf
Biegung belastete Träger. Für seine Tragfähigkeit sind in erster
Linie die äußeren Randschichten maßgeblich. Grundsätzlich bietet
sich ein Träger als Mischkonstruktion an, der im Randbereich aus
einem festen Werkstoff, im mittleren Bereich jedoch aus einem
leichten und preiswerten Werkstoff bestehen kann. Stahl bzw.
Kunststoff erfüllen diese Forderungen. Bekannte Beispiele für
Tragwerke in Mischbauweise sind Sandwichplatten mit steifen Randschichten und leichter, preiswerter Mittelschicht. Der Verbund
zwischen den Schichten ist flächenhaft und daher leicht als
Klebung herstellbar. Hinsichtlich der Belastung der Klebung sind
dagegen kantenhafte Klebungen kritischer. Daher wurde von
K. D. Fischer [4.9] ein Leichtbauträger als Kunststoff-Stahl-
Mischkonstruktion mit kantenhafter Klebung entwickelt und
geprüft.

Es zeigt sich, daß für die technische Anwendung nicht allein die
Betrachtung eines Werkstoffes oder verschiedener Werkstoffe die
Lösung aufzeigt, sondern daß es auch nötig sein kann, unterschiedliche Teilklassen miteinander zu vergleichen. Dies umso
mehr, als durch konstruktives Kleben verschiedenartige Werkstoffe
miteinander fügbar sind und entsprechende tragende Mischkonstruktionen ermöglichen. Am Beispiel des Trägers sind daher
Mischkonstruktionen aus Stahl und Thermoplast, sowie aus glas-
faserverstärktem Duromer und Thermoplast mit einheitlichen Stahl-

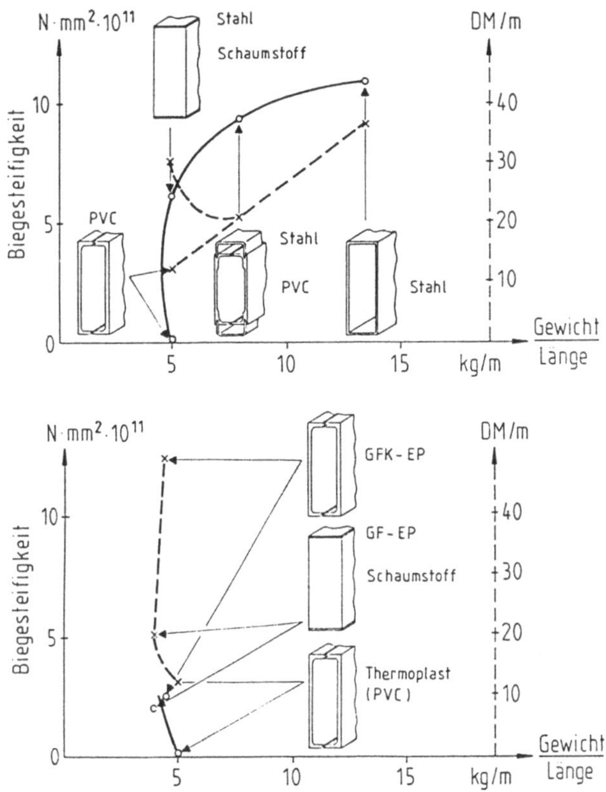

Bild 4.16. Vergleich verschiedener Aufbauprinzipien eines Trägers

bzw. Thermoplastträgern in Abhängigkeit von der Biegesteifigkeit
und den Kosten vergleichend gegenübergestellt, Bild 4.16.

Unter Festlegung der immer gleichen Außengestalt und identischen
anderen Bedingungen erreichen die Träger mit GFK nochmals eine
Gewichtsreduzierung gegenüber dem reinen Thermoplastträger. Ihre
Biegesteifigkeiten bleiben aber unter $3*10^{-11}$ N mm². Ein biege-
steiferer Leichtträger wird entweder mit einer anderen Gestalt
oder mit anderen Fasern, z.B. Kohlenstoff- oder Aramidfasern,
erreicht. Bei den Trägern mit GFK sind jedoch ihre relativen
Kosten bereits hoch, so daß diese Wege, wenn nicht extrem nie-
driges Gewicht angestrebt wird, nicht die einzig möglichen sind.
Die Stahl-Thermoplast-Kombination führt bereits bei der Sandwich-
Bauweise vom Preis-Steifigkeits-Verhältnis zu günstigeren Ergeb-

nissen. Wenn nun eine gewisse Gewichtserhöhung in Kauf genommen
werden kann, erweist sich die kantenhafte Verbindung von Stahl-
Profilen mit einem PVC-Profilkern als optimal.

4.4.1.1 Aufbau und Werkstoffauswahl

Bild 4.17 zeigt den Schnitt durch den Kunststoff-Metall-Leicht-
bauträger. Der mittlere Bereich des Trägers besteht aus einem
Thermoplast-Kastenprofil, das aus zwei gleichen extrudierten
Halbprofilen durch Schnappen zusammengesetzt wird. Die Deck-
schichten bestehen aus einem U-förmigen Stahlprofil aus St 37.

Kunststoff und Stahlteile müssen, damit alle Teile des Verbundes
ihren Beitrag für die Gesamtfestigkeit leisten können, fest miteinander verbunden werden. Die Verbindung kann mechanisch durch
Schrauben oder Nieten, durch Schnappen oder stoffschlüssig durch
Kleben erfolgen. Als kunststoffgerecht sind nur das Schnappen und
das Kleben anzusehen, da hier eine gleichmäßige Belastung der
Übergangsbereiche erfolgt. Wegen der hohen Kräfte, die von dem
Bauteil aufgenommen werden sollen, scheidet das Schnappen jedoch
aus, so daß eine Verbindung durch Kleben gewählt wurde.

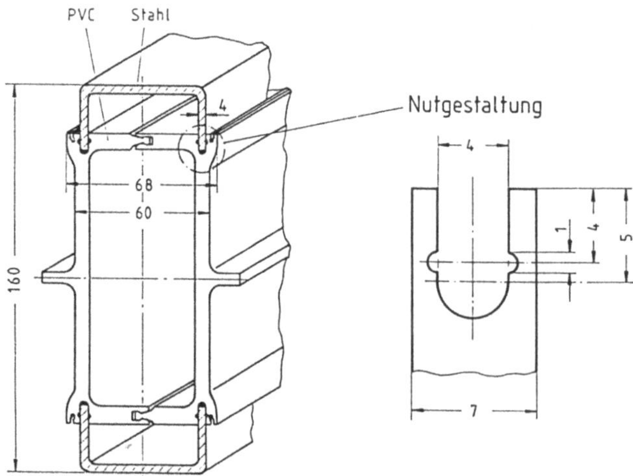

Bild 4.17. Schnitt durch den PVC-Stahl-Leichtbauträger mit form-
schlußunterstützter Klebung

Als Kunststoff wurde ein schlagzähes PVC gewählt, das sich besonders durch gute chemische Beständigkeit, gute Licht- und Wetterbeständigkeit, sowie geringe Neigung zur Spannungsrißkorrosion auszeichnet. PVC kann als extrudiertes Profil kontinuierlich und kostengünstig gefertigt werden und ist recyclingfähig, besonders dann, wenn es am Ende der Produktlebensdauer sortenrein wiedergewonnen werden kann.

Aus Gründen des Korrosionsschutzes sind die Stahlteile mit einem Epoxid-Lack beschichtet, der eine Korrosion der Klebflächen vor und nach dem Kleben verhindert. Geringe Verschmutzungen auf der beschichteten Stahloberfläche haben keinen Einfluß auf die Klebfestigkeit, so daß auf ein Entfetten der Stahlprofile vor dem Kleben meist verzichtet werden kann.

Wegen der großen Abmessungen des Bauteils empfiehlt sich für den Klebstoff aus fertigungstechnischen Gründen ein kaltaushärtendes System. Außerdem kann wegen der vorgesehenen Formschlußunterstützung und der Rundung im Nutgrund, nur ein fugenfüllender, schwindungsarmer Klebstoff verwendet werden. Verformungen infolge Biegebelastung und Temperaturdehnung müssen vom Klebstoff ertragen werden, während andererseits von der Verbindung eine hohe Kriechfestigkeit bei statischer Belastung gefordert wird. Entsprechend diesen Forderungen wurde ein gefüllter Zweikomponenten-Epoxidklebstoff gewählt.

4.4.1.2 Belastungsanalyse

Die Klebung zwischen dem Stahl- und dem Kunststoffprofil wird sowohl bei Belastung des Trägers durch Biegung, als auch bei Belastung durch Temperaturdehnung, schubbeansprucht. Bild 4.18 zeigt die Biegenormalspannungsverteilung des Trägers und die sich einstellende Schubspannungsverteilung infolge Biegebelastung. Bild 4.19 zeigt die Normalspannungs- und Schubspannungsverteilung bei einer gleichmäßigen Erwärmung des Trägers auf T = 50°C.

Superponiert man nun die Spannungen aus Biegung und Erwärmung, so ergeben sich die größten Fügeteilnormalspannungen in der Träger-

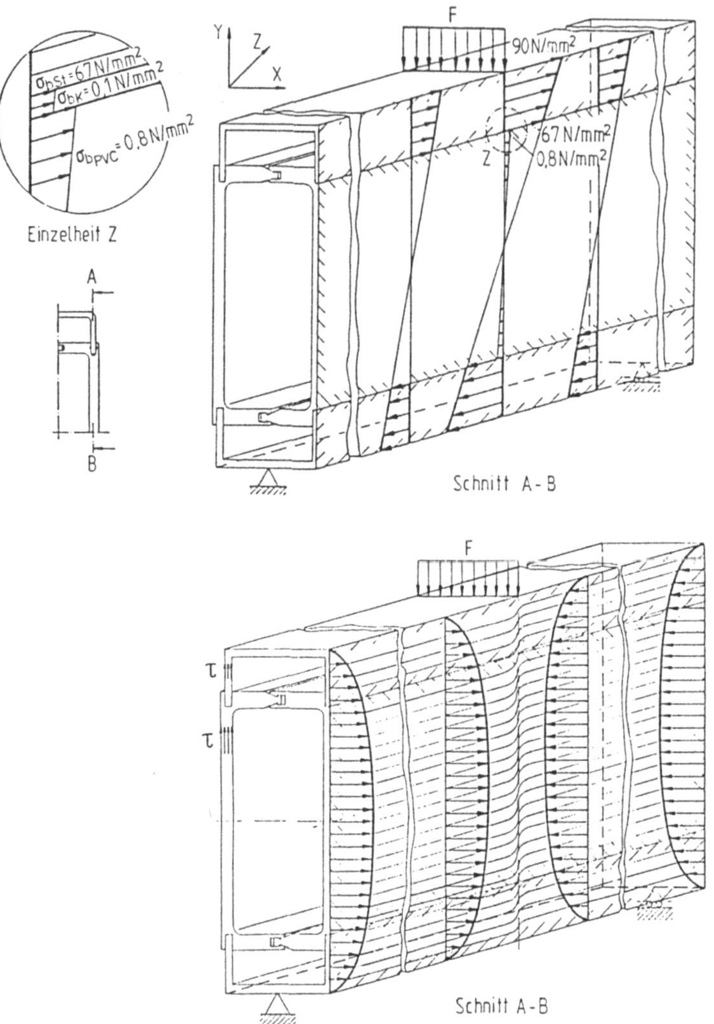

Bild 4.18. Normal- und Schubspannungsverteilung infolge Biegebelastung, F = 10000 N, Trägerlänge l = 2000 mm

mitte an der Randfaser der unteren Deckschicht, wo sich Biege- und Wärmespannungen addieren. Die größten Fügeteilschubspannungen treten an den Trägerenden in Höhe der Klebfuge auf, wo sich auch wieder die Spannungen aus Biegung und Erwärmung addieren. Die maximale Schubspannungsbeanspruchnung für die Klebfuge bei Biegung und Erwärmung erfolgt ebenfalls an den Trägerenden. Das bedeutet, daß die Spannungsmaxima über den ganzen Träger günstig

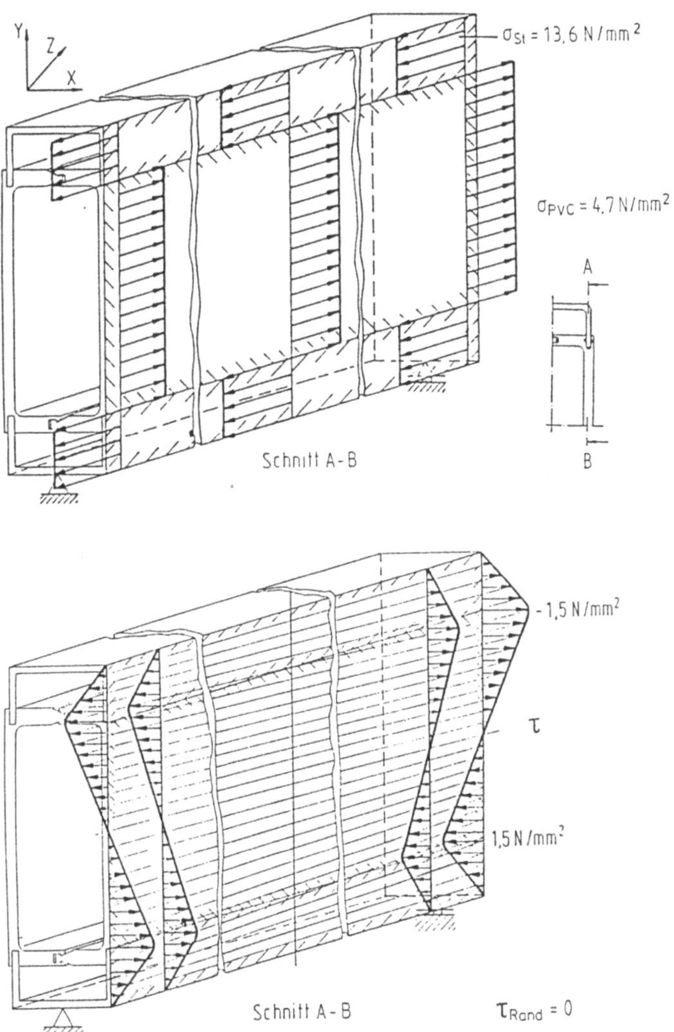

Bild 4.19. Normal- und Schubspannungsverteilung infolge Erwärmung
(T = 50°C)

verteilt sind, so daß der Träger als belastungsmäßig gut ausge-
nützt betrachtet werden kann.

Im Zeitstandversuch wurde der Träger mit einer Streckenlast von
2500 N/m über 10000 Stunden belastet. Bild 4.20 zeigt die Kriech-
kurve des Kunststoff-Stahl-Trägers, der schon zum Zeitpunkt t=0
den elastisch, reversiblen Verformungsbereich verlassen hat, und

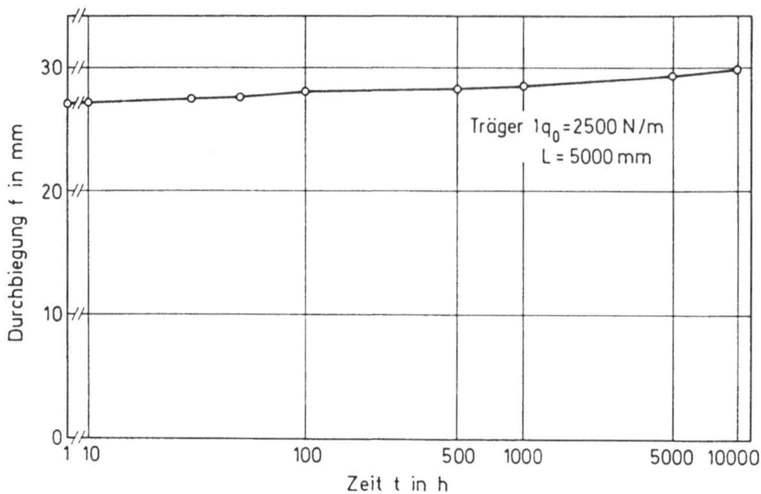

Bild 4.20. Kriechverhalten des Kunststoff-Stahl-Trägers im Bereich plastischer Verformung (Trägerlänge L = 5000 mm, qo = 2500 N/m)

dennoch nach 10000 Stunden nur geringfügig weitergekrochen ist. Die Verstärkung des Kunststoffprofils mit den Stahlprofilen verleiht der Konstruktion dieses günstige Langzeitverhalten.

Bei isolierter Betrachtung nur des Fügebereichs stellt sich die Paarung von unterschiedlich steifen Fügepartnern als problematisch dar, da das steifere Fügeteil verformungsbehindernd wirkt, und damit eine ungleichmäßige Spannungsverteilung in der Klebfläche bewirkt. Betrachtet man jedoch die geklebte Kunststoff-Stahl-Mischkonstruktion insgesamt, so ist es gerade diese Verformungsbehinderung durch das Stahlfügeteil, die der kunststofftypischen Kriechneigung entgegenwirkt.

4.4.1.3 Gestaltung und Dimensionierung

Die Verbindung zwischen PVC-und Stahlprofil erfogt durch zwei kantenhafte doppeltüberlappende Klebungen, so daß vier Klebflächen in paralleler Anordnung für eine ausreichend groß dimensionierte Gesamtklebfläche und damit für einen festen Verbund sorgen. Die nutförmige Gestaltung des Fügebereichs ermöglicht

ohne zusätzlichen Mehraufwand eine Formschlußunterstützung und
Kraftschlußunterstützung der Klebung.

Die Gestaltung des Balkenquerschnitts erfolgt nach der Systematik
in Bild 4.21. Gestaltungsparameter sind hier Belastungshöhe und
Trägerlänge. Die Dimensionierung des Trägers erfolgt nach dem Ablaufschema in Bild 4.22. Hierbei muß zwischen zwei unterschiedlichen Beanspruchungsarten unterschieden werden. Zum einen ist es
die Biegebeanspruchung und zum anderen die Temperaturbean-
spruchung. Bei Biegebelastung muß für den Bereich kleiner Längen
das Kunststoffprofil auf Knicken bzw. Beulen geprüft werden, um
die Grenzbelastung zu ermitteln.

Tritt eine große Schubbelastung bei kleiner Trägerlänge auf, muß
das Kunststoffprofil stärker dimensioniert werden. Bei langen
Trägern sind die Normalspannungen in den Stahlprofilen entscheidend, so daß diese ausreichend dimensioniert werden müssen.

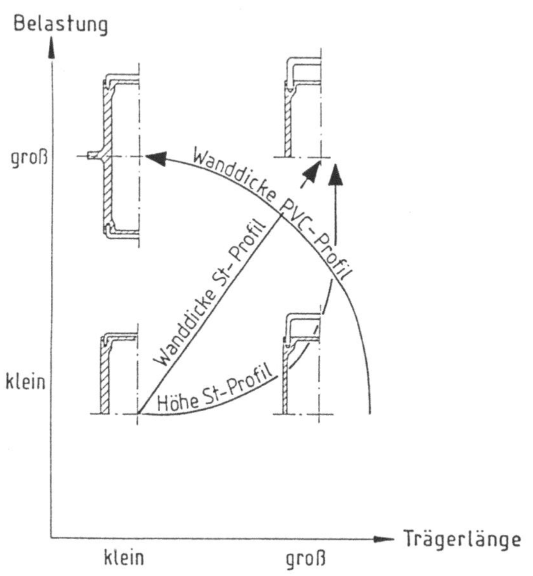

Bild 4.21. Dimensionierung des Trägers hinsichtlich Biegefestig-
keit und Trägerlänge

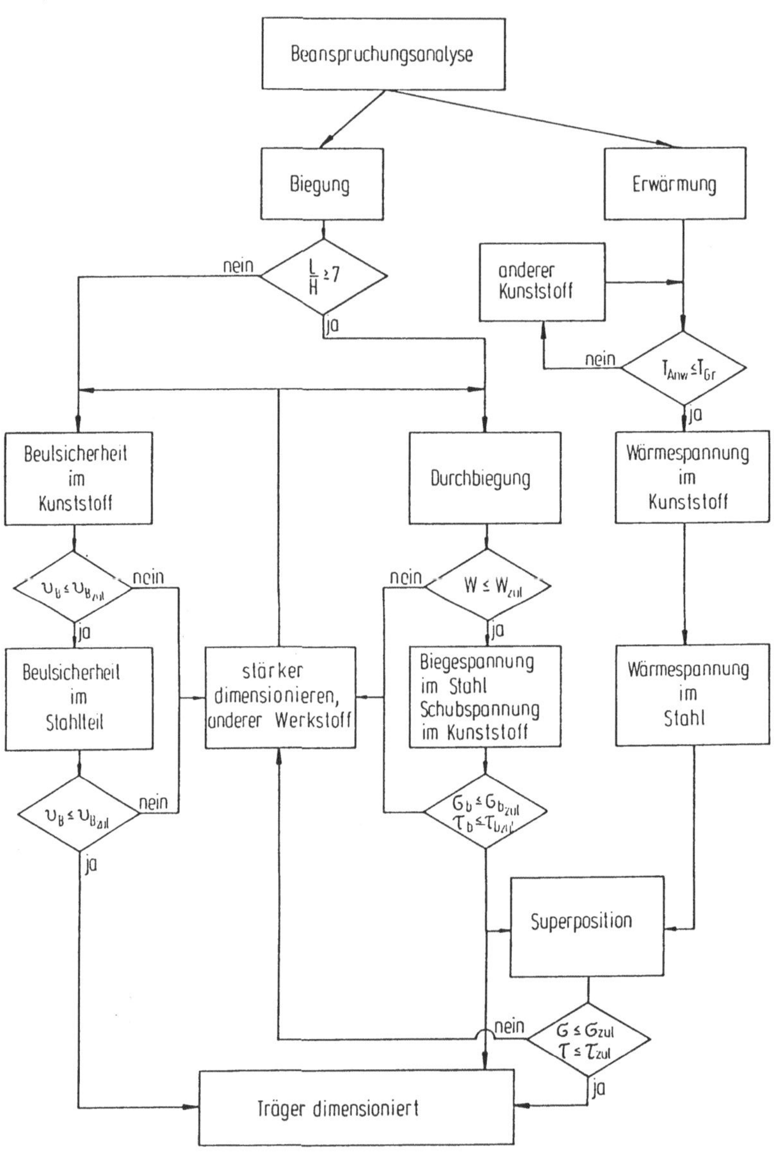

Bild 4.22. Ablaufschema für den rechnerischen Festigkeitsnachweis

4.4.2 Thermoplastischer Frontscheinwerferträger

Kunststofformteile sind wegen ihrer leichten Gestaltbarkeit geeignet, mehrere Funktionen in einem Bauteil zusammenzufassen. Dadurch bietet sich prinzipiell die Möglichkeit, aus multifunk-

tionalen Kunststoffbauteilen zusammen mit anderen Bauteilen
Baugruppen zu fertigen, die trotz ihrer komplexen Funktionsstruk-
tur aus verhältnismäßig wenigen Einzelteilen bestehen. Kleben
gestattet dabei den Einsatz von verschiedenartigen Werkstoffen
innerhalb der Baugruppe, sowie eine einfache Einbindung der Baugruppe in das Gesamterzeugnis.

Die mechanischen, physikalichen, chemischen und Langzeiteigen-
schaften von Klebungen werden zweckmäßigerweise zunächst in
Versuchen an Probekörpern ermittelt, die die Einzelfragen zu den
Eigenschaften möglichst ungestört durch andere Einflußgrößen
beantworten.

Die Eigenschaften, die aus der Fügebereichsgestaltung resultie-
ren, müssen jedoch am Bauteil ermittelt werden. Solche Bauteil-
versuche sind in der Praxis unerläßlich, liefern aber auch in der
Forschung grundsätzliche Erkenntnisse und Erfahrungen zur Gestaltung von Klebungen. Im Folgenden wird ein Versuchsbauteil, der
sog. Frontscheinwerferträger, beschrieben. An diesem Versuchsbauteil wurde der Einfluß der Fügebereichsgestaltung und der Fertigung auf Bauteileigenschaften und Wirtschaftlichkeit untersucht.

4.4.2.1 Aufbau und Werkstoffauswahl

Bild 4.23 zeigt den thermoplstischen Frontscheinwerferträger als
Einzelteil und im gefügten Zustand mit dem Blechrahmen der den
Karosserieausschnitt ersetzt, in den man sich die komplette
Beleuchtungsbaugruppe eingebaut vorstellen kann. In Bild 4.24 ist
der Frontscheinwerferträger mit Beleuchtungseinheit dargestellt.

Bei den verwendeten Klebstoffen handelt es sich um reaktive, kalt
aushärtende Systeme, deren Aushärtung durch die im Kunststofffüge-
teil vorhandene Restwärme aus dem Spritzgießprozeß noch beschleunigt werden kann.

4.4.2.2 Gestaltung und Dimensionierung

Um möglichst viele Erfahrungen hinsichtlich der Fügebereichsgestaltung sammeln zu können, wurden in dem Bauteil mehrere

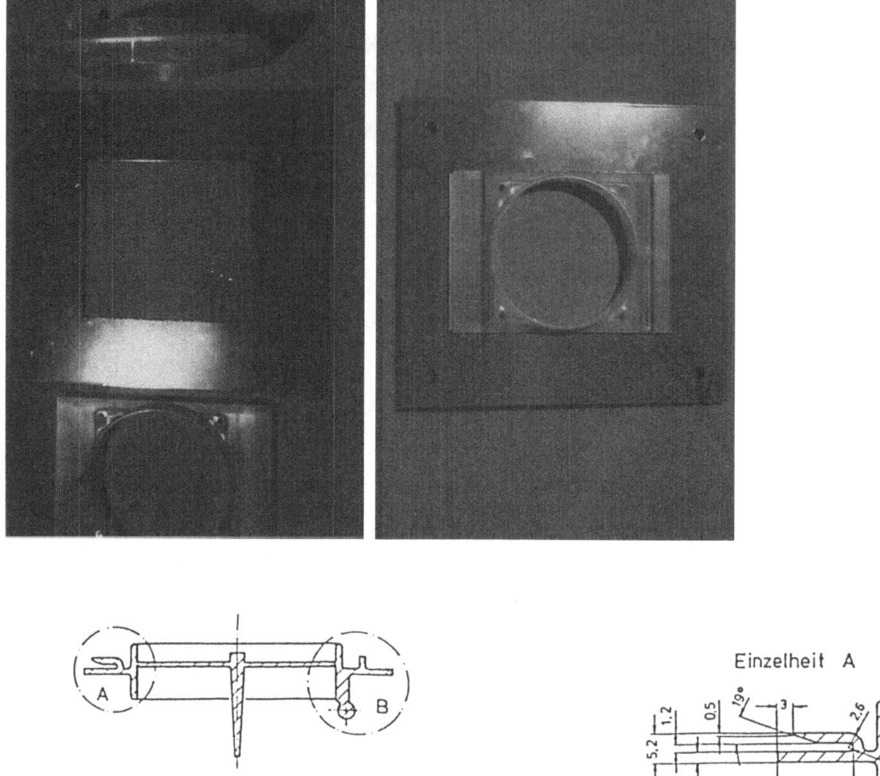

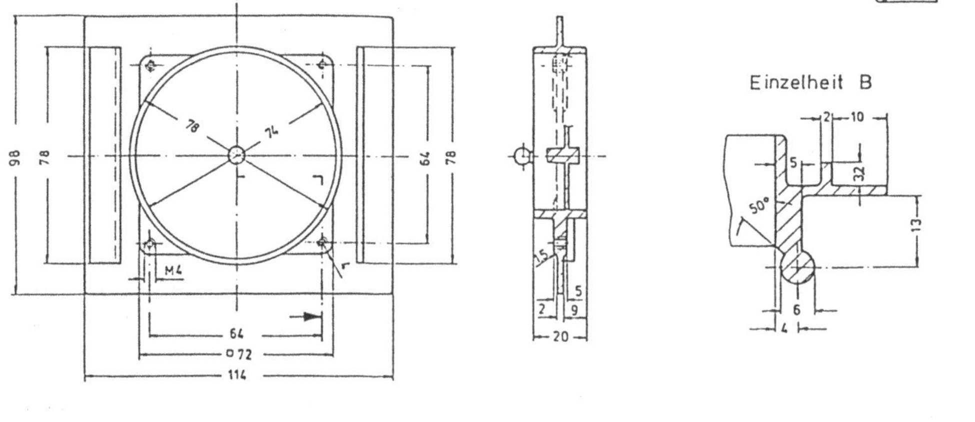

Bild 4.23. Zeichnung und Foto des thermoplastischen Frontscheinwerferträgers

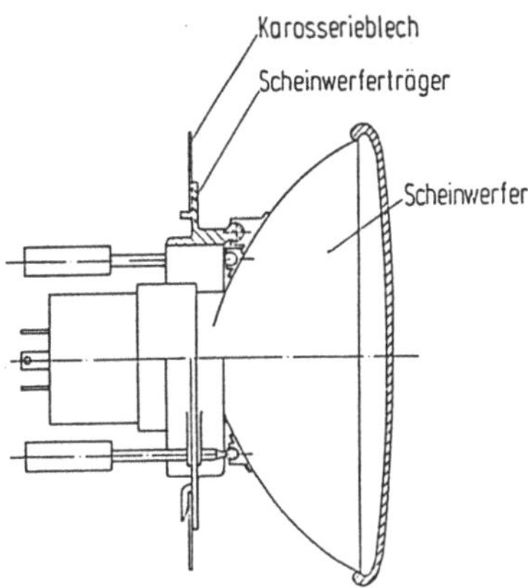

Bild 4.24. Gesamtansicht des Frontscheinwerferträgers mit Beleuchtungseinheit

Gestaltungsmerkmale verwirklicht:
- ein/zweischnittige Überlappung
- kantenhaft offene/geschlossene Klebung
- Fixierungs/Positionierungshilfen etc.

Der Fügebereich ist so gestaltet, daß die Klebung durch einen Formschluß unterstützt wird. Der Formschluß wirkt gegenüber allen Belastungsrichtungen, bis auf das Klappen nach außen, da ein Freiheitsgrad notwendigerweise für die Fügebewegung vorgesehen werden muß. (Zusätzliche Hilfsschnappung könnte hier auf einfache Weise die Formschlußunterstützung vervollständigen, wurde aber bewußt unterlassen, um eine Prüfmöglichkeit der Klebung auch ohne Formschlußunterstützung zu erhalten.)

Die einschnittig überlappte Klebung wird durch Kraftschluß unterstützt. Das für diesen Kraftschluß notwendige Moment wird durch die nutförmige Gestaltung der unteren Fügekante erzielt. Dadurch federt der Frontscheinwerferträger im gefügten Zustand im oberen Bereich gegen das Karosserieblech, so daß der Klebstoff ohne äußere Kraftaufwendung verteilt und während des Aushärtens fixiert wird. Um während des Fügens ein Verschmieren der Klebstoffraupe im oberen Bereich zu verhindern, sorgt die Distanzleiste direkt unterhalb der einschnittigen Klebung dafür, daß das

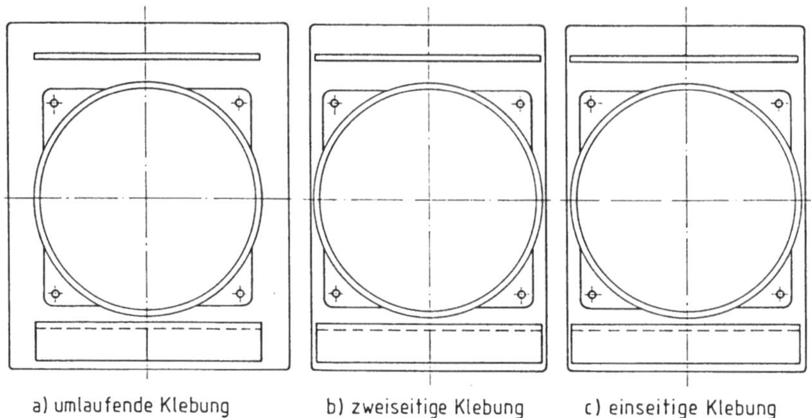

Bild 4.25. Anordnungsmöglichkeiten der Klebung beim Frontscheinwerferträger

Thermoplastteil erst unmittelbar vor Abschluß der Fügebewegung
gegen das Karosserieblech drückt.

Drei grundsätzliche Arten der Klebung sind bei diesem Praxis-
bauteil möglich, Bild 4.25:

- vierseitige Klebung
  Der thermoplastische Frontscheinwerferträger kann in der Ausführung a in Bild 4.25 neben der zweischnittigen, nutförmigen
  Klebung im unteren Bereich auf den drei verbleibenden Seiten
  einschnittig geklebt werden, so daß eine kantenhaft geschlossene Klebung vorliegt. Dadurch ist das Kunststoffügeteil allsei-
  tig mit dem Stahlfügeteil verbunden, so daß die unterschiedlichen thermischen Ausdehnungen der Fügeteile zu Spannungen im
  Kunststoffügeteil führen.

- zweiseitige Klebung
  Der Frontscheinwerferträger in der Ausführung b, Bild 4.25,
  wird an den seitlichen Kanten nicht geklebt. Dadurch kann sich
  das Kunststoffügeteil beim Auftreten von thermischen Ausdehnungen seitlich frei bewegen, so daß in senkrechter Richtung
  nur noch Druck- bzw. Zugspannungen auftreten.

- einseitige Klebung
  Verzichtet man bei dem Kunststoffügeteil Ausführung b auch auf

die Klebung im Bereich der Nut, kann das Kunststoffügeteil
auftretende temperaturbedingte Dehnungen ertragen, ohne daß
durch Verformungsbehinderung Spannungen entstehen können.

Die Temperatur, bei der die Vernetzung des Klebstoffs einsetzt,
ist maßgeblich für die Eigenschaften des gefügten Bauteils. Da
thermoplastische Kunststoffe über durchweg höhere thermische Aus-
dehnungskoeffizienten als Stahl verfügen, wird das Kunststoffügeteil, bei der Gestaltung mit vier- bzw. zweiseitiger Klebung, bei
Abkühlung gedehnt und bei Erwärmung gestaucht. Dabei ist der Tem-
peraturunterschied zwischen der Anwendungstemperatur und jener
Temperatur, bei der der Klebstoff begonnen hat auszuhärten,
maßgeblich. Bei Versuchen mit Aushärtungstemperaturen von 80°C
wurden bei Abkühlung auf -20°C die Spannungen im vierseitig
geklebten Bauteil so groß, daß das Kunststoffügeteil ohne Einwirkung einer äußeren Kraft gebrochen ist. Bei den zweiseitig geklebten Bauteilen brachen die aus Polypropylen gefertigten Kunststoffügeteile bei kleinen Stoßbelastungen, z.B. Fall aus
1 m Höhe.

Für die einseitig geklebten Bauteile ergab sich erwartungsgemäß
die Problematik der inneren Belastung durch unterschiedliche
thermische Ausdehnung nicht.

4.4.2.3 Fertigung

Bild 4.26 zeigt die prinzipiellen Möglichkeiten der Fertigungsverknüpfung mit unterschiedlichem Integrationsgrad. In der
Variante a sind die einzelnen Fertigungseinrichtungen für die
Teilefertigung, die Bearbeitung der Fügeteile und die eigentliche
Durchführung der Klebung getrennt voneinander. Dadurch ist es
möglich, zwischen den einzelnen Fertigungschritten einen Teile-
vorrat zu halten, damit der Ausfall einer Fertigungseinheit nicht
zum zwangsläufigen Stillstand der anderen Einheiten führt. Im
Fall einer Produktumstellung ist es mit den Varianten a und b
grundsätzlich möglich, einzelne Fertigungseirichtungen auszu-
tauschen, so daß eine gewisse Flexibilität der Fertigungslinie
gegeben ist. Die Variante c stellt eine Fertigungslinie für eine

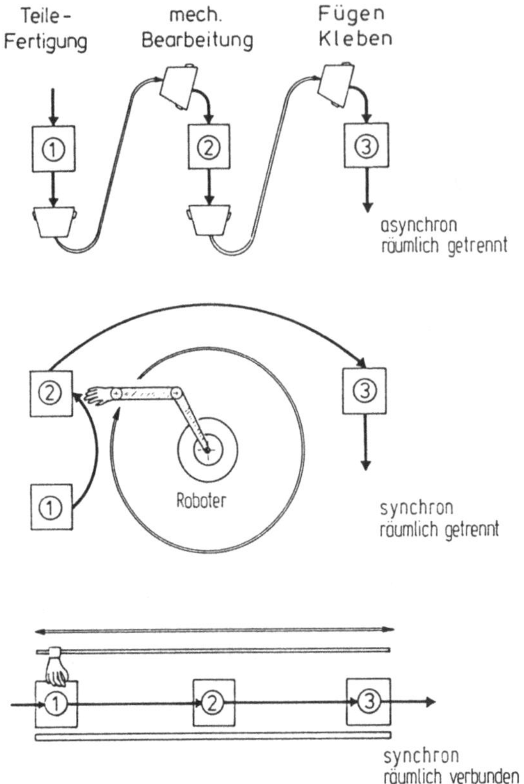

Bild 4.26. Möglichkeiten der Fertigungsverknüpfung

taktsynchrone Fertigung dar, bei der die einzelnen Fertigungseinrichtungen in einer Anlage zusammengefaßt sind. Dadurch ist es
möglich, alle Prozeßparameter, die die Qualität der Klebung beeinflussen, zentral zu kontrollieren. Die synchrone Taktfertigung
verhindert, daß zwischen den Fertigungsschritten Einflüsse auf
die Fügeteile einwirken, die nicht kontrollierbar sind bzw.
Schwankungen von Teil zu Teil unterworfen sein können. So ist
beispielsweise bei spritzgegossenen Fügeteilen die Zeit zwischen
Spritzguß und Fügung maßgeblich für die Temperatur des Fügeteils
beim Kleben und damit maßgeblich für die Qualität der Klebung.

Ausgehend von der asynchronen, räumlich getrennten Fertigung
nimmt der Integrationsgrad und damit die Prozeßsteuerungs-
fähigkeit über die synchrone, räumlich getrennte zur räumlich
verbundenen Fertigung hin zu, während die Flexibilität der

Fertigungseinrichtungen abnimmt. Besonders in der industriellen Massenfertigung überwiegen die Vorteile einer möglichst hohen Fertigungsintegration, da neben dem Streben nach rationeller Fertigung beim Kleben eine hohe Qualitätskonstanz nur möglich ist, wenn alle Fertigungsparameter von der Fügeteilfertigung bis zur fertigen Klebung (möglichst zentral) kontrollierbar sind (Abschn. 4.3.1).

Am Beispiel des Frontscheinwerferträgers wurde die Fügeteilherstellung und die Klebung in einer integrierten Fertigungseinheit durchgeführt (Abschn. 6.5). Die formschlußunterstützte Gestaltung des Kunststofffügeteils gestattet die Verwendung von Klebstoffen mit einer Aushärtungszeit, die länger ist als die Taktzeit der Spritzgußmaschine, da alleine der Formschluß eine ausreichende Anfangsfestigkeit des Verbundes für die weiteren Fertigungsschritte bewirkt. Dieses Beispiel zeigt, daß die formschlußunterstützte Fügebereichsgestaltung nicht nur eine Hilfsfunktion der Klebung zur Sicherung einer Mindestfestigkeit ist, sondern auch einen wichtigen Einfluß auf die Fertigung haben kann und dadurch auch für die Qualität der Klebung bedeutsam ist.

4.5 Wirtschaftlichkeitsbetrachtung

In der industriellen Fertigung spielen die Produktionskosten eine gewichtige Rolle bei Markterfolg und Konkurrenzfähigkeit eines Produkts. Verbindungstechniken und Verfahren nehmen hier eine wichtige Stellung ein, da in der Regel verschiedene Bauteile zusammengefügt werden müssen und nur so eine geforderte Funktion erfüllen können. Der Aufwand für eine wirkungsvolle Verbindung soll also so gering wie möglich sein, wobei durch Funktionsintegration die Anzahl der Verbindungen verringert werden kann. Dazu sind möglichst genaue Kenntnisse über Festigkeit, Haltbarkeit, konstruktive Gestaltung sowie Fertigung und Qualitätssicherung der Klebung nötig.

Im Vergleich mit anderen Verbindungsarten, wie Schrauben, Nieten, und Schnappen, bietet die Klebung die Möglichkeit, durch günstigen Kraftverlauf eine gute Werkstoffausnutzung zu erzielen. Zu-

satzfunktionen können, im Gegensatz zu anderen Verbindungsarten,
ebenfalls erfüllt werden; ein Beispiel stellt die Dichtfunktion
der Klebung dar.

Die notwendigen Arbeitsschritte sind in ihrem Aufwand durch die
Wahl der Werkstoffe, der Fügeteilfertigung und die Notwendigkeit

W E R K S T A T T F E R T I G U N G

Material: 10.000 Stück

Kunststoff (ABS) 17,6 g   4,10 DM/kg   721,60
Trägerteil   2,38 DM/St   22.800,00
                                            ──────────
                                            23.521,60
Fertigung:

Spritzen: 0,50 min x 0,60 DM/min   3.000,00

Bearbeiten: 0,08 min x 0,57 DM/min   456,00

Montage: 0,50 min x 0,14 DM/min   688,50
                        + 32,7 %   313,64
                                            ──────────
                                             4.369,64

                                DM   27.891,24

     2 , 7 9   D M / S t ü c k

   S E R I E N F E R T I G U N G

Material: 100.000 Stück

Kunststoff (ABS) 17,6 g   3,95 DM/kg   6.952,00
Trägerteil   1,98 DM/St   198.000,00
                                            ──────────
                                            204.952,00
Fertigung:

integrierte   31.500,00
Fertigung

                                DM   236.452,00

     2 , 3 7   D M / S t ü c k

Bild 4.27. Kalkulation der Stückkosten für Einzel- und Serien-
            fertigung bezogen auf den thermoplastischen Front-
            scheinwerferträger

von Vorbehandlung, Teilesortierung, Transportvorgängen, Zwischenlagerung und Fixierung gekennzeichnet.

In kleinen Stückzahlen lohnt sich die Handfertigung auch bei auf-
wendigerer Klebstoffvorbereitung und Fixierung der Fügeteile. Je
größer die Zahl der zu klebenden Teile wird, desto stärker wirken
sich Handfertigung, Werstoffkosten und zusätzliche Arbeitsschritte auf die Gesamtkosten aus.

Automatisierung und Integration sind ab einer bestimmten Stückzahl für eine kostengünstige und damit konkurrenzfähige Dürchfüh-
rung der Klebung unerlässlich. Am Beispiel einer Kunststoff-
Stahlblech-Baugruppe (Frontscheinwerferträger) wurde eine bei-
spielhafte Vergleichskalkulation von Werkstattfertigung und integrierter automatisierter Fertigung durchgeführt. Dieses Beispiel
zeigt deutlich den Unterschied der Fertigungskosten, die sich, je
nach Stückzahl, erheblich auswirken können.

Der Aufwand für Entwicklung und Konstruktion wird insgesamt nicht
zunehmen, da die konstruktive Auslegung zusammen mit der Teile-
konstruktion erfolgen kann. Die zusätzlich notwendigen Informationen zur konstruktiv und wirtschaftlich richtigen Gestaltung
des Fügebereichs können durch das in Kapitel 8 beschriebene
Expertensystem schnell zur Verfügung gestellt werden.

Die Entwicklungen und Erfolge auf dem Gebiet der Fertigungsintegration deuten darauf hin, daß industrielle Abläufe auch bei
kleineren Stückzahlen durch flexible Automation mit Hilfe von EDV
wirtschaftlich durchgeführt werden können. Für den Klebprozeß
bedeutet dies, daß möglichst universelle Fertigungseinrichtungen,
die sich in die Gesamtfertigung integrieren lassen, anzustreben
sind. Abgesehen von der dadurch erzielbaren gleichmäßigen
Qualität der Klebung, lassen sich durch Fertigungsautomation und
-integration Klebungen in der industriellen Massenfertigung sehr
wirtschaftlich herstellen.

5 Auswahlkriterien für Klebstoffe

W. Brockmann

Prinzipiell lassen sich thermoplastische Kunststoffe und Stahl
mit nahezu allen verfügbaren Klebstofftypen kraftübertragend
verbinden.

Eine Substanz muß, um als Klebstoff wirksam zu sein, lediglich
zwei Grundforderungen erfüllen:

- Der Klebstoff muß zu irgendeinem Zeitpunkt des Fügevorganges
  molekulare Beweglichkeit, d.h. die Eigenschaften einer mehr
  oder weniger viskosen Flüssigkeit haben, um sich den Uneben-
  heiten der Fügeoberflächen bis auf molekulare Dimensionen
  (nm-Bereich) annähern zu können und einen Stoffschluß mit den
  starren Fügeteiloberflächen zu ermöglichen.

- In der Klebschicht muß der Klebstoff später ein so geringe
  molekulare Beweglichkeit haben, daß er Zug-, Scher- und
  Schälkräfte übertragen kann, d.h. sich im technischen Sinne
  wie ein Festkörper verhält.

Diese Grundforderungen lassen sich durch das Beispiel des Ein-
bringens von Wasser zwischen zwei Glasplatten in einer dünnen
Schicht veranschaulichen. Dabei führt die molekulare Beweglichkeit des Wassers zu guter Annäherung und gute Haftung unter
Zugbeanspruchungen senkrecht zur Klebfläche, während sich die
beiden Glasplatten durch Schubbeanspruchung leicht voneinander
trennen lassen. Wasser ist also kein Klebstoff, es sei denn, es
gefriert nach dem Zusammenfügen. Dann wäre es der Gruppe der

Schmelzklebstoffe, s. Abschn. 5.2.4 zuzurechnen. Da für das
Kleben von thermoplastischen Kunststoffen mit Stahl nur auf
organischen Polymeren basierende Bindemittel in Betracht kommen, ist eine systematische Einteilung der Klebstoffe nach den
Mechanismen zum Erreichen der flüssigen bzw. festen Zustände
naheliegend. Für organische Werkstoffe existieren dazu drei Wege. Der erste und sehr zukunftsträchtige besteht darin, eine
Polymermischung herzustellen, die hoch viskos aber noch eine
Flüssigkeit ist, so daß sie zumindest unter Anpreßdruck sich
den Konturen der zu verklebenden Festkörper anpaßt und damit
zum Stoffschluß führt. Sie kann jedoch gleichzeitig aufgrund
ihrer hohen Viskosität nach dem Verpressen in bestimmten Umfang
Scherkräfte übertragen, die durch molekulare Umlagerungen beim
Verpressen noch erhöht werden können. Man bezeichnet diese
nichthärtenden Systeme als sogenannte Haftklebstoffe, die uns
insbesondere durch Heftpflaster, Etiketten usw. wohl vertraut
sind.

Die zweite Möglichkeit besteht darin, bei Raumtemperatur feste
Polymere durch Zugabe von Flüssigkeiten zu lösen bzw. zu dis-
pergieren oder sie durch Zufuhr von Wärme in einen niedrigvis-
kosen Zustand zu überführen. Diese Gruppe bezeichnet man als
physikalisch abbindende Klebstoffe, die im ausgehärteten Zustand
normalerweise thermoplastische oder elastomere Struktur haben.
Deshalb ist ihre Wärme- und Lösungsmittelbeständigkeit begrenzt.

Die dritte Möglichkeit besteht darin, als Klebstoff zunächst
niedrig molekulare und damit viskose Substanzen zu verwenden,
die nach der Benetzung der Fügeteile durch chemische Reaktionen
in einen hochmolekularen, meist räumlich vernetzten, festen
Zustand übergehen. Man bezeichnet dementsprechend diese Klebstoffgruppe als chemisch abbindende Klebstoffe.

Allerdings reicht diese Klassifikation heute zur Erfassung aller
verfügbaren Klebstoffsysteme nicht mehr aus, da man zunehmend
dazu übergeht, physikalische und chemische Härtungsmechanismen
miteinander zu verbinden. Daher ist es zweckmäßig, bei einer
Klebstoffklassifikation eine Zwischengruppe, der sog. physikalisch und chemisch härtenden Klebstoffe einzuführen.

Tabelle 5.1. Übersicht über die Klebstoffe für das Verbinden von thermoplastischen Kunststoffen mit Metallen

Art der Aushärtung	Klebstoffart	Typisches Basisharz (Beispiel)	Charakteristische Eigenschaften
1. Keiner	Haftklebstoffe	EVA	Schnelle Verarbeitung umweltfreundlich
2. Physikalische Verfestigung	Kontaktklebstoffe	Neoprenkautschuk	Einfache Verarbeitung Niedriger Preis Lösungsmittelhaltig
	Klebdispersionen	ähnlich Kontaktkl.	Einfache Verarbeitung Lange Ablüftzeit Lösungsmittelgehalt sehr gering
	Heißsiegelkleb- stoffe	PVC-Copolymere	Schnelle Verarbeitung Energie zur "Aktivierung" erforderlich Lösungsmittelhaltig Dispersion in Wasser möglich
	Schmelzklebstoffe	Polyamid	Sehr schnelle Verar- beitung Lösungsmittelfrei
3. Physikalisch und chemische Verfestigung	Klebstoffe mit Nachvernetzung	Silan-vernetzte Polyester	In Entwicklung
	Kontaktklebstoffe mit Härterzusatz	Neoprenkautschuk m. Isocyanathärtern	Einfache Verarbeitung Niedriger Preis Lösungsmittelhaltig
	Schmelzklebstoffe mit Nachvernetzung	PUR, EP	Sehr schnelle Verar- beitung Lösungsmittelfrei
4. Chemische Reaktionen (Polyreaktion)			
Nach Mischen von verschiedenen Komponenten	2- und Mehrkompo- nenten Klebstoffe	EP, PU, UP	Aufwendige Verarbeitung Hoher Preis Lösungsmittelfrei Reaktive Ausgangs- substanzen Keine Wärmezufuhr für Härtung nötig
Durch Wärmezufuhr	1-Komponenten- Reaktionsklebst.	EP, Phenolharz	Höchste Beanspruch- barkeit aller Klebstoffe Hoher Preis Lösungsmittelfrei Weniger reaktive Substanzen im unge- härteten Zustand in im Vergleich zu 2K-Systemen
Durch Bedingungen, die nur in der Klebfuge herrschen	Schnellhärtende 1-Komponenten- klebstoffe	Cyanacrylate, Acrylsäurediester	Schnelle Verarbeitung Hoher Preis Reaktive Ausgangs- substanzen Keine Wärmezufuhr

Die folgenden Beschreibungen der einzelnen Klebstoffgruppen
folgen im Wesentlichen einer VDI-Richtlinie $\underline{/5.1/}$. Weitere
Informationen liefert die Literaturstelle $\underline{/5.2/}$. Tabelle 5.1
enthält eine Übersicht der Klebstoffgruppen.

5.1 Nichtabbindende Klebstoffe

Hierbei sind beim und nach dem Kleben keine stofflichen Veränderungen notwendig.

5.1.1 Haftklebstoffe

Diese Bindemittel sind vor und nach dem Kleben hochviskose
Newton'sche Flüssigkeiten und basieren auf lösungsmittelfreien
Mischungen aus Kautschuken oder Ethylenvinylacetaten. Wegen der
hohen Viskosität erfordern sie während des Klebprozesses kurzzeitigen relativ hohen Anpreßdruck. Soweit man bisher weiß,
entstehen zwischen Haftklebstoffen und Festkörperoberflächen
nur bedingt physikalische und keine chemischen adhäsiven Bindungen. Sie haften vielmehr ähnlich wie Saugnäpfe. Dieser Haftmechanismus funktioniert nur, wenn die Fügeteile nicht porös
sind. Andererseits funktioniert dieser Haftmechanismus auch auf
sonst nicht klebbaren Kunststoffen ohne besondere Oberflächenvorbehandlung. Die Funktionsfähigkeit der Haftklebstoffe bleibt
nur solange erhalten, solange das Polymergemisch im Newton'schen
Sinne eine Flüssigkeit bleibt. Unkontrollierte Nachvernetzungen
führen zur Lösung der Klebung.

a. Leistungsfähigkeit:
Haftklebstoffe haben heute eine erstaunlich hohe technische
Leistungsfähigkeit erreicht. Ihre Alterungsbeständigkeit gegen
feuchtwarme Klimate ist gut, ihre Scher- und Schälfestigkeit
naturgemäß verhältnismäßig klein, da die Klebschicht eine Flüssigkeit bleibt.

b. Konstruktive Aspekte:
Die Spaltüberbrückbarkeit von Haftklebstoffen ist verhältnismäßig klein. Zur Überbrückung größerer Spalten oder zum Aus-

gleich von unterschiedlichen Klebschichtdicken verwendet man
daher sogenannte Trägerwerkstoffe auf die die Haftklebstoffe
beidseitig aufgetragen werden. Diese Trägerwerkstoffe sind mitunter Schwachstellen der Klebungen. Haftklebstoffe können nur
dort eingesetzt werden, wo zumindest kurzzeitig hoher Anpreßdruck realisiert werden kann, weshalb sie für Rohrverbindungen
beispielsweise nicht einsetzbar sind.

c. Fertigungstechnische Aspekte:
Abgesehen von der Notwendigkeit eines kurzzeitigen hohen An-
preßdruckes lassen sich Haftklebstoffe außerordentlich einfach
verarbeiten. Ein Verschieben der Fügeteile nach dem Anpreßdruck
ist jedoch nicht mehr möglich. Die Positionierung der Fügeteile
muß also exakt sein. Haftklebstoffe enthalten keine niedrigmolekularen Substanzen (z.B. auch Lösungsmittel). Damit sind sie
umweltfreundlich und physiologisch unbedenklich.

d. Anwendungsbeispiele:
Ankleben von Zierleisten an PKW's. Einkleben von Verkleidungs-
materialien in Fahrzeugen.

5.2 Physikalisch härtende Klebstoffe

Unter der Gruppe der physikalisch abbindenden Klebstoffe werden
nur diejenigen aufgeführt, die zum Verbinden von thermoplastischen Kunststoffen mit Stahl heute gebräuchlich sind.

5.2.1 Kontaktklebstoffe

Es handelt sich hierbei um in organischen Lösemitteln gelöste
Polymere. Sie können als Flüssigkeiten oder Pasten verarbeitet
werden. Kontaktklebstoffe müssen auf beide Fügeteile aufgetragen
werden. Nach dem Klebstoffauftrag muß das Lösemittel aus den
beiden Klebschichten weitgehend verdampfen. Nach Ablauf dieser
sogenannten offenen Zeit werden die Fügeteile mit den fast
"trockenen" Klebschichten miteinander verpreßt, wobei die oberen

Moleküllagen der Klebschichten ineinander diffundieren und so
die Verbindung herstellen. Nach dem Verpressen kann die Verbindung sofort Kräfte übertragen, wobei molekulare Umordnungen
über längere Zeiten jedoch zu noch höherer Festigkeit führen.

a. Leistungsfähigkeit:
Kontaktklebstoffe sind im ausgehärteten Zustand Thermoplaste,
weshalb ihre Wärmebeständigkeit und Lösemittelbeständigkeit begrenzt ist. Verglichen mit chemisch reagierenden Systemen ist
die Scherfestigkeit und Kriechfestigkeit verhältnismäßig klein.
Die Beständigkeit der Adhäsion zu Metalloberflächen ist oft
nicht befriedigend, kann aber durch Haftvermittler verbessert
werden.

b. Konstruktive Aspekte:
Wegen des erforderlichen Anpreßdrucks lassen sich räumlich geschlossene Klebungen mit Kontaktklebstoffen nicht herstellen.

c. Fertigungstechnische Aspekte:
Kontaktklebstoffe lassen sich ohne Schwierigkeiten großflächig
und in dünnen Schichten sehr gleichmäßig durch Spritzen, Gießen
oder ähnliches auftragen. Ihr wesentlichster Nachteil ist der
hohe Gehalt an organischen Lösemitteln, der bis zu 90 % des gesamten Klebstoffgewichtes betragen kann. Bei der Verarbeitung
größerer Mengen von Kontaktklebstoffen sind daher Arbeits- und
Umweltschutzmaßnahmen zwingend erforderlich. Der hohe Lösemit-
telgehalt wird den Gebrauch dieser an sich einfach verarbeitbaren Klebstoffgruppe in Zukunft erheblich einschränken.

d. Anwendungsbeispiele:
Einkleben von Verkleidungen in Fahrzeugen, Herstellung von Verbundplatten z.B. für Isolierzwecke.

5.2.2 Klebdispersionen

Das Lösemittelproblem der Kontaktklebstoffe läßt sich dadurch
umgehen, daß man makromolekulare Verbindungen in geeigneten
Trägersubstanzen dispergiert, wobei als wichtigstes Dispersions-

mittel Wasser mit sehr geringen Lösemittelanteilen dient. Die wäßrige Polymerdispersion wird auf eines oder beide Fügeteile aufgetragen und anschließend das Wasser verdampft. Im Anschluß daran werden die Fügeteile wiederum unter hohen Anpreßdruck zusammengefügt, wobei zwischen den polymeren Bestandteilen Diffusionsprozesse ablaufen, die zu einer homogenen Klebschicht führen.

a. Leistungsfähigkeit:
Die Leistungsfähigkeit von Dispersionsklebstoffen ist derjenigen der Kontaktklebstoffe ähnlich.

b. Konstruktive Aspekte:
Ähnlich denen der Kontaktklebstoffe.

c. Fertigungstechnische Aspekte:
Ein wesentlicher Nachteil der Dispersionsklebstoffe im Vergleich mit Kontaktklebstoffen ist die relativ lange Zeit zum Abdampfen des Wassers aus den Klebschichten. Diese langen "offenen" Zeiten, lassen sich in Großserienfertigungen schwer realisieren. Eine Beschleunigung läßt sich durch Zufuhr von Wärme erreichen, so daß die Klebdispersionen in zunehmendem Maße die heute noch gebräuchlichen Kontaktklebstoffe ersetzen dürften. Ein fertigungstechnischer Vorteil gegenüber den Kontaktklebstoffen besteht darin, daß nach Abdampfen des Wassers die milchigen Klebschichten transparent werden, wodurch das Ende der offenen Zeit leicht zu erkennen ist.

d. Anwendungsbeispiele:
Einkleben von Verkleidungen in Fahrzeugen, Herstellung von Verbundplatten z.B. für Isolierzwecke.

5.2.3 Heißsiegelklebstoffe

Bei diesen Bindemitteln handelt es sich um thermoplastische Kunststoffe, z.B. PVC-Derivate, die im Anlieferungszustand in organischen Lösemitteln gelöst oder auch in Wasser dispergiert sind. Sie lassen sich großflächig und schnell auf die Fügeteile

auftragen und verfestigen sich dort nach Abdampfen des Lösungs-
oder Dispergierungsmittels. Die so beschichteten Klebflächen
sind längere Zeit lagerfähig. Der eigentliche Klebvorgang besteht darin, daß die beidseitig oder nur auf einer Fügeteilseite
beschichteten, zu verklebenden Gegenstände an ihrer Oberfläche
erwärmt werden, bis die Klebschicht in einen weichen Zustand
übergeht. In diesem Zustand werden die Fügeteile kurzzeitig
miteinander verpreßt und sofort wieder abgekühlt.

a. Leistungsfähigkeit:
In ihrer Leistungsfähigkeit entsprechen Heißsiegelklebstoffe
etwa den Kontaktklebstoffen. In ausgehärteten Zustand haben
sie sehr hohe Verformbarkeit.

b. Konstruktive Aspekte:
Wegen des erforderlichen Apreßdrucks eignen sich Heißsiegel-
klebstoffe vorzugsweise zur Anfertigung von flächigen Klebungen.
Wichtigstes Anwendungsgebiet von Heißsiegelklebstoffen ist die
Kaschiertechnik.

c. Fertigungstechnische Aspekte:
Heißsiegelklebstoffe lassen sich zeitlich und örtlich unabhängig voneinander auftragen und verkleben. Die Verarbeitungsge-
schwindigkeit sowohl beim Auftrag als auch beim Verkleben kann
sehr hoch liegen. Deshalb werden sie vorzugsweise auch zur
Folienbeschichtung von Bandstahl mit Klebgeschwindigkeiten von
20 m/min und mehr verwendet. Als Nachteil muß hier wieder der
sehr hohe Gehalt an organischen Lösemitteln in den meisten
Systemen genannt werden.

d. Anwendungsbeispiele:
Kaschierung von Metall mit Kunststoffolien (coil coating),
Herstellung von Metall-Kunststoffzierleisten für PKW.

5.2.4 Schmelzklebstoffe

Zu den ältesten und sehr schnell verarbeitbaren Klebstoffen
zählen die Schmelzklebstoffe. Es sind lösemittelfreie thermo-

plastische oder auch elastomere (teilvernetzte) Polymere auf
der Basis von Ethylenvinylacetaten, linearen Polyestern oder
Polyamiden. Die Klebstoffe werden in festem Zustand angeliefert
und können entweder als Folien oder Pulver zwischen die Fügeteile gebracht werden, die anschließend auf Schmelztemperatur
der Bindemittel unter Kontaktdruck gebracht werden müssen und
sofort wieder abzukühlen sind. Eine andere Möglichkeit besteht
darin, die Schmelzklebstoffe aus heizbaren Auftraggeräten auf
die nicht oder mäßig erwärmten Fügeteile einseitig oder zweiseitig aufzutragen und diese sofort zusammenzufügen.

a. Leistungsfähigkeit:
Die Leistungsfähigkeit der Schmelzklebstoffe ist in den letzten
Jahren erheblich gestiegen. Dies gilt sowohl hinsichtlich ihrer
Wärmebeständigkeit als auch hinsichtlich ihrer Widerstandfähig-
keit gegen schädigende Umwelteinflüsse. Verglichen mit Reaktions-
klebstoffen ist die Festigkeit etwas kleiner. Bezüglich der
Verarbeitung von Heißschmelzklebstoffen in Thermoplast-Metall-
verbindungen setzt deren Einsatz die Wärmebeständigkeit der
Kunststoffügeteile eine obere Grenze.

b. Konstruktive Aspekte:
Bei der Verwendung von Schmelzklebstoffen bereitet lediglich
die Größe der Klebungen mitunter Schwierigkeiten, da zwischen
Klebstoffauftrag und Zusammenfügen bei Verwendung von Schmelz-
pistolen nur wenig Zeit verbleibt.

c. Fertigungstechnische Aspekte:
Schmelzklebstoffe sind lösemittelfrei, damit Umweltfreundlich
und physiologisch unbedenklich. Schmelzklebstoffe können extrem
schnell verarbeitet werden. Beim Kleben größerer Metallteile
müssen diese u.U. vorgewärmt werden.

d. Anwendungsbeispiele:
Herstellung von Wandelementen für Wohnwagen, Schuhindustrie.

5.3 Physikalisch und chemisch härtende Klebstoffe

Der Nachteil aller nicht abbindenden oder physikalisch abbindenden Klebstoffe besteht darin, daß die fertige Klebschicht im thermoplastischen, allenfalls elastomeren Zustand vorliegt und damit ihre Beständigkeit gegen Wärme, Lösemittel und langzeitig einwirkende hohe Kräfte begrenzt ist. Da diese Klebstoffe aber große fertigungstechnische Vorteile besitzen, die Klebungen sofort nach dem Fügen belastbar und zudem verhältnismäßig preiswert sind, bestand Interesse daran, die Klebfestigkeit durch chemische Nachreaktionen in der bereits verfestigten Klebschicht weiter zu verbessern.

5.3.1 Haftklebstoffe mit chemischer Nachvernetzung

Ein wesentlicher Fortschritt wurde erreicht, indem in bestimmten Polyesterharzen, die gute Eigenschaften als Haftklebstoffe haben, eine kontrollierte und großmaschige Nachvernetzung gelang. Damit verlieren diese Harzsysteme zwar makroskopisch ihre Eigenschaften als Newton'sche Flüssigkeit, wodurch die Wärmebeständigkeit der Klebschicht steigt, die Beständigkeit gegen Lösemittel besser und auch die Festigkeit erhöht wird. Andererseits behalten offenbar die Molekülketten zwischen den Vernetzungspunkten die Eigenschaften einer Newton'schen Flüssigkeit, so daß sie den in Kapitel 5.1 erwähnten Haftmechanismus beibehalten /5.3/. Haftklebstoffe mit chemischer Nachvernetzung sind soweit ausgereift, daß sie in weiten Bereichen andere Klebstoffsysteme ersetzen könnten. Dies ist unter physiologischen Aspekten ebenso wie unter denen des Umweltschutzes als erheblicher Fortschritt zu werten.

5.3.2 Kontaktklebstoffe mit chemischer Nachvernetzung

Einer großen Zahl von Kontaktklebstoffen kann man vor dem Klebstoffauftrag härtende Komponenten zufügen, die in der Klebschicht zu einer langsamen Teilvernetzung führen und damit die

Beständigkeit gegen Lösungsmittel und Temperatur sowie mechanische Beanspruchungen erhöhen. Der Reaktionsmechanismus ist so
langsam, daß die Kontaktklebstoffe mit chemischer Nachvernetzung ebenso verarbeitet werden können wie reine Kontaktklebstoffe. Die Klebungen besitzen nach dem Zusammenfügen die Festigkeit reiner Kontaktklebstoffe. Diese steigt dann durch die
langsam ablaufende Nachvernetzung, die bis zu mehreren Tagen
dauern kann.

5.3.3 Schmelzklebstoffe mit chemischer Nachvernetzung

Eine zusätzliche chemische Nachvernetzung ist auch in Schmelzklebstoffen möglich. Hauptvertreter dieser Klebstoffgruppe sind
heute die nachvernetzenden Polyurethane. Sie werden bei relativ
geringen Verarbeitungstemperaturen in die Klebungen eingebracht,
die nach Abkühlen dann eine bestimmte Festigkeit besitzen. Der
Nachvernetzungsvorgang setzt in diesen Systemen durch von außen
eindringende Feuchtigkeit ein. Die Nachvernetzung steigert
wiederum die Festigkeit und Beständigkeit. Eines der wesentli-
chsten Anwendungsgebiete nachvernetzender Schmelzklebstoffe ist
heute die Direktverglasung von Kraftfahrzeugen. Neuentwicklungen
im Gebiet der nachvernetzenden Schmelzklebstoffe sind insbesondere auf Epoxidbasis zu erwarten. Infolge verbesserter Klebfestigkeit und gleichen fertigungstechnischen Vorteilen wie bei
reinen Schmelzklebstoffen könnten nachvernetzende Schmelzklebstoffe in der Zukunft einen großen Teil der klassischen Reaktionsklebstoffe ersetzen, zumal nachvernetzende Schmelzklebstoffe
physiologisch und umwelttechnisch keine Probleme bereiten.

5.4 Chemisch härtende Klebstoffe

Ein weiterer genannter Weg für die Umwandlung molekular beweg-
lich/fest besteht darin, als Klebstoffe Substanzen zu verwenden,
die zunächst in niedrigmolekularem Zustand auf die Fügeteile
aufgetragen werden und nach dem Zusammenfügen der Fügeteile
durch chemische Reaktionen zwischen den Molekülen in eine hoch-

molekulare, meist sogar räumlich vernetzte Substanz übergehen. Klebungen mit diesen Bindemitteln sind deshalb bedeutungsvoll, weil sich mit diesem Abbindemechanismus in der Klebschicht die für organische Werkstoffe höchstmöglichen Festigkeiten und Beständigkeiten gegen Wärme sowie schädigende Umwelteinflüsse erreichen lassen. Außerdem trägt die zunächst vorhandene hohe Reaktivität der niedrigmolekularen Bestandteile zu einem hohen Anteil chemischer Bindungen im Grenzschichtbereich zu den Fügeteilen bei, was ebenfalls als Vorteil gewertet werden muß.

Bei chemisch reagierenden Klebstoffen sind trotz ihrer zunächst bestechenden Vorteile zwei wesentliche Nachteile zu berücksichtigen. Einerseits hat das kleine Molekulargewicht und die hohe chemische Reaktivität der Komponenten in ungehärteten Zustand physiologische und auch umwelttechnische Konsequenzen, da aus den ungehärteten Klebstoffsubstanzen teilweise Bestandteile unkontrolliert verdampfen können. Bei der Verarbeitung dieser Systeme sind daher entsprechende Schutzmaßnahmen erforderlich, zumal einige Komponenten, beispielsweise Amin- oder Isocyanathärter als gefährliche Stoffe eingestuft sind. Zum anderen muß die Polyreaktion in der Klebschicht unter chemisch ungünstigen Bedingungen ablaufen und nach Zusammenfügen der Fügeteile möglichst schnell einsetzen. Erreichen läßt sich dies auf drei Wegen. Entweder man mischt reaktionsfähige Komponenten kurz vor dem Klebstoffauftrag, trägt sie bei langsam beginnender Vernetzungsreaktion auf Fügeteile auf, fügt diese zusammen und läßt dann die weitere Reaktion in der Klebschicht ablaufen. Eine zweite Möglichkeit besteht in einer mechanischen Blockierung der Reaktion dadurch, daß eine der reaktionsfähigen Komponenten mikroverkapselt mit der zweiten gemischt wird. Die Blockierung läßt sich dann in der Klebung beispielsweise durch Kapselzerstörung bei hohem Anpreßdruck aufheben, wonach die Härtungsreaktion einsetzt. Ein dritter Weg besteht darin, den Vernetzungsvorgang von chemischer Seite her so zu gestalten, daß er bei Raumtemperatur nicht abläuft, sondern erst oberhalb bestimmter Mindesttemperaturen "anspringt"; man spricht dann auch von thermisch blockierten Systemen.

5.4.1 Zwei- und Mehrkomponenten-Klebstoffe

Bei diesen Systemen werden zu einer Polyreaktion befähigte Komponenten vom Hersteller in getrennten Gebinden geliefert. Sie müssen vor dem Kleben in einem bestimmten Gewichts- oder Volumenverhältnis gut vermischt und danach in einer bestimmten Zeit auf die Fügeteile aufgetragen und diese zusammengefügt werden. Die meisten Zweikomponenten-Klebstoffe härten bei Raumtemperatur in einigen Stunden aus. Bei vielen Systemen, etwa den Epoxidharzen, läßt sich diese Härtungszeit durch Wärmezufuhr verkürzen. Gebräuchlichste Systeme sind heute aminhärtende Epoxide, isocyanathärtende Polyurethane und Acrylate der zweiten Generation, bei denen ein Mischvorgang nicht erforderlich ist. In diesem Fall können die Klebstoffkomponenten auf je eine Fügeteiloberfläche getrennt aufgetragen werden und der Klebstoff härtet nach dem Zusammenfügen in relativ kurzer Zeit aus.

a. Leistungsfähigkeit:
Verglichen mit physikalisch abbindenden Klebstoffen ist die Leistungsfähigkeit von Zwei- und Mehrkomponenten-Reaktionsklebstoffen in der Regel höher. In der letzten Zeit sind durch neuartige Plastifizierungssysteme erhebliche Fortschritte erreicht worden. In Verbund thermoplastischer Kunststoff-Metall sind Zwei- oder Mehrkomponenten-Klebstoffe aus Festigkeits- und Beständigkeitsgründen nicht mehr leistungsbestimmender Faktor für die Verbindung, da die stofflichen Eigenschaften des teilvernetzten Klebstoffs diejenigen der thermoplastischen Fügeteilkomponente im Verbund in der Regel übertreffen.

b. Konstruktive Aspekte:
Konstruktiv sind Zwei- und Mehrkomponenten-Reaktionsklebstoffe die flexibelsten Systeme der Klebtechnik überhaupt, da sie prinzipiell weder Anpreßdruck zum Aushärten erfordern noch irgendwelche Eingrenzungen hinsichtlich der Schichtdicke oder Passgenauigkeit der Fügeteile existieren. Mit Bindemitteln dieser Art lassen sich demnach praktisch alle Verbindungsformen realisieren.

c. Fertigungstechnische Aspekte:
Neben den bereits genannten physiologischen und umwelttechnischen Problemen bereiten in der Fertigung Zwei- und Mehrkomponenten-Klebstoffe einerseits die bereits erwähnten Zeitprobleme bei der Härtung. Zum anderen ist einmal aus umwelttechnischen Gründen aber auch zur Vermeidung von Mischungsfehlern ein automatisierter Fertigungsablauf empfehlenswert, wobei für Dosiereinrichtungen, Mischeinrichtungen und Auftragsgeräte erheblicher investiver Aufwand entstehen kann. Er lohnt sich meist nur in der Großserienfertigung. Hinzu kommt der in der Regel etwa fünf bis zehnmal höhere Klebstoffpreis von reaktiven Systemen in Vergleich zu physikalisch abbindenden.

d. Anwendungsbeispiele:
Fertigung von Kunststoff-Metallklebungen im Möbelbau. Fertigung von Aluminium-Kunststoffstrukturen als tragende Fahrzeugteile (Chassis).

5.4.2 Einkomponenten-Klebstoffe, die mit Energiezufuhr härten

Bei diesen Systemen liegt eine chemisch reaktionsfähige Präpolymermischung im pastösen, flüssigen, film- oder pulverförmigen Zustand vor. Nach Zusammenfügen härtet dieses Gemisch dann bei mechanisch blockierten Systemen nach Aufbringen von Anpreßdruck und bei thermisch blockierten Systemen nach Einbringen entsprechender Aushärtetemperaturen in wenigen Minuten bis zu einer Stunde aus. Mischvorgänge sind nicht erforderlich und Topfzeitüberschreitungen können nicht auftreten. Bei warmhärtenden Einkomponenten-Systemen wird auch auf nicht gut gereinigten oder vorbehandelten Oberflächen oftmals gute Adhäsion erreicht, weil der Klebstoff beim Erwärmungsprozeß relativ niedrig viskos werden kann und dann Verunreinigungen verdrängt bzw. chemisch einbaut. Wichtige Einkomponenten-Klebstoffe basieren auf Epoxiden, Polyurethanen, Phenol und hochwarmfesten Polyimiden.

a. Leistungsfähigkeit:
Mit warmhärtenden Einkomponenten-Klebstoffen läßt sich heute die höchste Leistungsfähigkeit erreichen. Dies gilt sowohl

hinsichtlich Festigkeit als auch bezüglich der Wärmebeständigkeit und des Langzeitverhaltens. Die Qualität der Klebschichten
mit Einkomponenten-Reaktionsklebstoffen ist bezüglich der
Adhäsions- und Kohäsionsstabilität oft höher als zum Verbinden
thermoplastischer Kunststoffe mit Metall erforderlich.

b. Konstruktive Aspekte:
Einkomponenten-Klebstoffe besitzen die vergleichbare Flexibilität wie Zwei- und Mehrkomponenten-Klebstoffe, wobei allerdings
die Wärmebeständigkeit der thermoplastischen Fügeteile bei notwendigen Härtetemperaturen von 120 und mehr °C für den Klebstoff ein begrenzender Faktor sein kann.

c. Fertigungstechnische Aspekte:
Fertigungstechnisch bieten Einkomponenten-Klebstoffe im Vergleich zu Zwei- und Mehrkomponenten Klebstoffen, wie bereits
erwähnt, größere Sicherheit, da Mischvorgänge entfallen und
Topfzeitprobleme nicht existieren. Die Wärmezufuhr für die Aushärtung kann auf verschiedenem Wege geschehen. So lassen sich
einerseits die gesamten Klebungen bzw. zu klebenden Bauteile
erwärmen. Es ist aber auch möglich, die metallischen Fügeteile
z.B. durch Induktionsströme nur örtlich im Bereich der Klebfuge
gezielt aufzuheizen. Härtezeit und Härtetemperatur hängen bei
vielen Systemen voneinander ab, so daß sich bei entsprechender
Erhöhung der Härtetemperatur die Härtezeiten und damit die gesamten Verarbeitungszeiten bis in den Sekundenbereich herabsetzen
lassen. Im Vergleich zu Zwei- und Mehrkomponenten-Klebstoffen
ist die Umweltverträglichkeit und die Gefährdung der Arbeits-
plätze bei Einkomponentensystemen kleiner.

d. Anwendungsbeispiele
Befestigung von Längsversteifungen im Flugzeugbau, Produktion
von Metallskiern.

5.4.3 Einkomponenten-Klebstoffe, die ohne Energiezufuhr härten

Eine Sondergruppe der Einkomponenten-Klebstoffe sind diejenigen,
die ohne gezielte Eingriffe nach Auftragen und Zusammenfügen

der Verbindungspartner in der Klebfuge "von alleine" aushärten. Auslöser für kurzzeitige Aushärtungsvorgänge sind entweder aus der Umwelt adsorbierte Feuchtigkeit an den Fügeteilen oder der im Klebstoff herrschende Luftabschluß durch die Fügeteile. Basis dieser beiden Klebstofftypen sind Cyanacrylate und Diacrylsäureester. Eine weitere Gruppe basierend auf Silikonen und Polyurethanen härtet durch Einwirkung von Feuchtigkeit aus der Umgebung relativ langsam aus.

a. Leistungsfähigkeit
Cyanacrylate vernetzen nur thermoplastisch. Damit ist ihre Wärme- und Lösemittelbeständigkeit kleiner als bei anderen Reaktionsklebstoffen. Darüberhinaus sind sie spröde und damit schlagempfindlich. Die Acrylsäureester erreichen höhere Festigkeiten und bessere Schlageigenschaften, ebenso wie bei Cyanacrylaten bewegt sich ihre Spaltüberbrückbarkeit jedoch im Bereich von 0,1 mm. Die Härtungszeiten dieser beiden Systeme sind kurz. Längere Härtungszeiten weisen feuchtigkeitshärtende Silikone und Polyurethane auf. Die Härtungsdauer bewegt sich im Stunden- oder Tagebereich. Acrylatklebstoffe sind teuer, weswegen sie nur bei kleinen Klebflächen verwendet werden.

b. Konstruktive Aspekte
Bis auf die geringe Spaltüberbrückbarkeit vergleichbar mit Zwei- und Mehrkomponenten-Klebstoffen.

c. Fertigungstechnische Aspekte:
Vergleichbar mit Einkomponenten-Klebstoffen.

d. Anwendungsbeispiele:
Befestigen von Kleinteilen in der Elektroindustrie. Sicherung von hochgespannten Schraubverbindungen (einzige Möglichkeit).

5.5 Zukünftige Entwicklungen

Einige Entwicklungsrichtungen sind bereits bei der Beschreibung der verschiedenen Klebstoffgruppen angedeutet worden. Besondere Chancen im industriellen Großeinsatz werden Haftklebstoffe und

Schmelzklebstoffe mit chemischer Nachvernetzung haben, weil sie
die fertigungstechnischen Vorteile physikalisch abbindender
Systeme oder garnicht abbindender Systeme mit der Leistungsfähigkeit chemisch reagierender Systeme verbinden können. Außerdem ist ihre Gefährlichkeit für Umwelt und Mensch kleiner als
die der reaktiv härtenden Klebstoffe.

Fragen des Arbeitsplatzschutzes und des Umweltschutzes werden
in Zukunft mehr als bisher die Entwicklungen neuer Klebstoffe
dominieren. Einige Wege dahin sind erkennbar. Erwähnt wurde in
Abschn. 6.4 bereits die Möglichkeit, auch bei Reaktionsklebstoffen einen Teil der chemischen Reaktionen gewissermaßen aus
der Klebfuge zum Klebstoffhersteller zu verlagern und damit zu
höhermolekularen Ausgangskomponenten zu gelangen, aus denen
keine schädlichen Stoffe austreten können. Ein weiterer Weg besteht aber wohl auch darin, auf chemische Reaktionen beim Ab-
binden zunehmend zu verzichten und Umlagerungen der Polymer-
moleküle ähnlich denen in "flüssigen Kristallen" zur Verfestigung gezielt zu nutzen.

Der ebenfalls erkennbare Trend zur Steigerung der Warmfestigkeit insbesondere von chemisch härtenden Systemen ist unter dem
Aspekt der hier betrachteten thermoplastischen Fügeteile nicht
so wichtig, wie dies beispielsweise beim Metallkleben der Fall
ist.

Charakteristisch für zukünftige Entwicklungen wird aber sein,
daß man aus dem bisher bei der Klebstoffherstellung noch herr-
schenden Stadium der Empirie in das der systematischen Optimierung gelangen wird. Dies gilt sowohl hinsichtlich der mechanischen Eigenschaften der Klebstoffe, als auch hinsichtlich der
Adhäsionseigenschaften zu bestimmten Fügeteiloberflächen. Das
bisherige Bemühen, alle geforderten Eigenschaften in einer Substanz, dem Klebstoff zu verwirklichen, wird man vielleicht zunehmend aufgeben, weil es zu Kompromissen zwingt. Zumindest
lassen sich die Funktionen "Adhäsion" und "Kohäsion" ohne
Schwierigkeiten trennen, wenn man Haftvermittler einführt und
den damit verbundenen Mehraufwand durch geeignete fertigungstechnische Maßnahmen herabsetzt.

6 Durchführung des Klebens

G. Moniatis

Die Faktoren, die auf die Durchführung des Klebens Einfluß nehmen können, sind sehr zahlreich. Sie hängen, wie Bild 6.1 zeigt,
von den Werkstoffen, der Fügebereichsgestaltung sowie den Anforderungen an die Fertigung und das Bauteil ab.

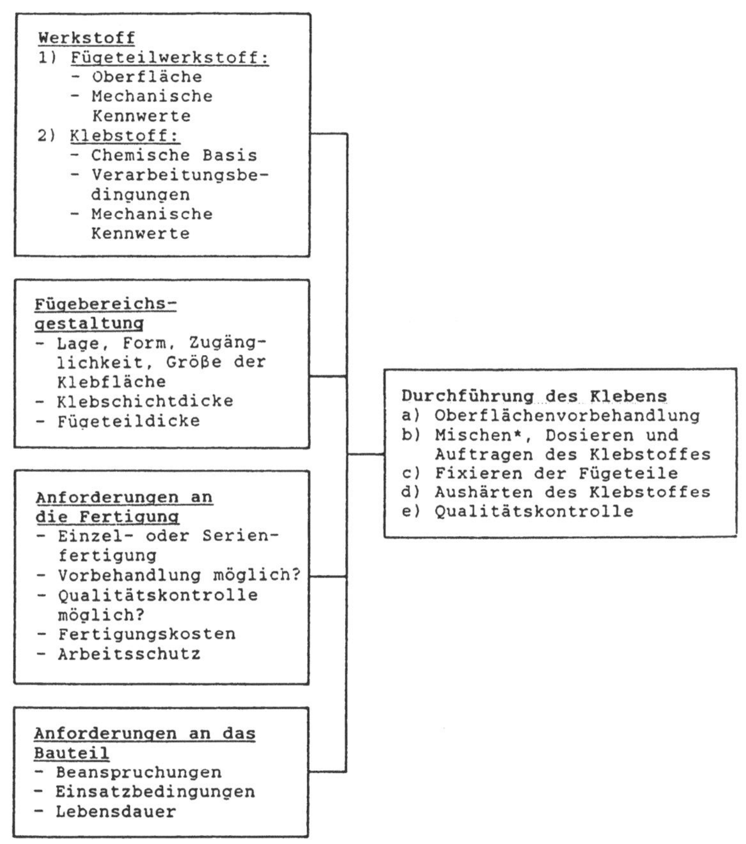

*Bei mehrkomponentigen Systemen

Bild 6.1. Einflußfaktoren auf die Durchführung des Klebens

6.1 Herstellungszustand und Vorbehandlung der Kunststoffügeteile

L. Dorn, W. Wahono

Aufgrund der schlechten Adhäsionseigenschaften von Klebstoffen
auf vielen Kunststoffen ist es oft notwendig, eine Vorbehandlung
des Kunststoffes vor dem Kleben durchzuführen. Durch gezielte
Oberflächevorbehandlung können Kunststoffoberflächen so verändert werden, daß sie vom Klebstoff besser benetzt und höhere
Klebfestigkeiten erreicht werden. In Tabelle 6.1 ist die Klebeignung einiger Thermoplaste dargestellt [6.1]. Der Maßstab für
die Klebeignung ist dabei ihre Eignung für das konstruktive Kleben, d.h. für Klebungen mit höherer mechanischer, thermischer
und chemischer Belastbarkeit.

Tabelle 6.1. Überblick über die Klebeignung einiger Thermoplaste

Kunststoff	Adhäsionskleben mit Reaktionsklebstoffen	
	ohne Oberflächen- vorbehandlung	mit Oberflächen- vorbehandlung
PVC	+	+
PE	−	+
PP	−	+
PB	−	+
PS	−	+
ABS	+	+
POM	−	+
PTFE	−	+
PA	O	+
PC	+	+

+ geeignet   − ungeeignet   O bedingt geeignet

6.1.1 Lieferzustand der Kunststoffügeteile

H. Elsner

Das Eigenschaftsbild und die morphologische Struktur von Formteilen aus Thermoplasten hängt sowohl von der chemischen Zusammensetzung des Werkstoffes, als auch vom Fertigungsverfahren und
den Fertigungsbedingungen des Teiles ab.

Kunststoffe stellen immer ein System von verschiedenen Substanzen dar, wobei eine Reihe von Zuschlagstoffen die Eigenschaften der Makromoleküle stark beeinflussen. Diese Additive dienen dazu, den chemischen Abbau zu verhindern (Stabilisierung), die Fließfähigkeit während der Verarbeitung zu verbessern (innere, äußere Gleitmittel), die mechanischen Eigenschaften nach Bedarf zu variieren (Weichmacher, Schlagzähigkeitsverbesserer, Verstärkungsmittel, Füllstoffe) , die Entformung bei der Fertigung zu verbessern (Trennmittel) und das optische Erscheinungsbild zu beeinflussen (Farbstoffe, Pigmente).

Die Fertigung der Kunststoffügeteile aus Thermoplasten erfolgt hauptsächlich mit den Urformverfahren Spritzgießen und Extrusion. Der fertig vorliegende Thermoplast wird in einer Schneckeneinheit mit Erwärmung plastifiziert und homogenisiert. Beim Spritzgießverfahren wird der Thermoplast über ein Angußsystem in ein geschlossenes Werkzeug eingespritzt, dabei zum Formteil geformt und nach der Abkühlung entnommen. Bei der Extrusion wird der plastifizierte Thermoplast durch ein offenes Werkzeug, die Düse, hindurchgedrückt und erstarrt durch Kühlen frei oder unter Formzwang zum Profilstrang.

Beim Spritzgießen wird die Morphologie der Kunststoffteile durch Parameter wie Masse- und Werkzeugtemperatur, Einspritzgeschwindigkeit und -druck, Nachdruckhöhe und -dauer, sowie durch fließtechnische Gestaltung des Formteils, Lage und Geometrie des Angußsystems und Lage und Auslegung des Temperiersystems beeinflußt. Bei der Extrusion sind Masse- und Werkzeugtemperatur, Schneckendrehzahl, Abzugsgeschwindigkeit und fließtechnische Auslegung des Werkzeugs entscheidend für die Qualität der Teile.

In Abhängigkeit von den gewählten Komponenten, dem Fertigungsverfahren und den Fertigungsparametern treten Inhomogenitäten im Formteil auf, die eine Vorhersage der Oberflächeneigenschaften erschweren. Dies können sowohl Werkstoff-, als auch Zustands- und Morphologie-Inhomogenitäten sein. Die Wanderung niedermolekularer Additive an die Formteiloberfläche, oder die Anlagerung von Trennmitteln, kann die Haftfähigkeit zusätzlich beeinträchtigen.

Bei teilkristallinen Thermoplasten sind die Einflüsse der Fertigungsparameter besonders ausgeprägt, da die Kristallisation stark von Themperatur, Druck und Scherung abhängt. Die rasche

152

Abkühlung bei Berührung mit der kalten Werkzeugwand verhindert
die Kristallisation, sodaß eine amorphe Randschicht entsteht und
die Kristallisation zur Formteilmitte hin unter verschiedenen
Bedingungen erfolgt. In der Zone zwischen erstarrter Randschicht
und schmelzeflüssigem Kern treten, je nach Fertigungsparametern,
Scherorientierungen durch den Fließvorgang beim Einspritzen auf.
Besonders bei amorphen Thermoplasten führen diese durch Scherung
aufgebauten Orientierungen zu inneren Spannungen (Eigenspannungen), die z.B. bei Erwärmung freigesetzt werden und zu Deformationen führen können.

Bei der Extrusion tritt in der Düse nur das durch die geometrie
abhängige Druckströmung bedingte Schergefälle auf, sodaß Orientierungen und morphologische Unterschiede hauptsächlich auf Ab-
kühlbedingungen und Abzugsgeschwindigkeiten zurückzuführen sind.

Um eine hohe Verbundfestigkeit zu erreichen, müssen an die Fertigung des Formteils und die Wahl des Werkstoffsystems hohe spe-
zifische Anforderung gestellt werden, sodaß die die Klebbarkeit
beeinflussenden Eigenschaften optimal sind. So dürfen Additive
nur eine sehr geringe Wanderungsneigung aufweisen und die Entformung muß ohne Hilfsstoffe möglich sein. Weiterhin gilt es, durch
geeignete Wahl der Vorbehandlungsmethode und des Klebstoff-
systems, Einflüsse des Fertigungsverfahrens zu minimieren.

Mit Hilfe von lückenlosen Fertigungsprotokollen lässt sich die
Fügeteilqualität, die Notwendigkeit der Vorbehandlung und das
damit verbundene Verhalten im Klebprozeß und bei der Bauteil-
anwendung einschätzen. Für eine gleichbleibende Produktqualität
muß weitgehende Fertigungsintegration gefordert werden, d.h.
Fügeteilfertigung, Vorbehandlungs- und Klebprozeß müssen
möglichst eng miteinander verknüpft werden.

6.1.2 Vorbehandlung der Kunststoffoberfläche

R. Bischoff, W. Wahono

Zur Klebflächenvorbehandlung steht eine Reihe von Verfahren zur
Verfügung, die in Bild 6.2 eingetragen sind. Alle Verfahren haben grundsätzlich das Ziel, die Adhäsionseigenschaften der zu
verklebenden Oberfläche zu verbessern.

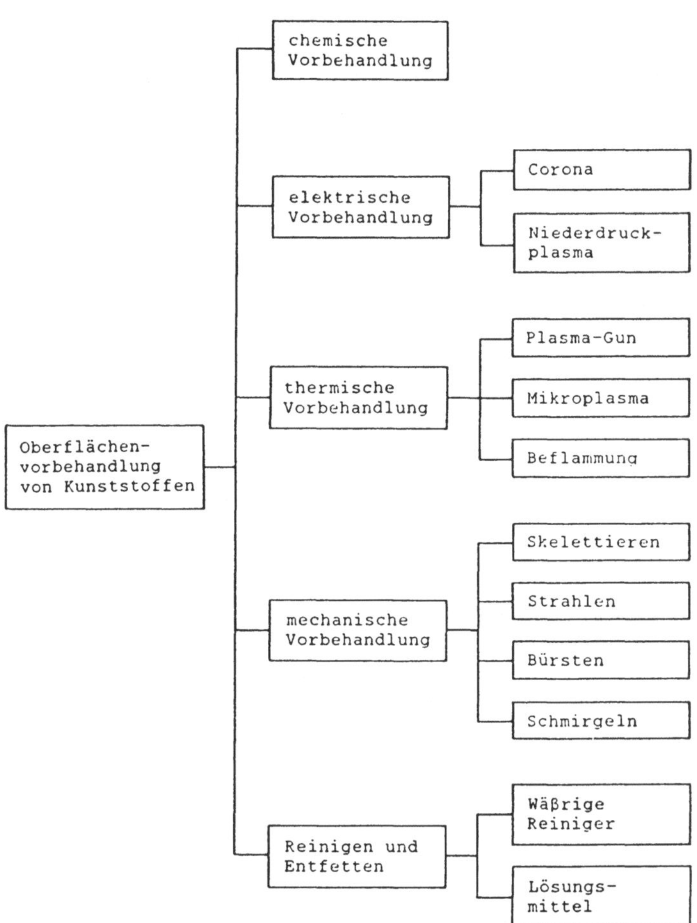

Bild 6.2. Verfahren zur Klebflächenvorbehandlung von Kunststoffen

Reinigen und Entfetten

Dieses Verfahren ist als Grundvoraussetzung für die Herstellung einer einwandfreien Klebung anzusehen. Unabhängig davon, wie groß die Beanspruchung der Klebung ist und ob anschließend eine weitere Oberflächenvorbehandlung durchgeführt wird oder nicht, sind Verunreinigungen an der Kunststoffoberfläche, wie Öl, Fett, Schmutz und Formtrennmittel vor dem Kleben zu entfernen. Kunststoffe, die nach ihrem chemischen Aufbau klebgeeignet erscheinen, können durch evtl. Verunreinigungen schlechte Klebfestigkeiten aufweisen.

154

Zum Reinigen und Entfetten von Kunststoffoberflächen finden unter anderem Lösemittelreiniger und wäßrige Reiniger Anwendung [6.2]. Die ersteren haben den Vorteil des sehr hohen Lösevermögens für viele organische Verbindungen. Als Nachteile sind die Gesundheits-, Brand- und Explosionsgefahren sowie die Umweltbelastung zu nennen. Bei der Wahl des geeigneten Lösemittels muß darauf geachtet werden, daß der Kunststoff keine negativen Veränderungen, wie z.B. Anlösung oder Quellung, erfährt.

Von wäßrigen Reinigern wird der alkalische Reiniger vielfach verwendet, da dieser für alle Kunststoffe eingesetzt werden kann. Gute Reinigungswirkungen sind jedoch bei erhöhten Behandlungstemperaturen mit nachfolgendem Spülen und Trocknen zu erreichen.

Bereits nach dem Entfetten lassen sich manche Kunststoffe gut verkleben. So weisen einschnittig überlappte ABS-Stahl-Klebungen, bei denen die ABS-Fügeteile vor dem Kleben lediglich mit Ethanol entfettet werden, hohe Klebfestigkeiten und Brüche im Kunststoffügeteil auf.

Andere Kunststoffe, wie z. B. PP und PA, zeigen nach dem Entfetten keine deutlich verbesserte Klebfestigkeit, so daß sie anschließend einer weiteren Oberflächenvorbehandlung unterzogen werden müssen.

Mechanische Vorbehandlung
Das einfachste Obeflächenvorbehandlungsverfahen hinsichtlich seiner Durchführbarkeit ist die mechanische Oberflächenvorbehandlung, wie z.B. das Schmirgeln, Bürsten, Strahlen und Skelettieren.

Vor der Behandlung sind die Fügeteile zu reinigen bzw. zu entfetten, da evtl. vorhandene Verunreinigungen sonst auf die gesamte Oberfläche verteilt werden. Die mechanischen Vorbehandlungen sollen so durchgeführt werden, daß anschließend keine Reinigung benötigt wird.

Beim *Schmirgeln* ist darauf zu achten, daß nur saubere und nicht
zu stark abgenutzte Schmirgelleinen verwendet werden, da sonst
das Trägermaterial bzw. der Leim auf der Kunststoffoberfläche
verschmiert wird. Geschmirgelte Polypropylenfügeteile weisen im
Verbund mit Stahl bereits große Festigkeitssteigerungen auf,
Bild 6.3. Die Klebungen versagen im Zugscherversuch jedoch adhäsiv, so daß für eine konstruktive Klebung das Schmirgeln an Polypropylen noch unzureichend ist. Bei vielen anderen Kunststoffen führt das Schmirgeln zu guten Ergebnissen.

Kunststoffoberflächen lassen sich mechanisch durch *Bürsten* vorbehandeln, wobei u. a. Drahtbürste und Bürste aus einem schleif-
mittelgefüllten Kunststoffvlies verwendet werden können.

Das *Strahlen* der Kunststoffoberflächen mit metallischem, minera-
lischem oder organischem Strahlmittel stellt ein weiteres mechanisches Vorbehandlungsverfahren dar. Klebungen von Stahl und gestrahlten Polypropylenfügeteile mit Epoxiklebstoff versagen im
Zugscherversuch etwa bei der gleichen Klebfestigkeit, wie die
geschmirgelten Proben adhäsiv, Bild 6.3. Im Gegensatz dazu weisen Klebungen aus Stahl und gestrahltem PC-GV hohe Klebfestigkeit auf und brechen im Zugscherversuch im Kunststoffügeteil am
Überlappungsende. Beim Einsatz dieses Verfahrens ist jedoch die
unvermeidbare Staubentwicklung am Arbeitsplatz zu beachten, die
zu Gesundheitsbeeinträchtigung führen kann (Abschn. 6.4).

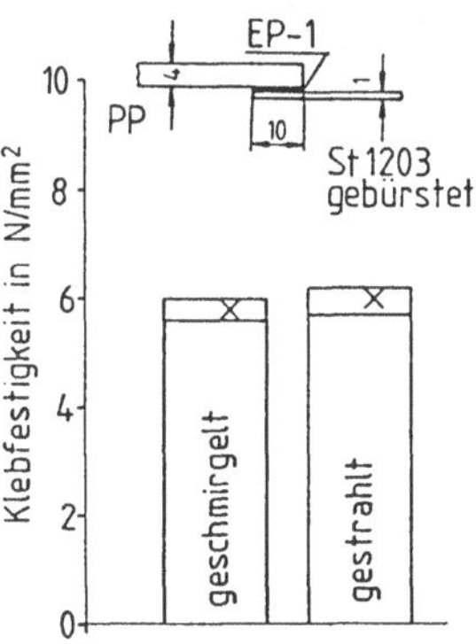

Bild 6.3. Klebfestigkeit von PP-Stahl-Klebungen bei mechanischer Vorbehandlung des PP

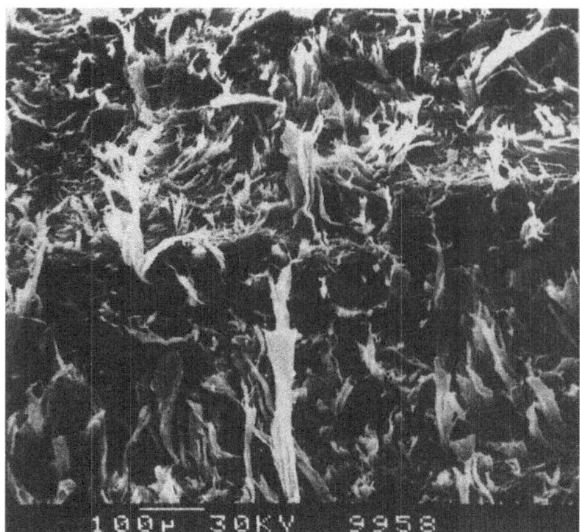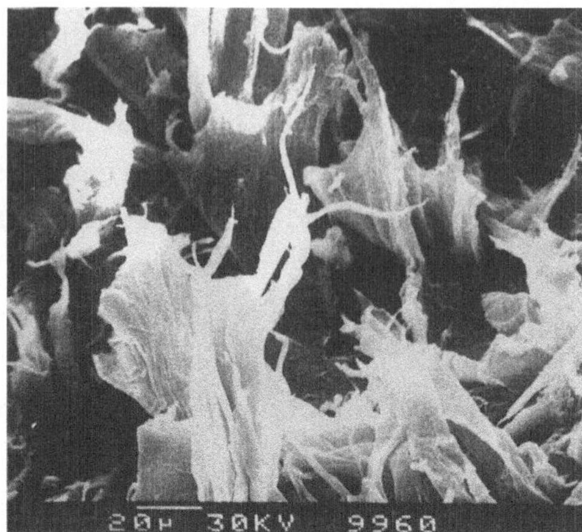

Bild 6.4. Oberflächenstruktur von Polypropylen, das mit einem hochbeschleunigten Wasserstrahl beschossen wurde

Wesentlich umweltfreundlicher, jedoch mit hohem apparativen Aufwand verbunden, ist das Strahlen mit Wasser. Durch den Beschuß mit einem hochbeschleunigten, konzentrierten *Wasserstrahl* werden Kunststoffoberflächen zerfasert, Bild 6.4. An Polypropylen ist jedoch durch die Vorbehandlung mittels Wasserstrahls keine nennenswerte Adhäsionsverbesserung zu verzeichnen, Tabelle 6.2, da die Klebungen adhäsiv versagen. Die erreichbaren Klebfestigkeiten liegen etwa in der Größenordnung, wie die in Bild 6.3 dargestellten.

Das *Skelettieren* stellt ein weiteres Verfahren der adhäsionssteigernden Oberflächenvorbehandlung dar [6.3]. Es ist ein "Trockenverfahren" und kann zur Verbesserung der Adhäsionseigenschaften bei allen fadenziehenden, thermoplastischen Kunststoffen mit gutem Erfolg eingesetzt werden. Zur Erzeugung einer Skelettierung wird in die erwärmte, weiche Oberfläche eine Matrize eingepreßt und anschließend wieder abgezogen. Im strukturierten Bereich wird eine Vielzahl von abgerissenen verstreckten Zipfeln erzeugt, Bild 6.5, deren Eigenschaften für die Adhäsionsverbesserung verantwortlich sind. Durch Verwendung unterschiedlicher Matrizenwerkstoffe lassen sich die Adhäsionseigenschaften verändern. Eine weitere Verbesserung der Adhäsionseigenschaften kann

Tabelle 6.2.: Wasserstrahlbehandlung

Adhäsionsverbesserung	mäßig
Handhabbarkeit	einfach, flexibel
Arbeitsweise	kontinuierlich
Für Formteile anwendbar	bedingt (nur die Stellen werden behandelt, die vom Wasserstrahl erreicht werden) örtliche Behandlung größerer Teile möglich.
Behandlung großer Flächen	kaum (wegen punktueller Einwirkung sehr lange Behandlungszeiten notwendig)
Behandelte Oberflächen des Fügeteils	alle oder nur örtlich
Veränderung der Fügeteil- eigenschaften	starke Strukturierung der behandelten Oberfläche, Mattierung
Behandlungszeit	wegen punktueller Einwirkung stark abhängig von der Größe der Fügeflächen
Prozeßzeit	entspricht Behandlungszeit
Investitions-/Betriebskosten	mittel/gering
Arbeitssicherheit und Umwelt- schutz	gut

Bild 6.5.   Oberflächenstruktur von skelettiertem PP [6.3]

durch Erwärmung der Kunststoffoberflächen beim Klebstoffauftrag erreicht werden.

Die wesentlichen Vorteile dieses Verfahrens, mit dem Klebungen mit guter Beständigkeit gegenüber Umwelteinflüssen erzeugt werden können, liegen hauptsächlich im fertigungstechnischen, wirtschaftlichen und arbeits- und umwelthygienischen Bereich. Das Verfahren ist universell einsetzbar, automatisierbar (kontinuierliche Arbeitsweise) und kostengünstig. Es entstehen weder schädliche Dämpfe noch Abfallprodukte. Die Behandlung von großen Flächen und in engen Spalten ist jedoch nur bedingt möglich, Tabelle 6.3.

Tabelle 6.3.: Skelettieren

Adhäsionsverbesserung	Sehr gut
Handhabbarkeit	umständlich, automatisierbar, mehrere Arbeitsschritte notwendig
Arbeitsweise	kontinuierlich bei automatisierter Fertigung
Für Formteile anwendbar	selektive Behandlung außer in Spalten, Löchern möglich
Behandlung großer Flächen	kaum, sehr aufwendig
Behandelte Oberflächen des Fügeteils	---
Veränderung der Fügeteileigenschaften	starke Strukturierung der behandelten Oberfläche, Mattierung
Behandlungszeit	siehe Prozeßzeit
Prozeßzeit	wegen Aufbringen, Abkühlen und Abziehen der Matrize recht lang, für hohe Verbundfestigkeiten ist anschließend Wärmebehandlung notnotwendig
Investitions-/Betriebskosten	gering/ gering
Arbeitssicherheit und Umweltschutz	gut

Chemische Vorbehandlung

Für viele Kunststoffe sind die *naßchemischen Verfahren* dem
Schmirgeln und Strahlen überlegen. Unterschiedliche Beizbäder,
wie z.B. Chromschwefelsäure, Phosphorsäure, Salzsäure und Sati-
nierbad finden dabei Anwendung [6.4]. Bei einigen Kunststoffen
können u.U. jedoch Spannungsrisse durch das Beizmittel ausgelöst
werden.

Mit Chromschwefelsäure der Zusammensetzung

    5078 Teile Schwefelsäure, $\delta = 1,82$ g/ml
     120 Teile destilliertes Wasser
      75 Teile Kaliumbichromat

ist eine starke Verbesserung der Adhäsionseigenschaften an Polypropylen zu erzielen.

Das Beizen des Polypropylens mit Chromschwefelsäure führt an PP-
Stahl-Klebungen nach wenigen Sekunden Behandlungszeit zu verbesserter Haftung gegenüber dem Klebstoff, so daß im Zugscherversuch Brüche des Kunststoffügeteils auftreten. Die dabei erreichbare Klebfestigkeit ist abhängig von der Behandlungstemperatur
und Behandlungszeit. Erhöhte Klebfestigkeit ist bei steigender
Badtemperatur und Behandlungszeit, jedoch bis zu einem vom Beizmittel und Fügeteilwerkstoff abhängigen Grenzwert, zu erreichen, Bild 6.6.

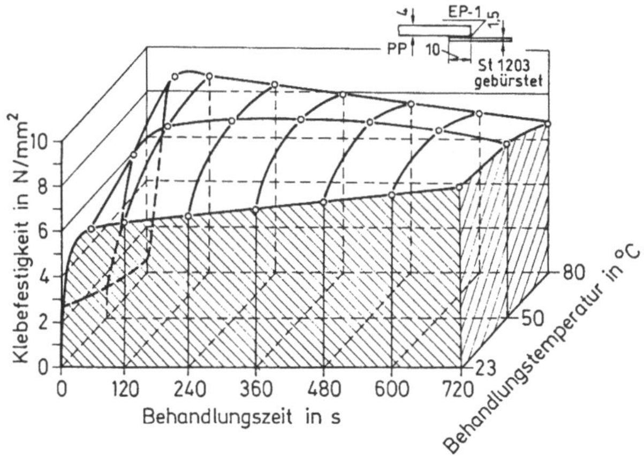

Bild 6.6. Klebfestigkeit von PP-Stahl-Klebungen in Abhängigkeit
von der Behandlungszeit des PP bei unterschiedlichen
Badtemperaturen

160

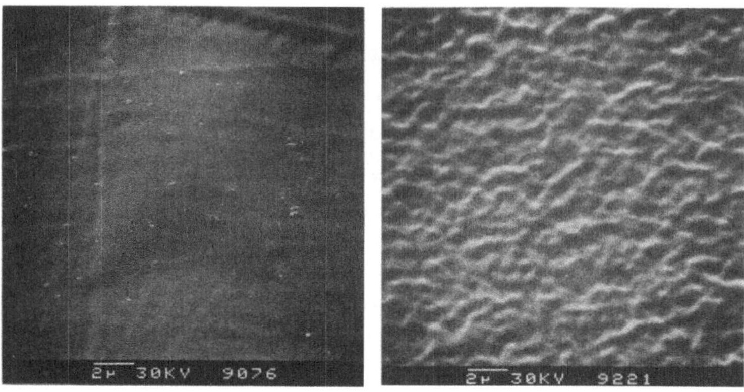

Bild 6.7. Oberflächenstruktur von unbehandeltem Polypropylen
        (links) und nach Vorbehandlung in Chromschwefelsäure
        (rechts)

Das in der Chromschwefelsäure (80°C, 12 min) gebeizte Polypropylen weist rasterelektronenmikroskopisch eine wellenförmige Oberflächenstruktur auf, Bild 6.7. Es findet ein merklicher Abtrag
der Oberflächen durch die Behandlung statt, weshalb die Bäder
überwacht und in kurzen Zeitabständen regeneriert bzw. beseitigt
werden müssen.

Nach der Vorbehandlung ist ein Spülen und Trocknen erforderlich,
wodurch die Prozeßzeit erhöht wird, Tabelle 6.4. Die durch das
Beizmittel verunreinigten Spülflüssigkeiten dürfen erst nach
einer Behandlung ins Abwasser geleitet werden. Auch wenn eine
starke Verbesserung der Adhäsionseigenschaften an vielen Kunststoffen zu erzielen ist, so ist doch der Einsatz dieses Verfahrens aus Gründen des Umweltschutzes und der Arbeitssicherheit
möglichst zu vermeiden.

Thermische Vorbehandlung
Zu den Möglichkeiten, Kunststoffoberflächen durch thermische
Vorbehandlung zu verändern, zählen die seit langem bekannte Be-
flammung [6.5-6.13], das nach dem Prinzip des Mikroplasmabrenn-
ers arbeitende Plasmajet [6.14] und die vor kurzem entwickelte
Plasma-Gun [6.15].

Tabelle 6.4.: Chromschwefelsäure-Vorbehandlung

Adhäsionsverbesserung	Sehr gut, insbesondere bei hohen Badtemp.
Handhabbarkeit	umständlich, automatisierbar, mehrere Arbeitsgänge notwendig
Arbeitsweise	diskontinuierlich, kann in kontinuierlichem Fertigungsablauf bei Automatisierung eingesetzt werden
Für Formteile anwendbar	ja, bei engen Spalten und Löchern ständige Zirkulation des Säurebades notwendig
Behandlung großer Flächen	abhängig von Größe des Bades
Behandelte Oberflächen des Fügeteils	alle, die mit Säure benetzbar sind
Veränderung der Fügeteileigenschaften	bei langen Behandlungszeiten Mattierung der Oberfläche, geringer Abbau von Eigenspannungen bei höheren Badtemperaturen, Gefahr der Spannungsrißbildung, insbesondere bei niedrigen Badtemperaturen, mechanische Schwächung der oberflächennahen Bereiche
Behandlungszeit	eine bis mehrere Minuten
Prozeßzeit	wegen Spülen und Trocknen der behandelten Fügeteile viel länger als Behandlungszeit (etwa 15 min)
Investitions-/Betriebskosten	je nach Anlagengröße und Automatisierungsgrad niedrig bis hoch wegen Badüberwachung, Entsorgung und arbeitsplatzhygienischer Maßnahmen
Arbeitssicherheit und Umweltschutz	sehr schlecht

Bei der *Beflammung* werden Kunststoffoberflächen durch Einwirkung einer frei brennenden Flamme über einen kurzen Zeitraum stark erhitzt und chemisch verändert, so daß eine Verbesserung der Adhäsionseigenschaften auftritt. Wird Polypropylen mit diesem Verfahren behandelt, so tritt eine Strukturveränderung der Oberfläche auf, die bereits mit bloßem Auge erkennbar ist. Diese Topographie, die nach der Vergrößerung im Rasterelektronenmikroskop deutliche Sphärolitstruktur aufweist, ist jedoch kein hinreichendes Kriterium für die Verbesserung der Adhäsionseigenschaften des Polypropylens. So führt eine Behandlung mit heißem Argon und heißer Luft ebenfalls zu einem Aufschmelzen der oberflächennahen Bereiche des Kunststoffes mit einer vergleichbaren Sphärolitstruktur, ohne daß jedoch Klebfestigkeitsverbesserungen gegenüber dem unbehandelten Zustand auftreten. Maßgeblich für die durch die Beflammung erzeugte Klebfestigkeitssteigerung an Polypropylen sind demnach chemische Veränderungen, die durch die Reaktivität der Flamme beim Aufschmelzen und Erstarren der Polypropylen-Oberfläche hervorgerufen werden.

Der schematische Aufbau einer Beflammungsanlage ist in Bild 6.8 dargestellt. Wird Propan als Brenngas verwendet, so stellt sich bei einem Mischungsverhältnis Propan/Luft von 1/25 die neutrale Flamme ein; d.h. es herrscht weder Propan- noch Sauerstoffüberschuß. Mit dem Begriff "Mischungsverhältnis" wird jedoch das Volumenverhältnis der zugeführten Gase Propan und Luft beschrieben. Das tatsächliche Verhältnis der an der Verbrennung teilnehmenden Gase wird auch dadurch beeinflußt, daß die äußere Verbrennungszone der Flamme Sauerstoff zusätzlich aus der Umgebungsluft bezieht.

Bei der neutralen Einstellung läßt sich die Flamme weiterhin in verschiedene Reaktionsräume unterscheiden. Im oberen Drittel der inneren Verbrennungszone wirkt die Flamme reduzierend; in der Mitte und an der Spitze der äußeren Verbrennungszone oxidierend.

In Bild 6.9 ist der Einfluß des Brennerabstandes in Abhängigkeit vom Mischungsverhältnis Propan/Luft auf die Klebfestigkeit von PP-Stahl-Klebungen mit dem Polyurethanklebstoff dargestellt. Es

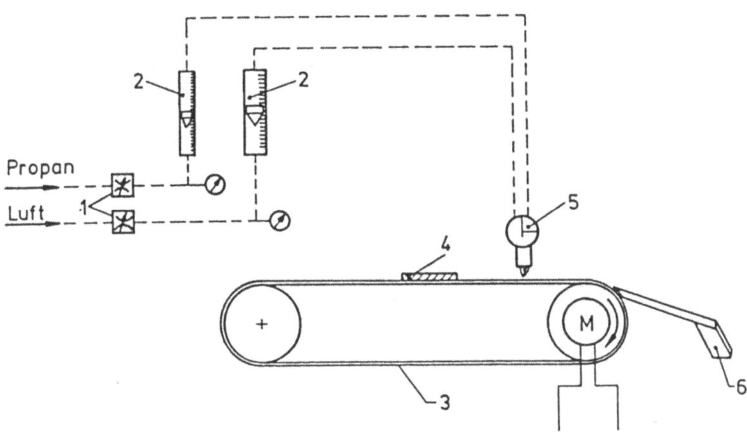

Bild 6.8. Prinzipieller Aufbau einer Beflammungsanlage zur Vorbehandlung von Kunststoffplatten

    1: Drosselventil für Propan- und Luftzufuhr

    2: Schwebekörper-Durchflußmesser

    3: Transportband

    4: Kunststoffprobe

    5: Brenner (Schwenkbar)

    6: Aufnahme für behandelten Proben

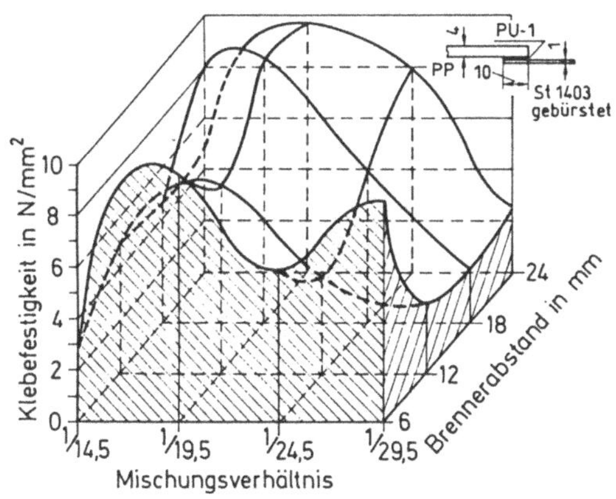

Bild 6.9. Klebfestigkeit von PP-Stahl-Klebungen in Abhängigkeit
vom Mischungsverhältnis Propan/Luft bei unterschiedlichen Brennerabständen; Klebstoff: Polyurethan; Behandlungsgeschwindigkeit: 0,12 m/s

ist zu erkennen, daß bei extremem Luftmangel der Flamme keine
wesentliche Klebfestigkeitssteigerung gegenüber dem unbehandelten Zustand des Polypropylens zu erzielen ist; hier wird die
Kunststoffoberfläche nicht aufgeschmolzen, da die Flammentempe-
ratur zu gering ist. Die höchsten Klebfestigkeiten werden bei
einer Flamme mit Luftmangel (Mischungsverhältnis Propan/Luft von
1/18) erzielt. Bei einem Mischungsverhältnis von 1/25 (neutraler
Einstellung) werden geringere Klebfestigkeiten erreicht. Mit hohem Luftüberschuß der Flamme ist ein Anstieg der Klebfestigkeit
lediglich bei geringem Brennerabstand zu verzeichnen.

Bei sehr kleinem Brennerabstand wird die Ausbreitung der Flamme
aufgrund der behinderten Ausströmung der Gase ungleichmäßig, was
zu einer schlechten Reproduzierbarkeit der Ergebnisse führen
kann. Wegen der stark unterschiedlichen Flammengröße kommt es
stellenweise zu Überhitzung und Zersetzung der Kunststoffoberfläche. Ein ähnlicher Kurvenverlauf zeigt sich ebenfalls bei der
Anwendung von Epoxiklebstoff, Bild 6.10. Die Klebfestigkeiten
liegen jedoch deutlich unterhalb der mit dem Polyurethanklebstoff ermittelten.

Die Behandlungsgeschwindigkeit stellt bei der Beflammung einen
weiteren Einflußfaktor dar. Bei sehr niedriger Behandlungsge-

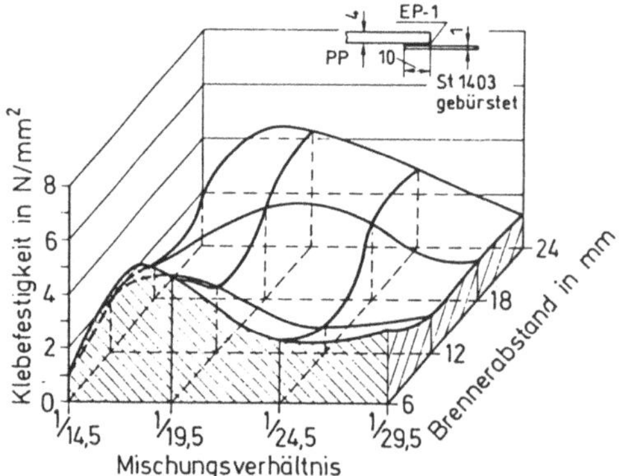

Bild 6.10. Klebfestigkeit von PP-Stahl-Klebungen in Abhängigkeit
           vom Mischungsverhältnis Propan/Luft bei unterschied-
           lichen Brennerabständen; Klebstoff: Epoxiklebstoff;
           Behandlungsgeschwindigkeit: 0,12 m/s

schwindigkeit bzw. sehr langer Behandlungszeit kann es leicht zu einer "Überbehandlung" der Kunststoffoberfläche kommen. Unsichtbare Verbrennungsrückstände bleiben somit auf der Oberfläche zurück, wodurch die Adhäsionseigenschaften des Kunststoffes gemindert werden. Zur Verbesserung der Reproduzierbarkeit der Ergebnisse sollte deshalb die Behandlungsgeschwindigkeit und/oder der Brennerabstand ausreichend groß gewählt werden. Durch das Verändern der Behandlungsgeschwindigkeit ist bei Polypropylen jedoch keine wesentliche Änderung der Klebfestigkeitsverläufe zu verzeichnen. Die sehr niedrigen Klebfestigkeiten bei extremem Luftmangel lassen sich durch diese Parameteränderung nicht beeinflussen.

Die Beflammung ist ein Verfahren, das eine kontinuierliche Arbeitsweise bei sehr kurzer Behandlungszeit gestattet. Gefahren am Arbeitsplatz entstehen durch Hitze, Abgase, Explosion und Brand. Letzterer ist vor allem möglich, wenn Kunststoffügeteile auf dem Transportband zum Stillstand kommen, Tabelle 6.5.

Mit einem hauptsächlich zum Schweißen von Dünnblechen eingesetzten *Mikroplasmabrenner* wird ein Plasma erzeugt, das sich zur Oberflächenvorbehandlung von Kunststoffen anwenden läßt. Beim Mikroplasmabrenner, Bild 6.11, wird mit einem Hilfslichtbogen ein Hauptlichtbogen zwischen Wolframelektrode und Werkstück gezündet. Da bei der Kunststoffbehandlung der Hauptlichtbogen nicht gezündet werden kann, wurde das Plasma nur mit dem Hilfslichtbogen erzeugt, der zwischen dem Schweißeinsatz und der Wolframelektrode brennt. Dieser nicht übertragende Lichtbogen ionisiert die Strecke zwischen Elektrode und Werkstück. Der ionisierte Gasstrom besitzt eine hohe Temperatur und einen Plasmadurchmesser von 1 bis 2 mm. Mit dem gleichen Prinzip arbeitet ebenfalls ein von [6.14] entwickeltes *Plasmajet*.

An mikroplasmavorbehandelten PP-Stahl-Klebungen sind bei Anwendung von Argon als Plasma- und als Schutzgas nur geringfügig erhöhte Klebfestigkeiten zu verzeichnen, die im Bereich der mit Argon-Niederdruckplasma erreichbaren Werte liegen. Da eine direkte Ionisierung eines oxidierend wirkenden Gases im Plasma-

Tabelle 6.5.: Vorbehandeln durch Beflammung

Adhäsionsverbesserung	gut, abhängig von Klebstoffauswahl, Prozeßkontrolle sehr wichtig
Handhabbarkeit	einfach, Brandgefahr
Arbeitsweise	kontinuierlich
Für Formteile anwendbar	bedingt, keine engen Spalten, bei Hinterschneidungen durch Anpassung der Brennerform möglich, nicht bei großen Profiltiefen anwendbar
Behandlung großer Flächen	ja, abhängig von Brennergröße
Behandelte Oberflächen des Fügeteils	die der Flamme zugewandte Seite
Veränderung der Fügeteileigenschaften	durch Aufschmelzen der oberflächennahen Bereiche bedingte Mattierung der Oberfläche, geringer Abbau von Eigenspannungen (Spritzhäute etc.), Sphärolitbilbung an der Oberfläche
Behandlungszeit	sehr gering, wenige Sekunden
Prozeßzeit	entspricht Behandlungszeit
Investitions-/Betriebskosten	gering/gering
Arbeitssicherheit und Umweltschutz	Gefahr durch Hitze, Abgase, Explosion und Brand, jedoch umweltfreundlich

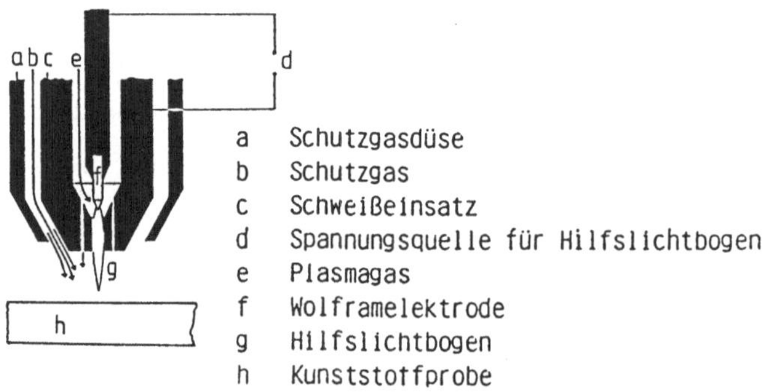

Bild 6.11. Schnitt durch einen Mikroplasmabrenner

brenner zur Zerstörung der Wolframelektrode führen würde, läßt
sich ein oxidierend wirkendes Gas lediglich durch die Schutzgasdüse fördern.

Durch das Zusammenführen von Argonplasma aus dem inneren Ring
und Druckluft aus der Schutzgasdüse sind erhöhte Klebfestigkeiten an PP- und PE-Stahl-Klebungen zu erzielen. Die Werte liegen
jedoch weit unterhalb denjenigen, die mit der Sauerstoff-Nieder-
druckplasma-, Corona- und Beflammungsbehandlung zu erzielen
sind. Dieses Verfahren zeichnet sich durch seine einfache Handhabung aus.

Eine neuentwickelte Anlage zur Vorbehandlung von Kunststoff-
Oberflächen ist die *Plasma-Gun*, deren prinzipieller Aufbau in
Bild 6.12 dargestellt ist. Die Vorbehandlungsanlage besteht aus
einem Keramikrohr, das an der äußeren Wandung mit einem elektrischen Leiter umgeben ist (äußere Elektrode). Diese Elektrode besteht aus verdichtetem Metallpulver. Der elektrische Leiter ist
nach außen und zu den Rohrenden hin elektrisch isoliert. In der
Mitte des Keramikrohrs ist mit einem Abstand von wenigen Milli-
metern zur Innenrohrwandung ein elektrisch leifähiger Stab ein-

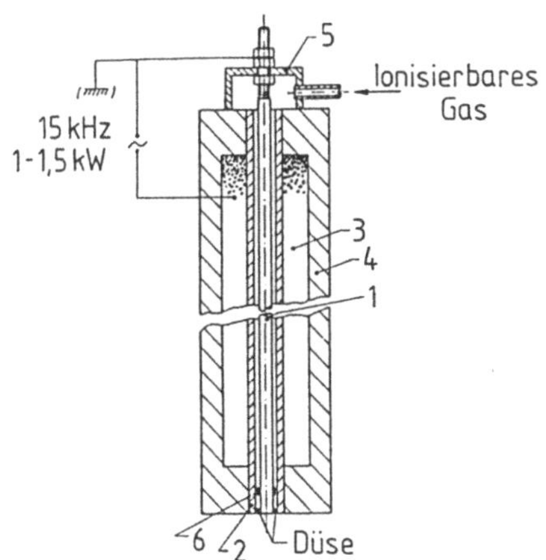

Bild 6.12. Prinzipieller Aufbau einer Plasma-Gun-Anlage

    1: Innere Elektrode   4: Isolation

    2: Keramikrohr   5: Kappe

    3: Äußere Elektrode   6: Abstandhalter

gebracht, der gute wärmeleitfähige Eigenschaften aufweist (innere Elektrode). Durch den Spalt zwischen Keramikrohrinnenwand und der inneren Elektrode (Ionisationsspalt) wird ein ionisierbares Gas geleitet (z.B. Luft, Sauerstoff). An die innere und äußere Elektrode wird ein hochfrequentes Hochspannungsfeld angelegt. Durch das im Ionisationsspalt anliegende elektrische Wechselfeld wird das durchströmende Gas ionisiert und tritt am Rohrende (Düse) aus.

An PP-Stahl-Klebungen sind wesentliche Steigerungen der Klebfestigkeiten bei Verwendung von sowohl reinem Sauerstoff als auch Druckluft zu verzeichnen. Die mit dem ionisierten reinen Sauerstoff vorbehandelten Polypropylen-Fügeteile weisen im Verbund mit Stahl keine höheren Klebfestigkeiten auf als bei Verwendung von Druckluft als Prozeßgas. Im letzteren Fall sind allerdings geringere Streubreiten der Klebfestigkeiten zu verzeichnen. Dieses günstigere Verhalten könnte durch den höheren Feuchtegehalt in der Druckluft gegenüber reinem Sauerstoff bedingt sein, der u. a. die elektrische Leitfähigkeit des zu ionisierenden Gases erheblich verbessert.

Die weiteren Einflußgrößen bei diesem Verfahren stellen der Luftdurchfluß und die Plasmaleistung dar. Beim Einsatz von Polyurethan- und Epoxiklebstoff sind unterschiedliche Klebfestigkeiten festzustellen, Bild 6.13. Durch Erhöhung der Plasmalei-

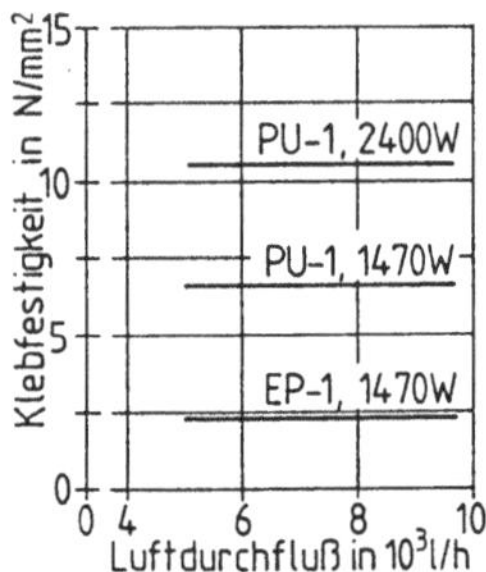

Bild 6.13. Klebfestigkeit von PP-Stahl-Klebungen in Abhängigkeit vom Luftdurchfluß bei unterschiedlichen Plasmaleistungen für verschiedene Klebstoffe; Behandlungsgeschwindigkeit: 0,12 m/s; Düsenabstand : 4,5 mm

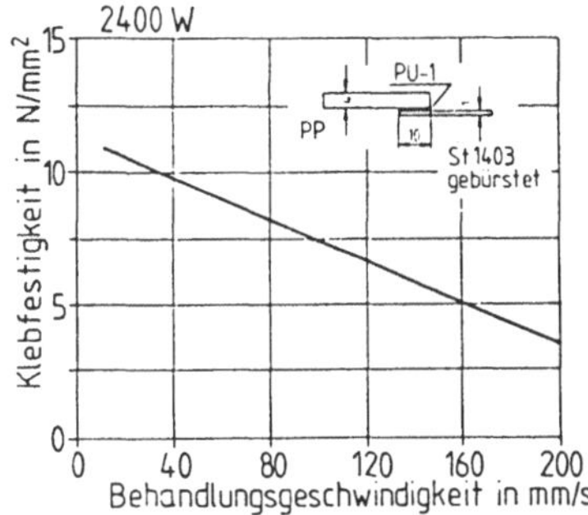

Bild 6.14. Klebfestigkeit von PP-Stahl-Klebungen in Abhängigkeit von der Behandlungsgeschwindigkeit; Prozeßgas: Luft; Düsenabstand: 4,5 mm

stung werden bei beiden Klebstoffen Verbesserungen der Klebfestigkeit erzielt, wobei der Polyurethanklebstoff eine wesentlich günstigere Adhäsion zeigt als der Epoxiklebstoff. Die Variation des Gasdurchflusses übt bei Polypropylen keinen signifikanten Einfluß auf die Klebfestigkeiten aus.

Die Behandlungsgeschwindigkeit nimmt auf die Klebfestigkeit von PP-Stahl-Klebungen Einfluß. Bild 6.14 zeigt eine linear abnehmende Tendenz der Klebfestigkeiten zu höheren Behandlungsgeschwindigkeiten, wobei jedoch auch bei extrem kurzer Behandlung, mit Geschwindigkeiten von 200 mm/s, noch eine deutliche Adhäsionsverbesserung erzielt wird.

Mit größerem Abstand zwischen Düse und Fügeteiloberfläche nimmt die Klebfestigkeit von PP-Stahl-Klebungen ab. Dieser Abfall ist jedoch bis zu einem Abstand von 40 mm nur gering, so daß sich das Verfahren zur Vorbehandlung von Formteilen und Profilen mit tiefen Spalten eignet.

Aufgrund der Verfahrensweise und Wirksamkeit der Plasma-Gun im größeren Düsenabstand ist auch das Vorbehandeln von nutförmigen Fügeteilen aus Polypropylen möglich. Solche Klebungen versagen außerhalb des Klebbereiches bei Erreichen der Streckspannung des Kunststoffes.

Tabelle 6.6.: Plasma-Gun-Vorbehandlung

Adhäsionsverbesserung	gut
Handhabbarkeit	einfach, flexibel
Arbeitsweise	kontinuierlich, Einsatz auf Baustellen möglich
Für Formteile anwendbar	gut, enge Spalten und Profile hoher Tiefe, selektive Behandlung auch größerer Teile möglich, z.B. im Einsatz mit Robotern
Behandlung großer Flächen	ja, abhängig von der Größe des Ionisationsspaltes
Behandelte Oberflächen des Fügeteils	---
Veränderung der Fügeteileigenschaften	bei hohen Gastemp. Aufschmelzungen der Oberfläche möglich, jedoch zur Adhäsionsverbesserung nicht notwendig, geringer Abbau von Eigenspannungen
Behandlungszeit	sehr gering (> 2 s)
Prozeßzeit	entspricht Behandlungszeit
Investitions-/Betriebskosten	mittel bis hoch/gering
Arbeitssicherheit und Umweltschutz	gut Ozon über Katalysatoren neutralisieren, Vorsicht wegen Hochspannung

Dieses Verfahren ist sehr gut handhabbar und erfordert nur geringen Platzbedarf, Tabelle 6.6. Es ist ein umweltfreundliches Verfahren, unter der Voraussetzung, daß Ozon und Stickoxide, die bei der Ionisation von Luft entstehen, abgesaugt und über Katalysatoren neutralisiert werden.

Elektrische Vorbehandlung
Die Adhäsionseigenschaften vieler Kunststoffe lassen sich durch eine Vorbehandlung im *Niederdruckplasma* verändern. Den Aufbau einer Plasmaanlage zeigt Bild 6.15. Sie besteht aus Gasversor-

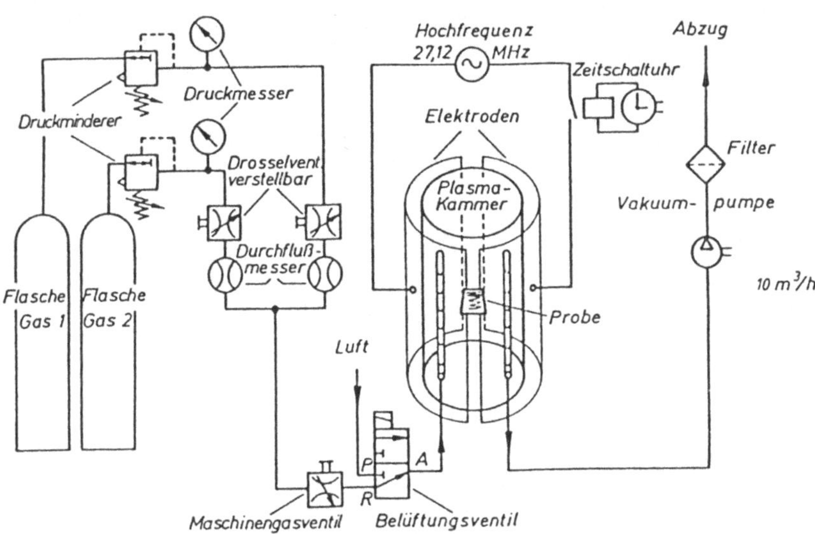

Bild 6.15. Prinzipieller Aufbau einer Niederdruckplasma-Vorbe-
handlungsanlage [6.1]

gung, Plasmaprozessor und Vakuumpumpe; die Anlage ermöglicht
auch den Einsatz von Gasgemischen.

Nach Einbringen der Kunststoffproben in die Prozeßkammer wird
diese evakuiert und anschließend mit Hilfe des einströmenden
Prozeßgases auf Arbeitsdruck gebracht. Durch das Einschalten der
hochfrequenten Spannung wird das Plasma gezündet. Abhängig von
Kammerdruck und Prozeßgas ist ein in Farbe, Helligkeit und Verteilung unterschiedliches Plasmaleuchten in der Prozeßkammer zu
beobachten. Das Plasma reagiert mit den Kunststoffteilen und
ruft Veränderungen an den Oberflächen hervor.

Die mit diesem Verfahren erreichbare Klebfestigkeit ist abhängig
von der Behandlungszeit. In Bild 6.16 ist beispielsweise der
Einfluß der Behandlungszeit auf die Klebfestigkeit von PP-Stahl-
Klebungen dargestellt. Mit zunehmender Behandlungszeit steigt
die Klebfestigkeit an. Die REM-Aufnahmen zeigen die Veränderungen der Oberfläche durch die Vorbehandlung im Sauerstoff-Niederdruckplasma. Diese Oberflächenveränderungen werden mit einem rasterelektronenmikroskopisch nachweisbaren Materialabtrag beglei-

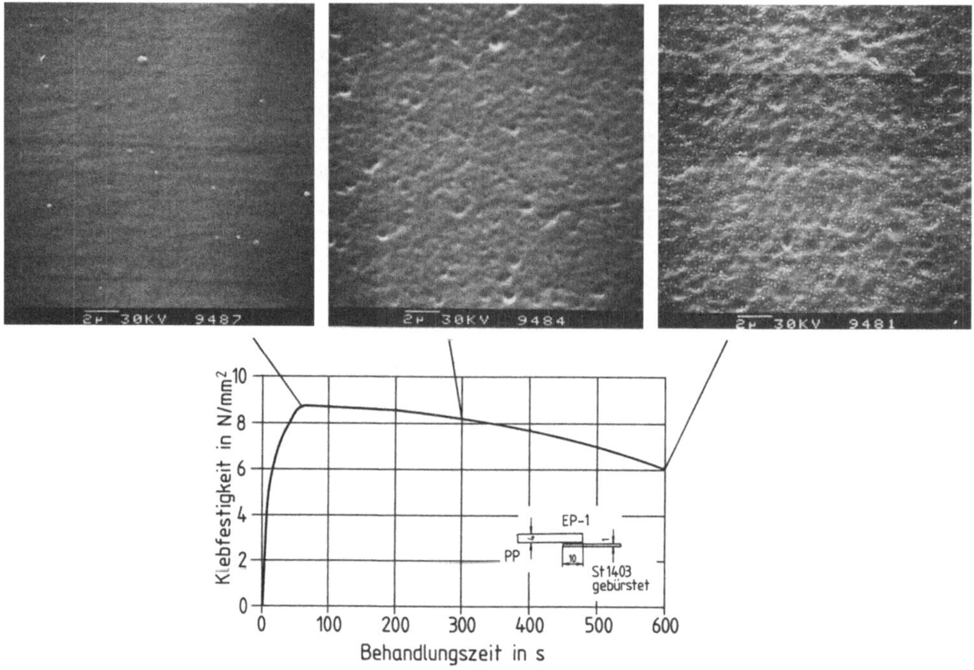

Bild 6.16. Klebfestigkeit von PP-Stahl-Klebungen in Abhängigkeit
von der Behandlungszeit im Sauerstoffplasma und Oberflächenstruktur des behandelten PP

tet, der mit bloßem Auge nicht zu erkennen ist. Das Sauerstoff-
Niederdruckplasma ruft außerdem bei teilkristallinem PP eine Zu-
nahme der Kristallinität der Oberflächenbereiche hervor.

Auch andere Prozeßgase können für die Niederdruckplasma-Vorbehandlung verwendet werden. An Polypropylen bringen jedoch nur
oxidierend wirkende Gase eine Verbesserung der Adhäsionseigenschaften mit sich, Bild 6.17. In Stickstoff-Niederdruckplasma
entstehen vermutlich durch die Gasentladung zu Beginn der Behandlung sauerstoffhaltige Verbindungen, die festigkeitsstei-
gernd wirken. Bei langzeitigem Angriff von nicht oxidierend wir-
kendem Plasmagas werden diese jedoch wieder abgebaut. Polypropylen-Oberflächen, die durch Sauerstoff-Niederdruckplasma-Vorbe-
handlung "klebfreudig" gemacht wurden, können durch eine nach-
folgende längere Niederdruckplasma-Vorbehandlung im Stickstoff
wieder "antiadhäsiv" werden.

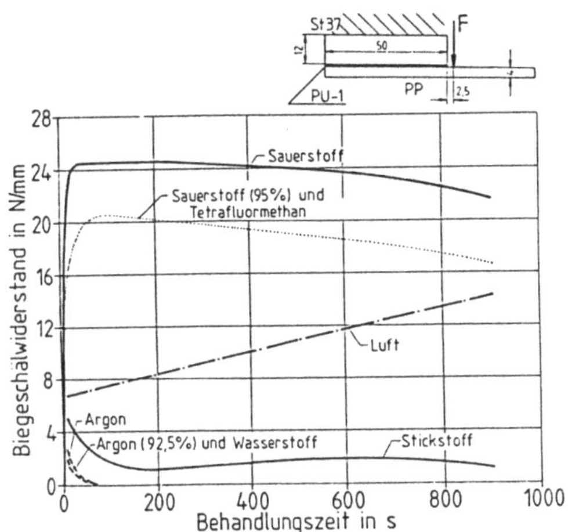

Bild 6.17. Biegeschälwiderstand von PP-Stahl-Klebungen in Abhängigkeit von der Behandlungszeit im Niederdruckplasma bei Verwendung verschiedener Prozeßgase

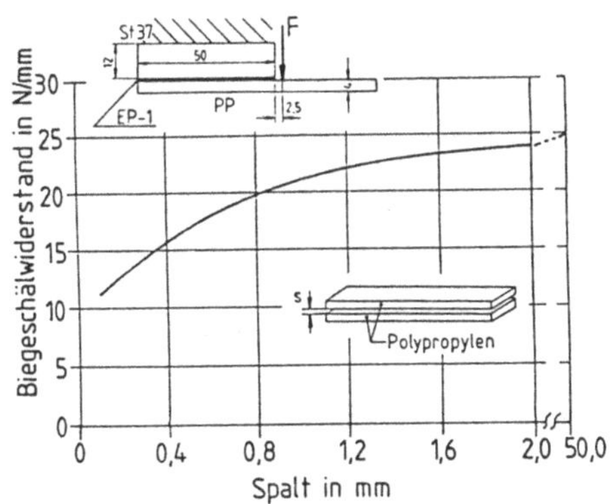

Bild 6.18. Biegeschälwiderstand von PP-Stahl-Klebungen in Abhängigkeit von der Spalthöhe; Prozeßgas: Sauerstoff

Das Niederdruckplasma-Vorbehandlungsverfahren zeichnet sich durch hohe Umweltfreundlichkeit aus. Die Möglichkeit, kompliziert geformte Bauteile zu behandeln, ist ebenfalls gegeben, Bild 6.18. Oberhalb einer Spalthöhe von 2 mm ist mit keiner Veränderung des Biegeschälwiderstandes mehr zu rechnen.

Tabelle 6.7.: Sauerstoff-ND-Plasma-Vorbehandlung

Adhäsionsverbesserung	Sehr gut
Handhabbarkeit	umständlich, da der Prozeß im Vakuum abläuft
Arbeitsweise	diskontinuierlich
Für Formteile anwendbar	ja, auch sehr komplizierte Formen mit Hinterschneidungen und sehr kleinen Bohrungen und Spalten
Behandlung großer Flächen	abhängig von Prozeßkammergröße
Behandelte Oberflächen des Fügeteils	alle
Veränderung der Fügeteileigenschaften	bei sehr langen Behandlungszeiten Mattierung der Oberfläche, geringer Abbau von Eigenspannungen
Behandlungszeit	eine bis mehrere Minuten
Prozeßzeit	wegen Evakuieren, Spülen und Belüften länger als Behandlungszeit (zusätzlich 1,5 min)
Investitions-/Betriebskosten	hoch/ gering, je nach Art des Gases
Arbeitssicherheit und Umweltschutz	gut Abgasreinigung bei einigen Prozessen notwendig

Das Verfahren ist für sehr viele Kunststoffe, wie z.B. PP, PE und POM anwendbar [6.4]. Durch Variieren der Parameter, wie Prozeßgas, Leistung des Hochfrequenzgenerators, Kammerdruck, Gasdurchsatz usw. läßt sich dieses Verfahren an die gegebenen Randbedingungen anpassen. Da es jedoch im Vakuum durchgeführt werden muß, ist ein kontinuierlicher Verfahrensablauf nicht möglich, Tabelle 6.7. Das Evakuieren und Belüften der Prozeßkammer beeinträchtigt u. U. die Taktzeit in der rationellen Fertigung.

Der Aufbau der bisher vorwiegend an Kunststoffolien angewendeten *Corona-Vorbehandlungsanlage* ist Bild 6.19 zu entnehmen. Sie erfolgt an Atmosphäre zwischen zwei Elektroden, an die eine hoch-

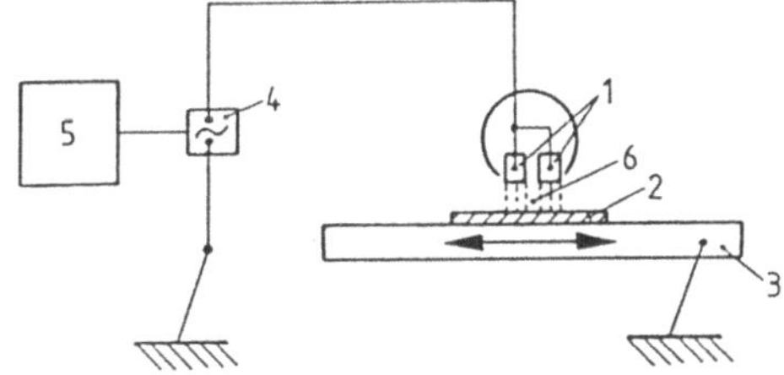

Bild 6.19. Prinzipieller Aufbau einer Corona-Anlage zur Vorbehandlung von Kunststoffplatten

      1: Keramikisolierte Elektrode

      2: Kunststoffprobe

      3: Beweglicher Probentisch

      4: Hochspannungstransformator

      5: Steuergerät

      6: Corona Funkenübergang

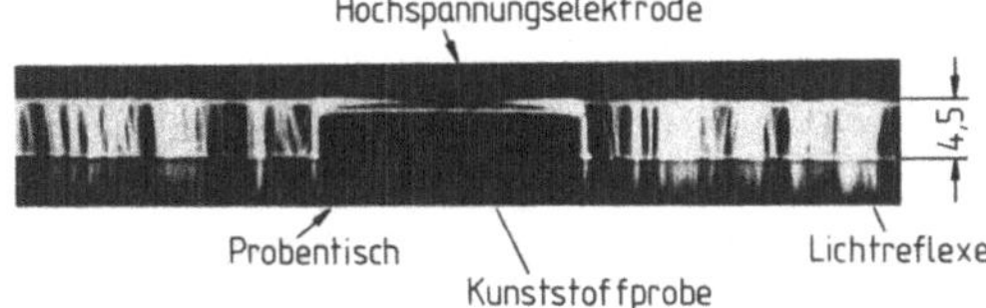

Bild 6.20. Funkenübergang im Entladungsspalt

      Kürzester Abstand der Elektrode: 4,5 mm

      Länge der Elektroden: 300 mm

      Anzahl der Elektroden: 2 (Parallel)

      Elektrodenfläche: 6000 mm²

frequente Spannung angelegt ist. Die Moleküle der zwischen den Elektroden befindlichen Luft werden ionisiert und durch die energiereichen Ionen ein Blaulicht, die Corona, erzeugt. Bei höheren Leistungen wird es von einer großen Anzahl übergehender Funken begleitet. Wird zwischen die Elektroden ein isolierender Werkstoff gebracht, Bild 6.20, so wird seine Oberfläche mit Ionen beschossen; dabei werden Veränderungen der Adhäsionseigenschaften hervorgerufen. Diese Art der Vorbehandlung von Kunststoffplatten ist mit derjenigen vergleichbar, die für Folienmaterial bereits großtechnisch mit gutem Erfolg eingesetzt wird.

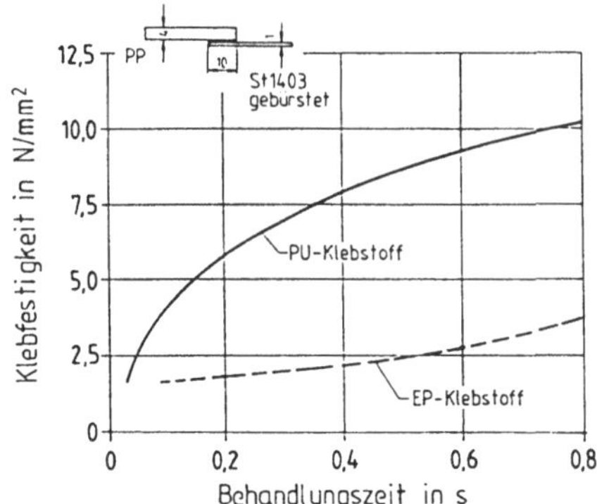

Bild 6.21. Klebfestigkeit von PP-Stahl-Klebungen in Abhängigkeit
von der Behandlungszeit in der Corona

Obwohl coronavorbehandelte Polypropylen-Oberflächen keine im Rasterelektronenmikroskop sichtbaren Veränderungen der Oberflächenstruktur aufweisen, nimmt die Klebfestigkeit nach der Behandlung zu. Die Klebstoffauswahl und Behandlungszeit spielen
dabei eine große Rolle, Bild 6.21.

Je nach verwendetem Klebstoff können nach einmaliger Behandlung
noch Adhäsionsbrüche auftreten. Da der Erhöhung der Behandlungszeit und der Behandlungsintensität wegen Aufschmelzens oder Ver-
brennens der Kunststoffteile Grenzen gesetzt sind, kann der
Kunststoff auch mehrmals hintereinander behandelt werden. Dies
ist bei rationeller Fertigung durch Aneinanderreihung von mehreren Elektroden möglich, die von den Proben nacheinander durchfahren werden. An PP-Stahl-Klebungen nimmt die Klebfestigkeit
mit der Anzahl der Behandlungen deutlich zu, Bild 6.22. Diese
Klebungen versagen durch Materialbrüche des Kunststoffügeteils,
was bei einmaliger Behandlung nicht erreicht wird.

Bei der Ermittlung optimaler Behandlungsparameter muß der Einfluß der Höhe des Luftspaltes zwischen Elektrode und geerdetem
Tisch mit berücksichtigt werden. Mit zunehmender Behandlungszeit
und größerem Luftspalt ist an Polypropylen ein Aufschmelzen und
Verbrennen der Probenkanten zu beobachten. Diese Schädigungen
sind ebenfalls bei unmittelbar nebeneinander liegenden Proben zu
verzeichnen, da die Funkenübergänge sich in engen Spalten und

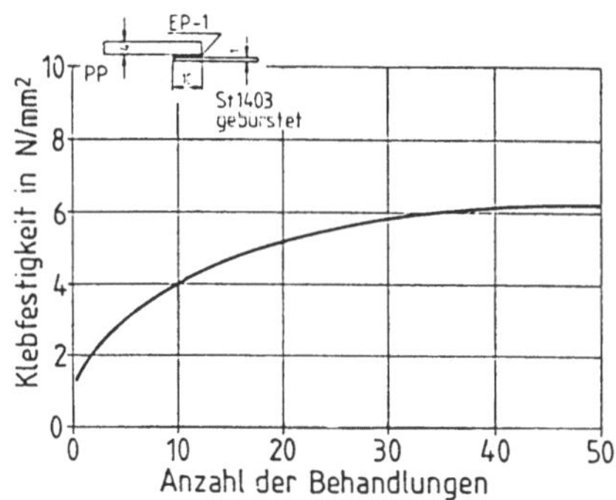

Bild 6.22. Klebfestigkeiten von PP-Stahl-Klebungen in Abhängig-
          keit von der Anzahl der Corona-Behandlungen; Einzel-
          behandlungszeit: 0,37 s

Löchern zwischen den Teilen stark konzentrieren. Die Coronavor-
behandlung zeigt auf größeren Platten inhomogene Behandlungsef-
fekte und führt am Randbereich der Kunststoffteile zu niedrigeren, im mittleren Bereich zu höheren Klebfestigkeiten.

Die Vorbehandlung von Polypropylen mit dem hier gezeigten Aufbau
des Entladungsspaltes ist für Plattenmaterial bis zu einer Dicke
von bis zu 4 mm gut geeignet. Das Verfahren hat sich als zuverlässig und reproduzierbar herausgestellt, wobei die besten Ergebnisse bei mehrmaligem Durchfahren der Behandlungsstrecke erzielt werden. Nicht geeignet für die Behandlung sind dagegen
Kunststoffprofile oder Formteile mit Spalten und Hinterschnei-
dungen, Tabelle 6.8.

In der Fertigung ist es nicht immer möglich, die vorbehandelte
Kunststoffoberfläche anschließend innerhalb kurzer Zeiten mit
Klebstoff zu benetzen. Daher ist der Einfluß der Liegezeit auf
die Klebfestigkeit von Wichtigkeit. Als Liegezeit ist die Zeit
zwischen Vorbehandlung und Benetzung mit Klebstoff definiert. An
PP-Stahl-Klebungen bleibt entweder die Klebfestigkeit nahezu
konstant (Verhalten 1, Bild 6.23), oder sie fällt zunächst stark
innerhalb der ersten Sekunden ab, bleibt dann jedoch fast konstant (Verhalten 2, Bild 6.23). Wie die vorbehandelte Oberfläche
sich verhält, hängt nicht nur von der Art der Vorbehandlung,
sondern auch vom verwendeten Klebstoff ab. Die Liegezeit ist so-

Tabelle 6.8.: Corona-Vorbehandlung

Adhäsionsverbesserung	gut, abhängig von Klebstoffauswahl, kann durch mehrmaliges Behandeln weiter gesteigert werden
Handhabbarkeit	sehr einfach
Arbeitsweise	kontinuierlich
Für Formteile anwendbar	bedingt, durch Anpassung der Elektrodenformen bei einfachen Profilen geringer Tiefe
Behandlung großer Flächen	ja, abhängig von Elektrodenbreite
Behandelte Oberflächen des Fügeteils	die der oberen Elektrode zugewandte Seite
Veränderung der Fügeteileigenschaften	nur bei mehrmaliger Behandlung Mattierung der Oberfläche, geringer Abbau von Eigenspannungen
Behandlungszeit	sehr gering, bei mehrmaliger Behandlung entsprechend länger
Prozeßzeit	entspricht Behandlungszeit
Investitions-/Betriebskosten	mittel-hoch/gering
Arbeitssicherheit und Umweltschutz	gut Ozon über Katalysatoren neutralisieren, Vorsicht wegen Hochspannung

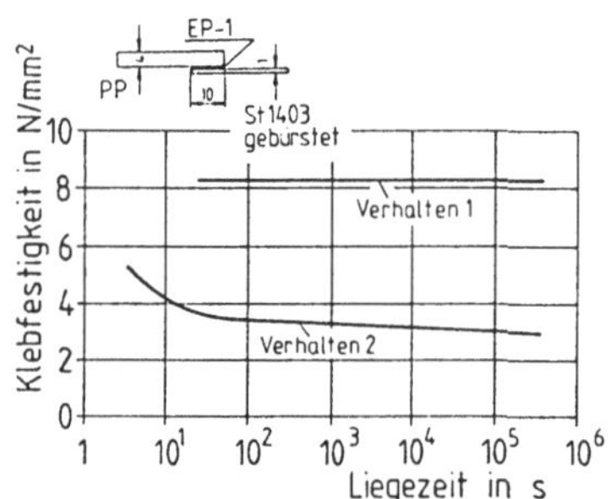

Bild 6.23. Klebfestigkeit von PP-Stahl-Klebungen in Abhängigkeit von der Liegezeit des PP

mit ein wesentlicher qualitätsbestimmender Aspekt, der in der Fertigung mitberücksichtigt werden muß.

6.2 Herstellungszustand und Vorbehandlung der Metallfügeteile

L. Dorn, W. Wahono

Metalle besitzen im Vergleich zu Kunststoffen größere Oberflächenenergie, wodurch sich Metalloberflächen durch Klebstoffe im allgemeinen besser benetzen lassen. Viele Faktoren können jedoch die Oberflächen so beeinflussen, daß der Oberflächenzustand und folglich die Güte der Klebung nicht reproduzierbar wird.

6.2.1 Lieferzustand

Beim nicht definierten Herstellungszustand sind die Metallfügeteile mit Verunreinigungen an der Oberfläche, wie z.B. Walzöl und Fett, behaftet. Rost, Zunder und eingebrannte Walzölreste, die durch die Warmumformung hervorgerufen werden, sind nur schwer zu entfernen. Weiterhin kann sich Schmutz an der Oberfläche befinden, wodurch die Haftung entscheidend beeinträchtigt wird.

6.2.2 Vorbehandlung der Metalloberflächen

Bild 6.24 gibt die unterschiedlichen Oberflächenvorbehandlungsverfahren für Metalle wieder. Die Auswahl des einzusetzenden Verfahrens richtet sich unter anderem nach den gestellten Anforderungen an das Bauteil. Manchmal reichen Reinigen und Entfetten aus; bei hoher Beanspruchung und Einsatz in aggressiven Klimaten ist eine aufwendigere Vorbehandlung unumgänglich.

Reinigen und Entfetten
Auf den zu verklebenden Oberflächen vorhandene feste Verunreinigungen, wie Rost, Zunder, Schmutz usw. sind unbedingt zu entfernen. Die Entfernung der festen Verunreinigungen geschieht meistens durch Schleifen oder Bürsten. Farben als Haftgrund führen

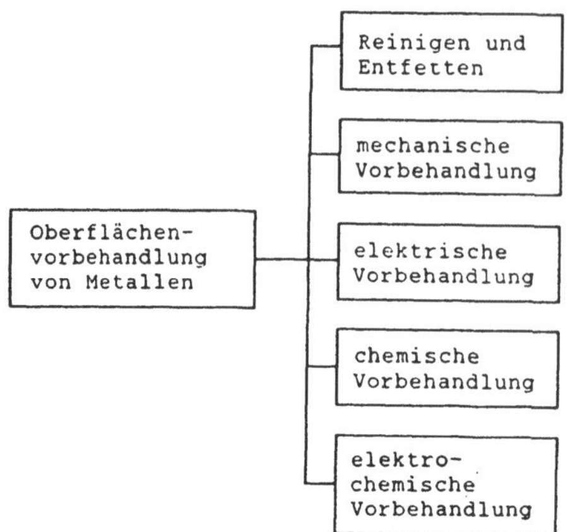

Bild 6.24. Verfahren zur Klebflächenvorbehandlung von Metallen

in vielen Fällen zu verminderten Kurzzeitfestigkeiten, doch weisen Klebverbindungen von lackierten Blechen oft bessere Langzeitbeständigkeit auf als mechanisch vorbehandelte Teile, wenn
von gestrahlten Oberflächen abgesehen wird [6.16].

Zum Entfetten von Metalloberflächen können sowohl Lösemittelreiniger als auch wässrige Reiniger verwendet werden. Beim Umgang
mit Lösemittelreinigern, die im Vergleich zu wässrigen Reinigern
bessere Reinigungswirkung besitzen, ist dem Arbeitsschutz (Abschn. 6.4) besondere Beachtung zu schenken. Die wässrigen Reiniger sind hinsichtlich Arbeitssicherheit und Umweltschutz günstiger. Um gute Reinigungswirkung bei wässrigen Reinigern zu erzielen, sind höhere Temperaturen notwendig, wobei gleichzeitig die
Teile auch schneller wieder trocken werden.

Gründliches Reinigen ist durch Abwischen der Klebflächen mit lö-
semittelgetränkten Lappen nicht zu erreichen. Das Reinigen mit
Lösemittel aus der Druckluftflasche (Spray) belastet die Menschen und Umwelt noch mehr, da entsprechende Reinigungswirkung
nur dann erzielt wird, wenn das Lösemittel von der zu reinigen-
den Oberfläche abläuft und die Verunreinigungen weggeschwemmt
werden.

Das weitverbreitete Tauchentfetten in Verbindung mit Ultraschall
ermöglicht eine bessere Reinigungswirkung. Es ist jedoch zu be-

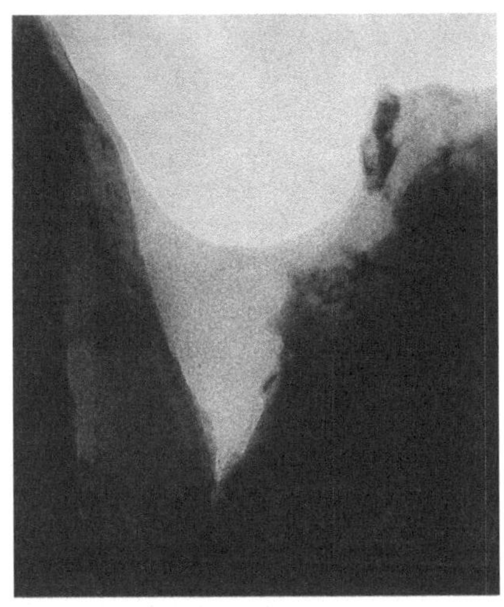

Bild 6.25. Querschnitt durch eine entfettete Stahloberfläche
V = 1:230.000 [IfaM, Bremen]

achten, daß sich bei zu stark verunreinigtem Tauchbad ein Fettfilm auf dem Lösemittel bildet, der die Teile beim Herausnehmen
wieder benetzt. Das Bad muß also laufend überwacht und regeneriert bzw. beseitigt werden.

Ein wirksames Verfahren stellt die Dampfentfettung dar, bei der
praktisch keine Wiederbefettung der Oberfläche durch den sich im
Lösemittel anreichernden Fettfilm möglich ist. Oft wird der Prozeß so durchgeführt, daß die Fügeteile zuerst im Ultraschallbad
entfettet werden. Nach anschließender Abkühlung der Fügeteile
erfolgt dann die Dampfentfettung. Auf Stahloberflächen, die mit
Aceton Ultraschall-dampfentfettet werden, bleiben jedoch noch
Reste des Walzöls im Grund der zerklüfteten, zum Teil tief ein-
geschnittenen Oberflächenvertiefungen, Bild 6.25. An entfetteten
Stahloberflächen beträgt die verbleibende Oxidschicht etwa 1 nm
[6.17].

Mechanische Vorbehandlung
In den meisten Fällen reicht der gereinigte und entfettete Ober-
flächenzustand nicht aus, um dem Klebstoff den erforderlichen
Haftgrund zu bereiten, vor allem wenn Langzeitbeständigkeit der

Bild 6.26. Querschnitt durch eine geschliffene Stahloberfläche
         V = 1:230.000 [IfaM, Bremen]

Klebungen erreicht werden soll. Die Fügeteiloberflächen werden
hierzu zusätzlich geschliffen, gebürstet oder gestrahlt.

Durch *Schleifen* mit Schleifpapier werden auch die schwer zu ent-
fernenden, meist in tiefen Kerben der Oberfläche befindlichen
Verunreinigungen, wie z.B. auf der Stahloberfläche eingebrannte
Walzölreste, weitgehend beseitigt, Bild 6.26. Dabei wird das organische Bindemittel des Schleifpapiers auf die Stahloberfläche
übertragen. Vereinzelt bleiben inselförmige Eisenoxide und Alu-
miniumoxide vom Schleifpapier auf der Stahloberfläche zurück.
Auf der Stahloberfläche bildet sich eine sehr dünne Oxidschicht
[6.17].

Metalloberflächen lassen sich durch *Bürsten* mit einem schleif-
mittelgefüllten Kunststoffvlies oder mit einer Stahlbürste mechanisch vorbehandeln. Das Bürsten zeichnet sich, wie auch alle
anderen mechanischen Oberflächenvorbehandlungsverfahren, durch
seine einfache Durchführbarkeit aus.

Wie sich beispielhaft an Stahloberflächen nachweisen läßt, sind
auf gebürsteten Stahloberflächen Oxidschichten von geringer Dik-
ke festzustellen [6.17]. Beim Bürsten mit einem schleifmittel-

Bild 6.27. Querschnitt durch eine mit schleifmittelgefülltem
Kunststoffvlies gebürstete Stahloberfläche
V = 1:230.000 [IfaM, Bremen]

gefüllten Kunststoffvlies entsteht infolge Abriebs eine dünne
organische Deckschicht, die folglich den Haftgrund für das Kleben darstellt, Bild 6.27. Die Menge des übertragenen Polymerma-
terials ist oft nicht reproduzierbar, weshalb sowohl die Kurzzeitfestigkeit als auch die Beständigkeit der Verbindungen gegenüber Umwelteinflüssen je nach Dicke der aufgebrachten Schicht
variieren.

Anders verhält sich z.B. eine Stahloberfläche, die mit einer
Stahlbürste vorbehandelt wird. Die tiefen Kerben der gewalzten
Oberflächen werden nahezu geschlossen, wobei es zu einem Ein-
schluß der Verunreinigungen in den Stahl kommen kann, Bild 6.28.

Das *Strahlen* kann mit metallischen, organischen oder minerali-
schen Strahlmitteln erfolgen. Für Haftgrundvorbereitung erweist
sich Korund aufgrund seiner chemischen Passivität gegenüber vielen Werkstoffen als geeignet [6.18].

Anstriche, die auf gestrahlte Stahloberflächen aufgebracht sind,
stellen einen erhöhten Korrosionsschutz dar [6.18]. Strahlen mit

Bild 6.28. Querschnitt durch eine mit Stahlbürste geschliffene
Stahloberfläche
V = 1:175.000 [IfaM, Bremen]

Korund, dessen mittlere Körnung 0,2 bis 0,5 mm beträgt, ist ein
sehr gutes Verfahren zur Vorbehandlung von Stahloberflächen zum
Verkleben (siehe auch Kapitel 3.). Nach der Vorbehandlung liegt
eine mit Aluminium kontaminierte Oberfläche vor, die eine Oxidschicht im nm-Bereich trägt [6.17].

Durch das Strahlen werden Eigenspannungen induziert, die zur
Verformungen des Teiles führen können. Sowohl ebene als auch ge-
wölbte Teile lassen sich mit diesem Verfahren behandeln. Bei Metallen geringer Oberflächenhärte sind Einschlüsse der Strahlmittel möglich, so daß andere Vorbehandlungsverfahren in diesem
Fall vorzuziehen sind. Bei der mechanischen Vorbehandlung ist es
anzustreben, das Verfahren so durchzuführen, daß ein anschlies-
sender Reinigungsprozeß nicht benötigt wird.

Die bei den mechanischen Vorbehandlungen, vor allem beim Strahlen, entstehenden Verschmutzungen bzw. Stäube können toxisch
oder sogar karzinogen sein, so daß entsprechende Maßnahmen zum
Arbeitsschutz unbedingt zu beachten sind (Abschn. 6.4).

Die Wirksamkeit der *elektrischen* Vorbehandlung an Metalloberflächen zum Verkleben ist bisher wenig bekannt. In anderen Anwendungsbereichen, z.B. bei der Herstellung von Aluminiumfolien, wurde die Corona-Behandlung bereits eingesetzt.

Die seit langem angewendete *chemische* Vorbehandlung von Metalloberflächen ist ein aufwendiges Verfahren, weil nach der Behandlung die Fügeteile sorgfältig gespült und getrocknet werden müssen und vor allem umfangreiche Maßnahmen des Arbeits- und Umweltschutzes zu beachten sind (Abschn. 6.4). Daher soll dieses Verfahren zur Behandlung von Metalloberflächen möglichst nicht eingesetzt werden. Durch die Entwicklung umweltfreundlicher und arbeitshygienischer Verfahren sind die chemischen Vorbehandlungsverfahren abzuschaffen.

Bei hochbeanspruchten Klebungen mit ebenso hohen Anforderungen an die Lebensdauer haben sich *elektrochemische* Oberflächenvorbehandlungsverfahren in vielen Fällen als sehr wirksam erwiesen. An Aluminiumklebungen in der Luffahrtindustrie werden elektrochemische Verfahren, z.B. Pickling-Beizen mit anschließendem Chromsäure- (Bengough-) oder Gleichstrom-Schwefelsäure (GS)-Anodisieren, häufig angewendet [6.19].

6.3 Qualitätsbestimmende Einflußgrößen beim Kleben

R. Bischoff, G. Moniatis

Die Maßnahmen zur Herstellung einer Klebung müssen bereits bei der Konstruktion und Werkstoffauswahl beginnen. Hier ist bereits festzulegen, wie der Klebprozeß ablaufen soll:
- Handhaben, Dosieren und Mischen des Klebstoffes,
- Auftragen des Klebstoffes,
- Zusammenführen und Fixieren der Fügeteile,
- Aushärten der Klebschicht,
- Qualitätskontrolle.

Die für den Klebprozeß meßgeblichen Einflußgrößen werden in den folgenden Abschnitten anhand von Beispielen näher erläutert.

6.3.1 Handhaben, Dosieren und Mischen des Klebstoffes

Bei der Verarbeitung eines Klebstoffes muß der Einfluß der Umgebungsbedingungen auf die Klebeigenschaften beachtet werden. So besteht z.B. beim Einsatz einiger Polyurethanklebstoffe die Gefahr, daß Feuchtigkeit mit der isocyanathaltigen Klebstoffkomponente reagiert und zwar sowohl bei direktem Kontakt der isocyanathaltigen Komponente mit Wasser als auch bei der Mischung der Komponenten, wenn die polyolhaltigen Bestandteile vor der Vermischung Wasser absorbiert haben. Bereits ab 0,2 % Wasseranteil kommt es zur Bildung von CO_2-Gas, das zur Blasenbildung im Klebstoff führt. Die Blasen im Klebstoff sind jedoch nicht immer deutlich sichtbar, so daß zur Sicherung der Klebstoffqualität Dichtemessungen notwendig sind. Mit Blasen durchsetzter Klebstoff besitzt deutlich veränderte mechanische Eigenschaften, die allerdings nicht in allen Fällen negativ zu beurteilen sind, weil z.B. die Blasen der Ausbreitung von Rissen in Klebstoffen entgegenwirken können [6.20]. Die Beständigkeit von Klebungen gegenüber Umwelteinflüssen wird jedoch negativ beeinflußt, da über die Hohlräume schädigende Stoffe verstärkt in die Klebschicht eindringen können.

Innerhalb einer Misch- und Dosieranlage kann Wasser an mehreren Stellen mit dem Klebstoff in Kontakt kommen. Die Druckbeaufschlagung in den Vorratsbehältern - sofern sie nicht über mechanische Kolbensysteme erfolgt - ist mit getrocknetem Druckgas, z.B. mit gefilterter Druckluft oder, insbesondere bei sauerstoffempfindlichen Systemen, mit gereinigtem Stickstoff durchzuführen.

Weiterhin können die Klebstoffkomponenten bei längerer Stillstandzeit, z.B. während der Nacht und am Wochenende, durch die Kunststofförderschläuche diffundierendes Wasser aus der Umgebungsluft aufnehmen. Infolge der Blasenbildung der isocyanathaltigen Komponente ist auch ein exaktes Dosieren mit der Misch- und Dosieranlage nicht mehr möglich. Außerdem werden die Viskosität der Komponenten größer und ihre Reaktionsfähigkeit geringer, was zusätzlich zur Verschlechterung der mechanischen Klebstoffeigenschaften beiträgt.

Diese beim Betrieb einer Misch- und Dosieranlage nur schwer erkennbaren Vorgänge können jedoch gerätetechnisch ausgeschlossen werden, z.B. durch den Einbau von wasserdampfundurchlässigen Metallförderschläuchen und Dichtungen.

Weiterhin ist darauf zu achten, daß die Einzelkomponenten und der im Mischkopf befindliche Klebstoff nicht mit den in der Anlage verwendeten Werkstoffen reagieren. So kann bei Verwendung von Stahlschläuchen die als Korrosionschutz aufgebrachte Kupferinnenbeschichtung mit den Einzelkomponenten reagieren, was ebenfalls zur Blasenbildung und Verfestigung der isocyanathaltigen Komponente führen kann. Auch ist es möglich, daß Mischkopfdichtungen frühzeitig zerstört werden, wenn diese im Betrieb Wärme erzeugen, so daß der Klebstoff an ihren Dichtlippen aushärtet. Dies kann, insbesondere bei längeren Dosierzeiten, durch die Verwendung gekühlter Metalldichtungen vermieden werden.

Diese Wasserempfindlichkeit von Klebstoffen zeigt sich auch beim Auftrag von Klebstoff auf Werkstoffe, die Wasser an der Oberfläche adsorbiert oder aufgenommen haben. Als Beispiel gibt Bild 6.29 die Ausbildung von Blasen im grenzschichtnahen Bereich eines Polyurethanklebstoffes wieder, der auf ein Fügeteil aus PA 6 mit etwa 3 % Wassergehalt aufgetragen und anschließend ausgehärtet wurde. Auf dem Bild ist deutlich zu erkennen, daß die Blasenbildung von der Fügeteiloberfläche ausgeht, also durch das Wasser des PA-Teiles verursacht wurde. Auch dieser Vorgang bleibt häufig unentdeckt, da diese Veränderung nach außen hin

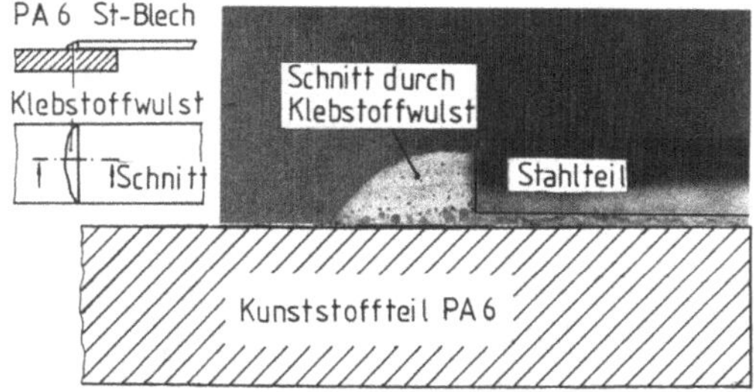

Bild 6.29. Blasenbildung bei Polyurethanklebstoff auf Polyamidprobe

nicht sichtbar ist. Als Gegenmaßnahme sind eine Trocknung der
Fügeteile oder ein Verkleben des Werkstoffs unmittelbar nach der
Fertigung der Fügeteile anzuraten.

Aufgrund dieser Beeinflußbarkeit der Klebschicht können Füge-
teilvorbehandlungen in wäßrigen Medien, z.B. Reinigung in ten-
sidhaltigem Wasser, nachteilig sein. Hier ist in jedem Fall auf
eine vollständige Trocknung der Teile zu achten. Ein weiterer
verarbeitungsspezifischer Aspekt besteht in der Anpassung der
Klebstoffviskosität an die Misch- und Dosieranlage. Hierbei ist
insbesondere zu prüfen, mit welchem Druck die Vorratsbehälter zu
beaufschlagen sind, um gleichmäßige Förderung der Komponenten in
den Schläuchen zu gewährleisten. Bei hochviskosen Klebstoffkomponenten müssen gegebenenfalls die Querschnitte der Schläuche,
Pumpen und Förderventile vergrößert werden. Bei dünnflüssigen
Komponenten können bereits kleine Undichtigkeiten innerhalb der
Pumpen (Schlupf) zu extremen Dosierungenauigkeiten führen. Dieses kann entweder durch Zugabe von sog. Thixotropiermitteln in
die jeweilige Klebstoffkomponente (Achtung: verändertes Mischungsverhältnis) oder durch Verwendung von Präzisionspumpen
unterbunden werden.

Hohe Klebstoffviskositäten können auch, insbesondere bei kleineren Mischköpfen, zu überhöhtem Staudruck im Mischkopf führen.
Dadurch kann einerseits die Dosiergenauigkeit beeinträchtigt
und andererseits Klebstoff in eingebaute Gummidichtungen eingedrückt werden, wo er, da er beim Spülvorgang nur unzureichend
entfernt wird, aushärten kann. Überhöhter Staudruck kann z.B.
durch Erwärmung der Mischkammer und/oder der Klebstoffaustritts-
düse verringert werden, da mit dieser Maßnahme die Viskosität
des Klebstoffes herabgesetzt wird. Dieses hat allerdings auch
die Verringerung der Topfzeit des Klebstoffes zur Folge und kann
dazu führen, daß Klebstoffanteile bereits im Kontakt mit den erwärmten Oberflächen der Mischkammer aushärten und sie zusetzen.

Bei der Anwendung füllstoffhaltiger Klebstoffe ist darauf zu
achten, daß kleine abrasiv-wirkenden Teilchen (z.B. Korund) zu
einer Zerstörung von Pumpen, Dichtungen und Ventilen führen können. Ist man auf derartige Füllstoffe angewiesen, so muß die Anlage daraufhin abgestimmt werden.

In dynamischen Mischköpfen werden die Klebstoffkomponenten mit einem rotierenden Rührer vermischt. Hier ist darauf zu achten, daß bei hohen Rührergeschwindigkeiten und dickflüssigen Klebstoffen hohe Scherkräfte auftreten können, die zu einer Erwärmung des Klebstoffes, u.U. sogar zu einer Schädigung, führen können. Die Folge ist eine Abnahme der Topfzeit und Störung des molekularen Aufbaus des Klebstoffes. Letzteres äußert sich in seinen veränderten mechanischen und chemischen Eigenschaften, z.B. in der Beständigkeit gegenüber Umwelteinflüssen.

6.3.2 Auftragen des Klebstoffes

Der Klebstoffauftrag richtet sich nach der Form der Fügeflächen, ihrer Zugänglichkeit und der Art und Geschwindigkeit der chemisch/physikalischen Aushärtereaktion des Klebstoffes. Bei großflächigen Verklebungen kann der Klebstoff z.B. mittels Sprühen, Walzenauftrag oder im Druckverfahren aufgebracht werden, wobei insbesondere auf gleichmäßige Klebschichtdicke und - bei längeren "Offenen Wartezeiten" (Abschn. 6.3.3) - auf die Aushärtegeschwindigkeit des Klebstoffes geachtet werden muß. Für kleinere Klebflächen wird der Klebstoff meist in Form von Raupen, Tropfen oder im Siebdruck aufgebracht.

Ein Klebstoffauftrag in Form von Raupen oder Tropfen muß so ausgeführt werden, daß beim Fügen der Teile eine günstige Verteilung des Klebstoffes im Fügebereich erreicht wird. Hier ist insbesondere darauf zu achten, daß keine Luftblasen eingeschlossen werden, die Randbereiche ausreichend gefüllt und eventuell austretender Klebstoff nicht in den Sichtbereich fällt oder die Eigenschaften und Funktionsfähigkeit des geklebten Teils beeinträchtigt. Zur Einhaltung bestimmter Form und Größe muß sowohl die Menge als auch die Lage und Gestalt der aufgebrachten Tropfen oder Raupen reproduzierbar eingestellt werden können, was bei Applikation von Hand nur bedingt möglich ist. Die Viskosität des Klebstoffes hat dabei wesentlichen Einfluß. Zu berücksichtigen ist hierbei, daß bei Erwärmung der Teile zur beschleunigten Aushärtung die Viskosität deutlich abnimmt.

6.3.3 Zusammenführen und Fixieren der Fügeteile

Nach dem Klebstoffauftrag werden die Teile in einem vom Klebstoff abhängigen zeitlichen Abstand zusammengeführt. Diese Zeitspanne wird bei mehrkomponentigen Konstruktionsklebstoffen maßgeblich von der Aushärtungsgeschwindigkeit bestimmt und wird mit dem Begriff der *"Offenen Wartezeit"* als "Zeitspanne vom Klebstoffauftrag bis zum Zusammenführen" definiert. Bei Zweikomponenten-Klebstoffen beginnt allerdings die "Offene Wartezeit" bereits mit dem Mischen der Komponenten (Beginn der chemischen Reaktion). Ein nachhaltiger Einfluß der "Offenen Wartezeit" auf die Klebfestigkeit von Kunststoff-Stahl-Klebungen konnte bei einem bei Raumtemperatur schnell aushärtenden Epoxidklebstoff, Bild 6.30, bereits innerhalb der Topfzeit (4 min nach Herstellerangaben) nachgewiesen werden.

Dieses bedeutet, daß ein Klebstoff zu unterschiedlichen Festigkeiten führt, je nach dem, ob er zu Beginn oder am Ende seiner Topfzeit die Fügeteile benetzt. Bei großflächigen Klebungen darf die Auftragszeit des Klebstoffes die "Offene Wartezeit" nicht überschreiten.

Nach dem Zusammenführen und Richten der Fügeteile müssen diese solange fixiert werden, bis die Klebung eine Festigkeit erreicht

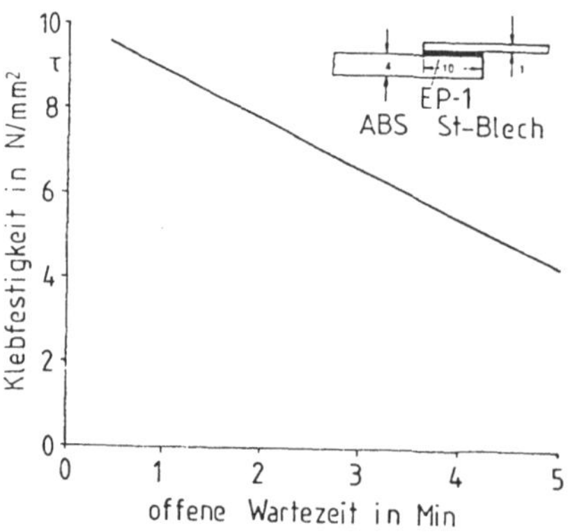

Bild 6.30. Einfluß der offenen Wartezeit auf die Klebfestigkeit von ABS-Stahl-Klebungen

hat, die das Handhaben der Bauteile erlaubt. Die Dauer der Fixierung kann durch Beschleunigung der Aushärtung verkürzt werden (siehe Abschn. 6.3.4). In manchen Fällen muß der überschüssige Klebstoff nach dem Fixieren abgewischt werden, falls er die Funktionalität des Bauteils beeinträchtigt. Diese Arbeiten können durch genaues Dosieren des Klebstoffes reduziert werden.

Das Zusammenführen und Fixieren der Fügeteile kann durch konstruktive Maßnahmen erleichtert werden. Leicht zugängliche Klebflächen und formschlußunterstützte Klebungen erleichtern das Zusammenführen der Fügeteile und reduzieren aufwendige Richtarbeiten. Darüber hinaus können durch gezielte Anordnung der Klebflächen und Formschlußunterstützung, z.B. Frontscheinwerferträger, teuere Fixiervorrichtungen entfallen und der Fertigungsprozeß beschleunigt werden (siehe Kapitel 4).

6.3.4 Aushärten der Klebschicht

Das Aushärten der Klebschicht kann - abhängig von den chemischen und physikalischen Eigenschaften des Klebstoffes - auf verschiedenen Wegen erfolgen. Im folgenden werden am Beispiel zweikomponentiger bei Raumtemperatur aushärtender Klebstoffe die wesentlichen Maßnahmen und Probleme beim Aushärten diskutiert.

Um eine *Handhabbarkeit* von geklebten Teilen zu erreichen, ist eine vollständige Aushärtung des Klebstoffes im allg. nicht erforderlich; vielmehr reicht meistens ein bestimmter, von den auftretenden Belastungen der geklebten Teile abhängiger Polymerisationsgrad des Klebstoffes aus. Die weitere chemische Reaktion bis zur vollständigen Aushärtung kann dann innerhalb der Weiterverarbeitung, des Transports oder der Lagerung ablaufen.

Werden derartige Klebstoffe ausschließlich bei Raumtemperatur ausgehärtet, so ist auch bei Systemen, die nach kurzen Topfzeiten von wenigen Minuten bereits anhärten, zur vollständigen Aushärtung mit Zeiten von mehreren Stunden oder sogar Tagen zu rechnen. Der Vorteil dieser "schnellen" Systeme gegenüber langsam, d.h. mit Topfzeiten von mehreren Stunden aushärtenden, ist vor allem darin zu

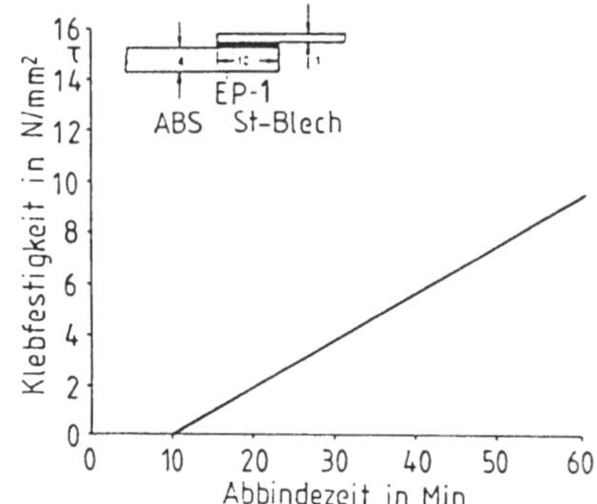

Bild 6.31. Klebfestigkeit in Abhängigkeit von der Abbindezeit
        bei 23° C

sehen, daß eine schnellere Handhabbarkeit der Teile erreicht wird.
Der prinzipielle Verlauf der Klebfestigkeit in Abhängigkeit von
der Zeit ist in Bild 6.31 zu ersehen. Dem Vorteil der schnellen
Handhabbarkeit stehen jedoch erhebliche Nachteile bei der Verarbeitung und Applikation, insbesondere wegen der geringen Topfzeit
gegenüber.

Die Zeitspanne bis zur Handhabbarkeit der geklebten Teile bei
Raumtemperatur ist in der Fließfertigung auch bei diesen "schnellen" Systemen vielfach noch zu lang. Zur Beschleunigung der Reaktion kann zusätzlich erwärmt werden. Die Höhe der Temperaturen ist
dabei sowohl auf die Wärmeempfindlichkeit der Fügeteilwerkstoffe
als auch auf die der Klebstoffe abzustimmen. Die Erwärmung kann
sowohl in einem Ofen als auch durch gezielte Energiezufuhr an der
Fügestelle erfolgen. Letzteres ist insbesondere bei Klebungen
sinnvoll, bei denen mindestens ein Fügeteil über gute wärmeleitfähige Eigenschaften verfügt, über das die Wärme in die (möglichst
dünne) Klebschicht eingebracht werden kann. Versuche an Kunststoff-Stahl-Klebungen mit einschnittiger Überlappung zeigen, daß
bei selektiver Erwärmung des Fügebereiches eine Handhabbarkeit der
geklebten Teile etwa fünfmal schneller erreicht werden kann als
bei Einlagerung in einen vorgewärmten Umluftofen. Bei gezielter
Erwärmung über das Stahlfügeteil ist es möglich, die Temperatur
des Heißluftstrahles höher als die Schmelztemperatur des Kunststoffügeteils einzustellen, wenn dieses nicht vom Heißluftstrahl

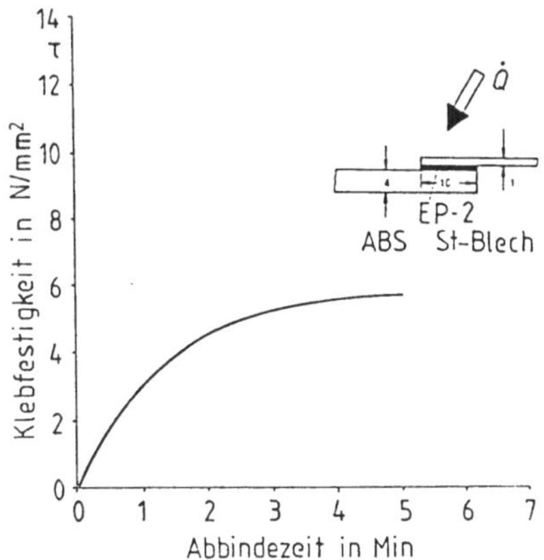

Bild 6.32. Klebfestigkeit in Abhängigkeit von der Abbindezeit
bei lokaler Erwärmung; Temperatur des Heißluft-
strahls: 160°C

berührt wird. Bei dieser Art der Erwärmung reichen, auch bei Klebstoffen mit langer Topfzeit, z.B. 60 min, kurze Zeiten zum Erreichen der Handhabbarkeit der geklebten Teile aus, Bild 6.32. Allerdings ist eine intensive Kühlung der Teile, z.B. unter einem Kalt-
luftstrahl, vor der Entnahme aus der Fixiervorrichtung notwendig,
um handhabbare Proben zu erhalten.

Aus diesen Ergebnissen folgt für die Praxis,
- daß für eine zügige Fertigung von Klebungen mit mehrkomponentigen kaltaushärtenden Klebstoffen eine Erwärmung der Klebschicht
  vorteilhaft ist. Besonders geeignet ist eine örtliche Erwärmung,
  z.B. mit einem Heißluftstrahl. Dieser wird auf das metallische
  Fügeteil gerichtet, das temperaturunempfindlich ist und infolge
  guter Leitfähigkeit die Wärme rasch in die Klebschicht einlei-
  tet.
- daß bei Raumtemperatur langsam aushärtende Systeme mit langen
  Topfzeiten bei Erwärmung die Handhabbarkeit der geklebten Teile
  ähnlich schnell erreichen wie sog. schnelle Systeme, so daß ihr
  Einsatz aufgrund längerer Topfzeit gegenüber "schnellen" Systemen meist vorteilhaft ist.

Die Erwärmung der Klebfuge kann entweder bis zur vollständigen
Aushärtung des Klebstoffes fortgeführt oder nach Erreichen der

Handhabbarkeit der geklebten Teile innerhalb der Fertigung abge-
brochen werden. Im letztgenannten Fall kann die vollständige Aushärtung entweder bei Raumtemperatur oder bei späterer Erwärmung,
z. B. beim Lacktrocknen, erfolgen.

6.4 Arbeitsschutz

L. Dorn, W. Wahono

Beim Umgang mit Klebstoffen können sich Gefahren ergeben. Viele
Klebstoffe sind sowohl gesundheitsschädlich als auch brand- und
explosionsfähig. Die Gesundheitsgefahren werden oft unter-
schätzt, da sie sich oft erst nach längerer Zeit bemerkbar machen. Angefangen bei der Lagerung von Klebstoffen vor ihrer Verarbeitung sind Sicherheitsmaßnahmen zu beachten, die dem Schutz
des Menschen, des Betriebes und der Umwelt dienen.

Beim Entfetten der Fügeteiloberflächen können Lösemittel sowohl
über die Atemluft als auch über die Haut aufgenommen werden. Lösemittel und leichtflüchtige Bestandteile sind auch in vielen
Klebstoffen enthalten, die während ihrer Verarbeitung und auch
noch nach dem Verkleben auftreten können. Ist mit der Entstehung
solcher Arbeitsstoffe zu rechnen, so ist die Einhaltung der maximalen Arbeitsplatz-Konzentration zu beachten, die in der Liste
der MAK-Werte geregelt ist [6.21]. Die gesundheitsschädlichen
Dämpfe müssen deshalb abgesaugt werden, wodurch gleichzeitig die
Entstehung gefährlicher explosionsfähiger Atmosphäre unterbunden
wird. Für Bodenabsaugung ist außerdem zu sorgen, da Lösemittel-
dämpfe schwerer als Luft sein können. Die Absaugeinrichtungen
sind so auszulegen, daß sie den erforderlichen Sicherheitsanfor-
derungen genügen. Sie müssen beispielsweise so gebaut sein, daß
die Gefahr der Funkenbildung aufgrund des Schleifens der Venti-
latorenflügel am Gehäuse nicht besteht.

Das Absaugen allein reicht für den Klebarbeitsplatz wegen ver-
minderter Luftzirkulation jedoch nicht aus, so daß entsprechende
Zuluft gewährleistet werden muß. Dabei ist die mögliche Verände-

rung der Raumtemperatur durch die unter Umständen niedrige Aussentemperatur zu berücksichtigen.

Sowohl die Dämpfe der Beizbäder als auch die beim Beizen mancher Werkstoffe entstehenden Reaktionsprodukte sind gesundheitsschädlich. Absaugeinrichtungen solcher aggressiven Dämpfe sind korrosionsbeständig auszulegen. Gefahren bestehen selbst durch das Beizmittel, das Haut-, Augenschäden usw. verursachen kann. Beim Ansetzen des Beizmittels darf auf keinen Fall Wasser in die Säure gegeben werden. Die Säure ist langsam ins vorgelegte Wasser unter ständigem Rühren einzufüllen. Bei der Lagerung, dem Transport, der Verarbeitung und der Beseitigung sind Vorschriften zur Arbeitssicherheit und zum Umweltschutz streng zu beachten.

Werden Fügeteile mechanisch vorbehandelt, so entstehen Stäube, die Gesundheitsschäden verursachen können. Vor allem beim "Sandstrahlen" ist mit verstärkter Staubbildung am Arbeitsplatz zu rechnen. Die Stäube können toxisch oder sogar karzinogen sein. Sie können außerdem die Funktion mancher staubempfindlicher Maschinen beeinträchtigen.

An den Anlagen der elektrischen Vorbehandlungsverfahren sind die entsprechenden Sicherheitseinrichtungen zu bauen. Dies betrifft nicht nur die hochspannungsführenden Teile, sondern auch die Absaugung und das Filtern der entstehenden u.U. gesundheitschädlichen Gase.

Bei der Verarbeitung von Klebstoffen, wie z.B. Abfüllen, Umfüllen, Mischen, Auftragen usw. sind Sicherheitsmaßnahmen zu beachten, wie sie unter anderem aus [6.22-6.25] zu entnehmen sind. Beim Aushärten können andere gesundheitsschädliche Arbeitsstoffe entstehen, die zu Gefährdungen führen, vor allem wenn großflächig verklebt wird. Erfolgt die Aushärtung in einem Ofen, so ist auch hier abzusaugen.

Wichtig beim Umgang mit Klebstoffen sind ebenfalls der Hautschutz, die Hautreinigung und Hautpflege. Außer persönlicher Schutzmittel, wie z.B. Handschuhe, Kittel und Schutzbrille, sind Augenspülflasche und Ausrüstungen für die erste Hilfe wesentliche Bestandteile eines Klebarbeitsplatzes, an dem das Rauchen, Essen und Trinken untersagt ist.

Zu den Schutzmaßnahmen gehört auch das Unterrichten der Mitarbeiter über den sicheren Umgang mit Klebstoffen, so daß automatisch beachtet wird, daß Klebstoffe auch bei fehlender Kennzeichnung nach der Arbeitsstoffverordnung gesundheitsschädlich sein können.

6.5 Integration des Klebens in die Fertigung

R. Bischoff, H. Elsner

Sofern es dem Konstrukteur gelingt, die vielfältigen technologischen Vorteile des Klebens durch geschickte Gestaltung der Fügeteile, Auswahl geeigneter Werkstoffe und deren Verarbeitung zu nutzen, so können geklebte Produkte auch in der industriellen Massenproduktion herstellbar sein. Für welche Fertigungsart man sich entscheidet, hängt in erster Linie von der Seriengröße und der Flexibilität der Anlage ab.

In Anlehnung an die genannten Überlegungen und Ergebnisse soll im Folgenden ein Beispiel gezeigt werden, wie mit einem Automaten die Herstellung von einschnittig überlappten Kunststoff-Metall-Klebungen realisiert werden kann. Dazu wurde ein zweikomponentiger Epoxiklebstoff mit einer Topfzeit von 4 min verwendet.

Der prinzipielle Aufbau der Anlage ist im Bild 6.33 gezeigt. Das Grundelement ist ein Rundtisch mit 24 Probenhalterungen, die die Proben bis zur Handhabbarkeit positionieren. Die Zuführeinrichtungen für die Proben, die Klebstoff-Misch- und Dosieranlage sowie die Entnahmeeinrichtung befinden sich an der Peripherie des Rundtisches.

Die Kunststoffteile werden mit einem Förderband zugeführt, so daß die Möglichkeit besteht, die Teile von einer Klebflächenvorbehandlungs- oder von der Herstellungsanlage ohne Zwischenstation anzuliefern. Das Förderband dient gleichzeitig als Magazin.

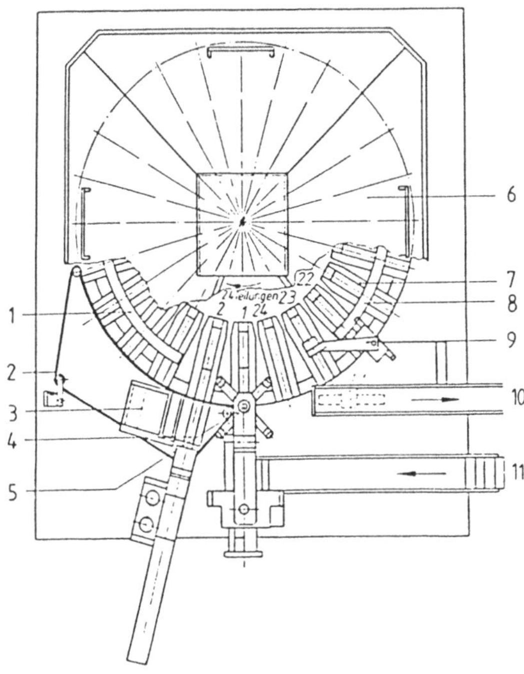

Bild 6.33. Prinzipieller Aufbau eines Handhabungsgerätes zur
Herstellung von Klebungen

    1: Heißluftrohr   6: Heißluftrohr
    2: Führungsband zum   7: Probenhalterung
       Positionieren der   8: Kaltluftrohr
       Kunststoffproben   9: Auswerferstation
    3: Stapelmagazin   10: Abführrinne
    4: Einleger   11: Zuführband für
    5: Kopf der Misch- und   Kunststoffproben
       Dosieranlage

Dadurch wird eine Berührung vorbehandelter Klebflächen verhindert. Jeweils ein Kunststoffteil wird mit der Klebfläche unter
den Mischkopf der Misch- und Dosieranlage gefahren, Klebstoff in
der Form einer Raupe aufgebracht und dann in die endgültige Lage
in die Halterung geschoben. Als nächster Arbeitstakt erfolgt das
Auflegen des Stahlteils, das aus einem Stapelmagazin entnommen
wird. Die Arbeitsschritte zwischen Klebstoffauftrag und Auflegen
des Stahlteils erfolgen unmittelbar nacheinander, um die offene
Wartezeit des Klebstoffes möglichst kurz zu halten.

Die Stahlteile werden mit Hilfe von Magneten in der Probenhalterung fixiert; die Anziehungskraft der Magneten reicht aus, um die notwendigen Fixierkräfte in der Klebfuge zu erzeugen. Die Kunststoffteile werden mit einem mitlaufenden Führungsband gegen einen Anschlag in der Probenhalterung gedrückt und so positioniert.

Nach einem weiteren Arbeitstakt fährt die Probe in einen Heißluftofen ein. Je nach Aushärtungszeit des Klebstoffes wird über mehrere Arbeitstakte erwärmt; zur Abkühlung der Klebfuge wird Kaltluft auf die Probe geblasen. Die Grenze Warmluft/Kaltluft ist variabel einstellbar; für den Aufheiz- und Abkühlvorgang stehen insgesamt 20 Arbeitstakte zur Verfügung. Im letzten Arbeitstakt eines Umlaufs werden die geklebten Proben aus der Halterung entnommen und abgelegt.

Bei einer lokalen Erwärmung der Proben im Klebfugenbereich durch Warmluftzufuhr auf die Stahlprobenseite erwies sich eine Aufheizzeit von minimal 2 min mit einer anschließenden Abkühlzeit von mindestens 1 min für die weitere anschließende Handhabung der verklebten Proben (> 4 N/mm²) erforderlich. Somit werden zum Aufheizen 13 und zum Abkühlen 7 Arbeitstakte benötigt und die Taktzeit beträgt 9 s.

Der Vorteil dieser Anlage liegt darin, daß sowohl Klebstoffe mit unterschiedlichen Aushärtungszeiten als auch verschieden temperaturempfindliche Werkstoffe verarbeitet werden können, weil die Heiztemperatur und die Anzahl der Aufheiz- und Abkühltakte einstellbar sind.

Die erreichbare Taktzeit kann optimal an das System Bauteil – Klebstoff angepaßt werden und wird bestimmt durch:
- Topfzeit (muß größer als die Taktzeit sein),
- offene Wartezeit des Klebstoffes (kann geringer als die Taktzeit sein),
- Aufheiz- und Abkühlzeit für Aushärtungsvorgang.

Durch Auswechseln der Probenhalterungen und ggf. der Magazine und Greifer können auch anders geformte Bauteile verklebt werden.

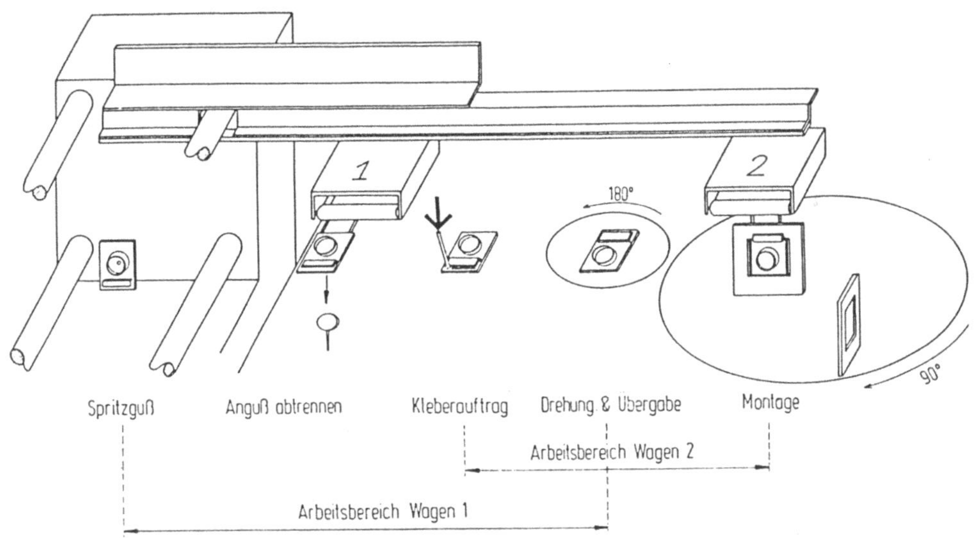

Bild 6.44. Prinzipieller Aufbau einer integrierten Fertigungslinie zur Herstellung von Klebungen

Eine weitere Möglichkeit der Integration des Klebens in die Fertigung wird hier am Beispiel des thermoplastischen Frontscheinwerfer-Trägers (Kapitel 4) dargestellt.

Das Bild 6.34 zeigt eine integrierte Fertigungslinie, die die Klebprozeßdurchführung taktsynchron mit der Herstellung des Kunststoffteils ermöglicht. Der Schlitten (1) fährt auf einem Linearlager zwischen die geöffneten Werkzeughälften der Spritzgießmaschine und entnimmt das gerade gespritzte Kunststoffügeteil. Der schwenkbar am Schlitten gelagerte Greifer mit dem Kunststoffteil führt nun das Teil in waagerechter Lage zu einer Station, an der der Anguß mechanisch abgetrennt wird, während die Spritzgießmaschine das Werkzeug geschlossen hat und das nächste Teil spritzt. Im nächsten Schritt wird das Teil unter einer ortsfesten Klebstoffauftragseinrichtung vorbeigeführt, wo die erste Klebstoffraupe aufgetragen wird. Zum Auftrag der zweiten Klebstoffraupe wird das Teil vom Schlitten (1) in eine Wendevorrichtung übergeben und, um 180° gedreht, vom Schlitten (2) übernommen, um es erneut unter der Klebstoffauftragseinrichtung hindurch zu führen, während der Schlitten (1) bereits das näch-

ste Teil aus der Spritzgießmaschine entnimmt. Im letzten Prozeß-
schritt wird das Kunststoffügeteil vom Schlitten (2) an das Metallfügeteil herangeführt und gefügt.

Durch die zeitliche und örtliche Integration des Klebens mit der
Kunststoffügeteilfertigung kann die Restwärme vom Spritzguß ge-
nützt werden, um die Reaktion des Klebstoffes schneller zu star-
ten. Das Kunststoffügeteil wird in einem immer gleichen Zustand
geklebt, was für eine gleichmäßige Qualität der Klebung notwendig ist. Durch die örtliche Integration entfällt nicht nur eine
Lagerung der Kunststoffteile zwischen Spritzgießen und Kleben,
sondern es bleibt die Positionierung des Teils von der Spritzgießmaschine her erhalten, so daß das Magazinieren, Vereinzeln
und erneute Positionieren entfällt.

Anlagen mit hoher Prozeßintegration sind in der Regel weniger
flexibel als solche, bei denen die einzelnen Fertigungsschritte
unabhängig voneinander ablaufen. Dieser Nachteil wird in der
Massenfertigung jedoch von dem Vorteil der geringeren Störungs-
anfälligkeit (weniger Positioniervorgänge) und der u.U. höheren
Qualität (keine Verunreinigung durch Zwischenlagerung) ausgeglichen.

Mit der dargestellten Taktfertigung eines geklebten Bauteils
soll gezeigt werden, daß auch mit einfachen Mitteln eine Klebung
schnell, prozeßintegriert und wirtschaftlich durchführbar ist.

7 Schema der empirischen Vorgehensweise bei der Lösung von Klebaufgaben

W. Brockmann

Die bisherige Vorgehensweise bei der Entwicklung geklebter Verbindungen ist weitgehend durch Empirie bestimmt, da verständliche und umfassende Regelwerke bisher nicht zur Verfügung stehen. Dieses Handbuch soll ein Schritt auf dem Wege zur Systematisierung bei der Entwicklung sein. Die Möglichkeiten einer Systematisierung bauen auf einfachen Fragen und Vorentscheidungen auf, die von einem in der Klebtechnik beschlagenen Fachmann beantwortet werden müssen, um einem potentiellen Anwender zur Problemlösung zu verhelfen.

Erste Frage:
Wie sieht das Klebbauteil aus, aus welchen Werkstoffen besteht es und welche Form und Größe haben die vorgesehenen Verbindungsstellen ?

Diese richtet sich nach der Konfiguration, teilweise der Größe und auch nach den zu verklebenden Werkstoffen. Anhand der Antworten können bereits zwei wichtige Vorentscheidungen gefällt werden. Zunächst einmal die, ob Oberflächenvorbehandlungen für die Fügeteile prinzipiell erforderlich sind oder nicht, was beispielsweise bei Polyethylen und Polypropylen oder Polyfluorkohlenwasserstoffe zwingend ist, bei anderen Werkstoffen wie Polyamiden, Polykarbonaten und auch Metallen aber nicht unbedingt. Zum anderen kann eine Vorentscheidung über zu verwendende Klebstoffe insbesondere aus der Konfiguration der Klebung getroffen werden, da beispielsweise mit physikalisch abbindenden Systemen meistens nur flächige Verbindungen realisierbar sind, während Rohrverbindungen mit reaktiven Systemen, allenfalls noch mit Schmelzklebstoffen, herzustellen sind. Gleiches gilt auch für konstruktiv zweifellos günstige, nutförmige Verbindungen.

Beispiel:
Geklebt werden soll der in Kapitel 4 beschriebene Scheinwerferträger. Werkstoffe sind kurzfaserverstärktes Polykarbonat und Karosseriestahl ohne Lackierung. Daraus folgt: Polykarbonat braucht nicht vorbehandelt zu werden, Stahl muß zumindest mechanisch aufgerauht, besser zusätzlich gegen Korrosion geschützt sein.

Mögliche Klebstoffe sind hinsichtlich Eintrag in die Nut, Auftrag auf die zweite Anlagefläche und Vorwärmbarkeit des metallischen Fügeteils schnellhärtendes Zweikomponenten-System oder langsamer härtendes zweikomponenten System und induktive Nacherwärmung der Klebung über das Stahlfügeteil.

Verfügbare Klebstoffe in diesem Fall: Zweikomponenten-Epoxidharze, Zweikomponenten-Pulyurethanharze, Acrylate der zweiten Generation. Zu berücksichtigen ist jedoch, wie hoch beim späteren Einbrennen eines Schutzlackes die Klebungen und das Polykarbonatteil erwärmt werden.

Zweite Frage:
Unter welchen Umweltbelastungen muß die Klebung ihre Aufgabe erfüllen ?

Diese Frage umfaßt einerseits fertigungstechnische Folgeschritte und andererseits die maximal auftretenden Betriebstemperaturen und die Umgebungsmedien, wobei korrodierende Beanspruchungen und Feuchtigkeit aus der Umwelt im Vordergrund des Interesses stehen. Aus diesen Bedingungen läßt sich zunächst entscheiden, ob Kleben eine geeignete Verbindungstechnik für das geplante Teil ist. Kann diese Frage wegen Betriebstemperaturen unter langzeitig etwa maximal 100°C und aus der Sicht des Medienangriffs zunächst positiv bewertet werden, läßt sich die Klebstoffauswahl sowohl hinsichtlich Temperatur als auch Medienbeanspruchung bereits eingrenzen. So ist bekannt, daß Acrylate der zweiten Generation die bessere Beständigkeit als Zwei-komponenten-Epoxidharzklebstoffe aufweisen. Insbesondere die Medienbeanspruchung ist dafür maßgeblich, ob die Stahloberflächen zum Kleben im Ausgangszustand verbleiben können oder vorbehandelt werden müssen. Mechanische und chemische Vorbehandlungen gewährleisten erfahrungsgemäß insbesondere in Verbindung mit Epoxidharz- und Polyurethan-Klebstoffen gegenüber dem unvorbehandelten Zustand bessere Langzeitbeständigkeit der Klebungen.

Beispiel: Geklebter Scheinwerferträger:
Einbrenntemperatur bei späteren Lackiervorgang bei in Aussicht genommenen Klebstoffen bis jetzt problematisch. Betriebstemperatur im Kraftfahrzeug mit einiger Sicherheit beherrschbar. Medien der Umgebung, natürliches Klima und korrodierende Einflüsse beispielsweise durch Streusalz zwingen zur Oberflächenvorbehandlung des Stahls. Dennoch kann eine sichere Aussage für das Langzeitverhalten über eine bei einem Kraftfahrzeug erwartete Lebensdauer von 10 bis 12 Jahren auch aus der Kenntnis des Fachmannes ohne Versuche nicht gegeben werden.

Dritte Frage:
Welchen mechanischen Beanspruchungen muß die vorgesehene Klebung widerstehen ?

Dabei ist zu differenzieren, ob Kurzzeitfestigkeit, ruhende Langzeitbeanspruchung oder auch dynamische Langzeitbeanspruchung oder Schlagbeanspruchung gefordert wird. Nur in den seltensten Fällen läßt sich diese Frage quantitativ leicht beantworten, obwohl man in einer ersten Schätzung kontrollieren sollte, daß die geplanten Klebungen langzeitig grob gerechnet nicht höher als etwa 10 % der statischen Anfangsfestigkeitswerte des geplanten Klebsystems zu ertragen haben. Die Klärung dieser Frage kann bereits zur Vorentscheidung führen, ob die geplanten Abmessungen der Klebfläche ausreichen oder nicht und eine weitere Eingrenzung der in Aussicht genommenen Klebstoffe bewirken.

Beispiel: geklebter Scheinwerferträger:
Als Klebbauteil gut geeignet, aber Verformungsunterschiede zwischen Stahl und Kunststoff können Probleme bereiten und dynamische Versuche müssen durchgeführt werden, insbesondere Simulationen von Auffahrvorgängen.

Vierte Frage:
Wie schnell muß geklebt werden ?

Die maximal vorgegebenen Taktzeiten für das zu klebende Teil sind ein wesentlicher Faktor bei der Auswahl der geeigneten Klebstoffe. Besonders schnell läßt sich mit Schmelzklebstoffen arbeiten, etwas weniger schnell sind warmhärtende Einkomponenten Systeme und spezielle Zweikomponenten-Reaktionsklebstoffe Nahezu beliebig kurze Taktzeiten lassen sich mit Haftklebstoffen erreichen. Die Frage der Taktzeit in Zusammenhang mit den in Aussicht genommenen Klebstoffen entscheidet auch, wie weit Hilfsgeräte zum Mischen und Dosieren eingesetzt werden müssen oder nicht.

Beispiel: geklebter Scheinwerferträger:
Schmelzklebstoffe wegen der Konfiguration nur schwierig anwendbar.
Reaktionsklebstoffe, zweikomponentig in Prinzip bei Taktzeiten von etwa 2 bis 3 Minuten bis zur Handhabbarkeit gut einsetzbar, automatische Mischung und Dosierung notwendig, eventuell Nachhärtung durch Wärmezufuhr (beispielsweise durch Aufsetzen von Induktionsspulen in Teilen der geklebten Bereiche, sogenannte punktweise Schnellaushärtung).

Fünfte Frage:
Kann warmausgehärtet werden ?

Diese Frage gilt lediglich dann, wenn Reaktionsklebstoffe in Frage kommen. Ist Warmaushärtung möglich, können die einfach verarbeitbaren Einkomponenten-Klebstoffe eingesetzt werden, bei denen weniger Fertigungsfehler vorkommen können. Eine Warmaushärtung bietet auch bei Zweikomponentensystemen wegen der dabei möglichen Erniedrigung der Viskosität der Klebstoffe höhere

Sicherheit für zuverlässige Adhäsion. Entgegen mancher Annahme
ist Warmaushärtung in fast allen Fällen durchführbar.

Beispiel: geklebter Scheinwerferträger:
Warmaushärtung durch Aufsetzen von Hochfrequenz-Induktionsspulen
an Stahlteilen möglich und in einen geplanten Fertigungsablauf
gut integrierbar.

Sechste Frage:
Stückzahl der Klebungen pro Zeiteinheit ?

Diese Frage führt zur Entscheidung, ob von Hand oder automatisch gefertigt werden muß und dient der Entscheidung, welche
Klebstoffsysteme in Frage kommen.

Beispiel: geklebter Scheinwerferträger:
Vollautomatisierung des Klebprozesses ist nicht erforderlich,
da das Kunststoffügeteil sich selbst richtig fixiert. Klebstoff
kann mit automatischem Misch- und Dosiergerät von Hand in Nut
und auf Klebfläche aufgetragen und Kunststoffteil von Hand in
Stahlteil eingesteckt werden. Zuführung von eventuell erforderlichen Induktionsspulen kann von Hand oder automatisch erfolgen.

Siebte Frage:
Liegt beim Anfragenden Erfahrung mit dem Kleben vor und welche
Literatur kennt der Anfragende ?

Diese Frage ist wesentlich bei Ratschlägen und Entscheidungen
über Maßnahmen der Qualitätssicherung für die geplante Fertigung.

Achte Frage:
Müssen Vorversuche gemacht werden ?

Diese Frage kann nur dann mit nein beantwortet werden, wenn
direkte Erfahrungen mit analog konzipierten und beanspruchten
Klebungen und bestimmten Klebstoffen bereits vorliegen. In
praktisch allen anderen Fällen müssen Vorversuche durchgeführt
werden. Diese Frage ist wesentlich für eine Klebstoffempfehlung

und Verfahrensempfehlung. Es können Entscheidungen über die Art
der Vorversuche und auch die Zeit eventuell notwendiger Versuche zur Bestimmung der Beständigkeit gegenüber Umwelteinflüssen
getroffen werden. Während der Vorversuche können vom potentiellen Anwender eine Rückmeldung an den Fachmann über Teilergeb-
nisse erfolgen und von diesem weitere Optimierungsschritte vor-
geschlagen werden. Außerdem können auf die Frage Empfehlungen
zur Auswertung der Versuchsergebnisse gegeben werden.

Beispiel: geklebter Scheinwerferträger:
Klebstoffempfehlung für erste Bauteiluntersuchungen:
schnellhärtendes Zweikomponenten-Polyurethanharz und Acrylat
der zweiten Generation, Fertigung von Musterteilen.
Versuche zur Bestimmung der Beständigkeit gegenüber Umwelteinflüssen an Musterteilen, in denen von der Autoindustrie ent-
wickelten Kombinationstests und anschließende Festigkeitsprüfung
und Oberflächenanalysen an den zerstörten Klebungen, möglichst
lange Umweltbeanspruchung, Simulation der Lastfälle, Fahrvor-
gänge, Bremsvorgänge, kleine Auffahrunfälle auf dynamischer
Prüfmaschine.

Neunte Frage:
Welche Schritte zur Qualitätssicherung sind möglich ?

Diese Frage bezieht sich auf die beim Anwender vorhandenen Gegebenheiten für eine klebstoffgerechte Wareneingangskontrolle,
Ablaufkontrollen während der Fertigung und eventuell zerstörungsfreie Prüfungen des fertigen Produktes während der Fertigung
oder an ausgewählten Teilen. Resultat aus solchen Fragen können
konkrete Verfahrensempfehlungen sein.

Beispiel: geklebter Scheinwerferträger:
Wareneingangskontrolle des Klebstoffes anhand von Zugscherproben
und Viskositätsmessungen sowie Dokumentation des Fertigungs-
datums und der Lagerungsbedingungen unerläßlich, Ablaufkontrollen während der Fertigung hinsichtlich Oberflächenvorbehandlung
optisch.
Klebstoffauftragmengen optisch, eventueller Nachhärtungszyklus
möglichst automatisiert und damit nicht beeinflußbar, visuelle

Prüfung der fertigen Klebung, eventuell Röntgenprüfung mit
Weichstrahlröhre, ob Klebfugen gleichmäßig gefüllt sind.

Zehnte Frage:
Welche Schutzmaßnahmen können und müssen getroffen werden ?

Diese Frage bezieht sich auf die Umweltbedingungen und den
Verfahrensablauf.

Zuverlässige Klebungen lassen sich heute nur in geschlossenen
Räumen mit möglichst kontrollierten Klimaten durchführen.
Handfertigung sollte soweit wie möglich vermieden werden und
Fragen des Arbeitsschutzes sind abhängig von der Klebstoff-
auswahl zu berücksichtigen.

Beispiel: geklebter Scheinwerferträger:
Örtliche Absaugung am Klebplatz, bei automatischen Klebstoff-
misch- und Dosiereinrichtungen und den verhältnismäßig kleinen
Klebstoffmengen zumindest im Falle der Polyurethanharze keine
Absaugung erforderlich; bei Verwendung von Acrylaten der zwei-
ten Generation unbedingt erforderlich. Direkte Berührung von
Haut mit ungehärteten Klebstoff verhindern. Bei Handhabung und
Transport des Klebstoffes Gefahrenklasse berücksichtigen.

Es ist klar, daß die Fragen und kurzzeitig zu gebenden Antworten
in einem solchen fiktiven Dialog nicht oder nur in den seltensten Fällen zur optimalen Problemlösung führen können. Immerhin
erlaubt ein solches Frage- und Antwortspiel eine generelle Entscheidung, ob geklebt werden kann oder nicht und verringert damit die Gefahr hoher Versuchs- und Entwicklungskosten. Außerdem
liefert es dem potentiellen Anwender bereits klare Hinweise
darauf, daß Kleben meist keine einfache Fügetechnologie sein
kann, wenn hohe Qualität erwartet wird.

8 Schema der systematischen Vorgehensweise

H. Käufer, R. Chemnitius

8.1 Systematik

Einen systematisierten Überblick über die Anordnungs- und
Gestaltungsmöglichkeiten gibt Bild 8.1. Hier sind den
Gestaltungsmerkmalen auch die entsprechenden Auswahlmerkmale
beigeordnent. Bild 8.2 zeigt die Systematik zur Vorgehensweise
bei der Konstruktion des Fügebereichs. Diese systematisierte
Vorgehensweise gliedert sich in eine Vorentwurfsphase und die
eigentliche Entwurfs- und Konstruktionsphase.

In der Vorentwurfsphase wird zunächst aufgrund der Bauteilvorgaben und der Bedingungen, die aus der vorgesehenen Bauteil-
anwendung herrühren, eine Analyse bzw. Definition der Fügeaufgabe
durchgeführt. Hier werden die in den genannten Kapiteln des Buches dargelegten Informationen bzw. Systematiken zu Rate gezogen.
Die daraus gewonnenen Schlußfolgerungen dienen dann dem funktio-
nellen Entwurf. Dabei sind Fragen der Anordnung, Gestaltung, Dimensionierung und Fertigung des Fügebereichs bzw. -partner zu
klären.

Den Abschluß der Vorentwurfphase bildet der Vergleich der aus den
vorausgegangenen Prozessen als Ergebnis vorliegenden Eigenschaften der Klebung mit den an die Konstruktion gestellten Anforderungen. Für den Fall, daß die Anforderungen nicht oder nur teilweise erfüllt werden, werden in den jeweiligen Arbeitsprozessen
Modifikationen vorgenommen. Der Einsprung in die Arbeitsprozesse
richtet sich nach dem Grad der Übereinstimmung zwischen Eigenschaften des Vorentwurfs und Anforderungen an die Konstruktion.
Im extremsten Fall müssen die Bauteilvorgaben und die Anwendungsbedingungen neu überdacht werden.

Die konstruktive Ausarbeitung erfolgt bei Erfüllung der Anforderungen. Sie gliedert sich in werkstoff-, fertigungs- und gebrauchsgerechte Gestaltung. Danach muß wiederum überprüft werden, ob die Funktionen der ausgearbeiteten Konstruktion den Anforderungen entsprechen. Je nach Grad der Übereinstimmung erfolgt, wie oben beschrieben, der Rücksprung in die entsprechenen Arbeitsprozesse. Bei Übereinstimmung ist der Konstruktionsprozeß abgeschlossen.

8.2 Benutzung der Systematiken

Die Systematik dient dem Zweck, ausgehend von einer bestimmten Zielsetzung, Hilfestellung bei der Auswahl der Gestaltungsmerkmale und der Dimensionierung des Fügebereichs zur Verbindung zweier Formteile zu leisten. Im Idealfall wäre sie eine Abbildungsfunktion der Zielsetzung auf die Fügebereichsauslegung. Da aber ein komplexes System bestehend aus verschiedenen Problembereichen vorliegt, ist ein modularer Aufbau des Systems, wie es in Bild 8.3 dargestellt ist, notwendig.

Dieses Schema zeigt den Entwurf eines Programmpakets für die rechnergestützte Auslegung einer Klebung [8.1]. Es verdeutlicht die Schritte, in denen die Fügebereichsauslegung ablaufen soll. Die Vorteile dieses Systems gegenüber einer Gesamtsystematik liegen neben der besonders anwenderfreundlichen Bereitstellung der zum Kleben notwendigen Daten darin, daß der Zufluß von neuem Wissen leichter erfaßbar ist. Das in Bild 8.3 dargestellte Modul "Fügebereichsgestaltung" wird in Bild 8.4 ausführlicher gezeigt.

Nach der Parametererfassung erfolgt aufgrund des nun definierten Aufgabenkatalogs zunächst eine Plausibilitätsüberprüfung. Ziel dabei ist es, nicht miteinander zu vereinbarende Aufgaben bzw. Anforderungen zu ermitteln. Für den Fall, daß Zielkonflikte vorliegen, müssen die entsprechenden Parameter geändert werden. Es folgt dann die Gestaltung und Dimensionierung des Fügebereichs. Sie werden in den Abschn. 8.2.1 und 8.2.2 ausführlich erläutert. Bild 8.4 zeigt, daß zur Gewinnung einer bezüglich den Anforderungen optimalen Fügebereichsgestalt ein iterativer Prozeß notwendig ist. Darauf wird in Abschn. 8.2.2 genauer eingegangen.

Ordnende Gesichtspunkte				Lösungen		Auswahlmerkmale					
Schlußunterstützung	Partner 1 Lage der Fügefläche Partner 2		Hauptbeanspruchungsrichtung	Anwendungsbeispiele (schematische Darstellung)	Nr.	Überlappungslänge	Öffnungsverhältnis	Fugeflächen	Kunststoffart	Herstellung Kunststoffpartner	Bemerkungen
1	2		3	4	5	6	7	8	9	10	11
ohne	K	K	⊥	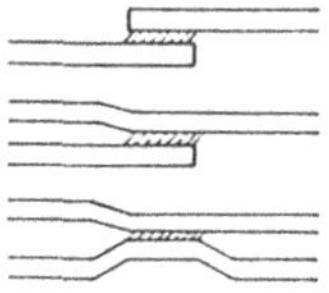	1	bei II klein		rauh, behandelt	gut klebbar	alle	
	K	F	und		2						
	F	F	und Moment		3						
Kraft-schluß	K	K	II und Moment		4	beliebig	konisch vor einschieben	evtl. glatt		Extrusion, Spritzgießen	klebauftrag- und fügefreundlich
	K	F			5						
Form-schluß	K	K	⊥	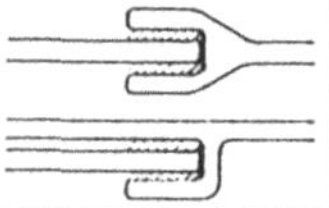	6	beliebig	konstant	evtl. glatt		Extrusion, Spritzgießen	klebauftrag- und fügefreundlich
	K	F			7						
	K	K	II	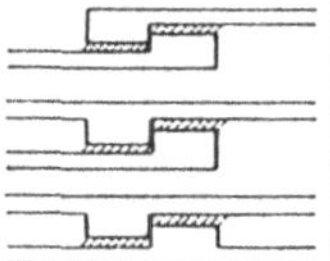	8	klein		rauh behandelt	gut klebbar	alle	
	K	F			9						
	F	F			10						
	K	K	Moment	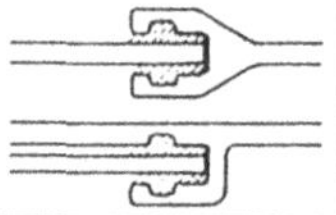	11	beliebig	konstant	evtl. glatt		Extrusion, Spritzgießen	klebauftrag- und fügefreundlich
	K	F			12						
Kraft- und Form-schluß	K	K	II und Moment	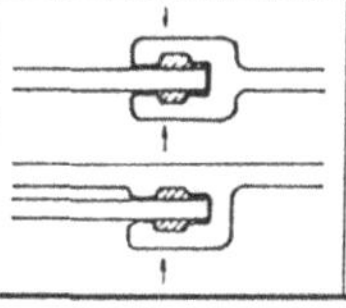	13	beliebig	konisch vor einschieben	glatt		Extrusion, Spritzgießen	klebauftrag- und fügefreundlich
	K	F			14						

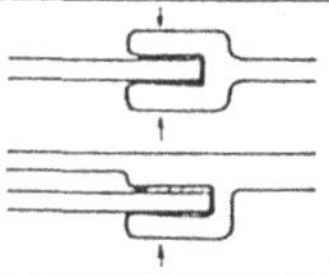

K = an Kante
F = in Fläche

Bild 8.1. Systematik der Anordnung und Gestaltung

Bild 8.2. Systematik der Vorgehensweise beim Entwerfen von
Kunststoff-Metall-Klebungen ▶

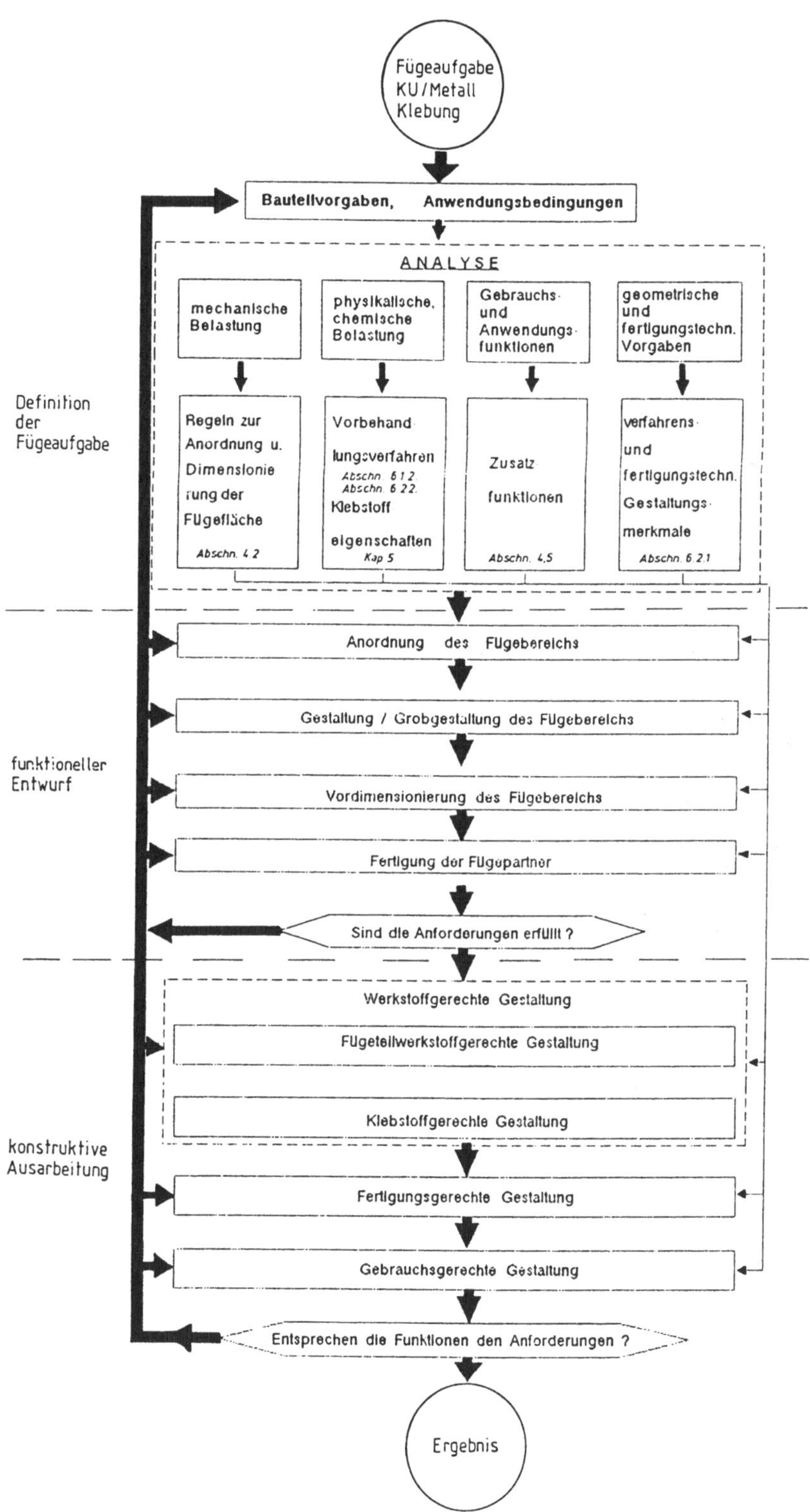
Fügeaufgabe
KU/Metall
Klebung

Bauteilvorgaben,   Anwendungsbedingungen

ANALYSE

mechanische
Belastung

physikalische,
chemische
Belastung

Gebrauchs-
und
Anwendungs-
funktionen

geometrische
und
fertigungstechn.
Vorgaben

Regeln zur
Anordnung u.
Dimensionie
rung der
Fügefläche
Abschn. 4.2

Vorbehand-
lungsverfahren
Abschn. 6.1.2.
Abschn. 6.2.2.
Klebstoff
eigenschaften
Kap 5

Zusatz
funktionen
Abschn. 4.5

verfahrens-
und
fertigungstechn.
Gestaltungs-
merkmale
Abschn. 6.2.1

Definition
der
Fügeaufgabe

Anordnung   des   Fügebereichs

Gestaltung / Grobgestaltung des Fügebereichs

Vordimensionierung des Fügebereichs

Fertigung der Fügepartner

Sind die Anforderungen erfüllt ?

funktioneller
Entwurf

Werkstoffgerechte Gestaltung

Fügeteilwerkstoffgerechte Gestaltung

Klebstoffgerechte Gestaltung

Fertigungsgerechte Gestaltung

Gebrauchsgerechte Gestaltung

Entsprechen die Funktionen den Anforderungen ?

konstruktive
Ausarbeitung

Ergebnis

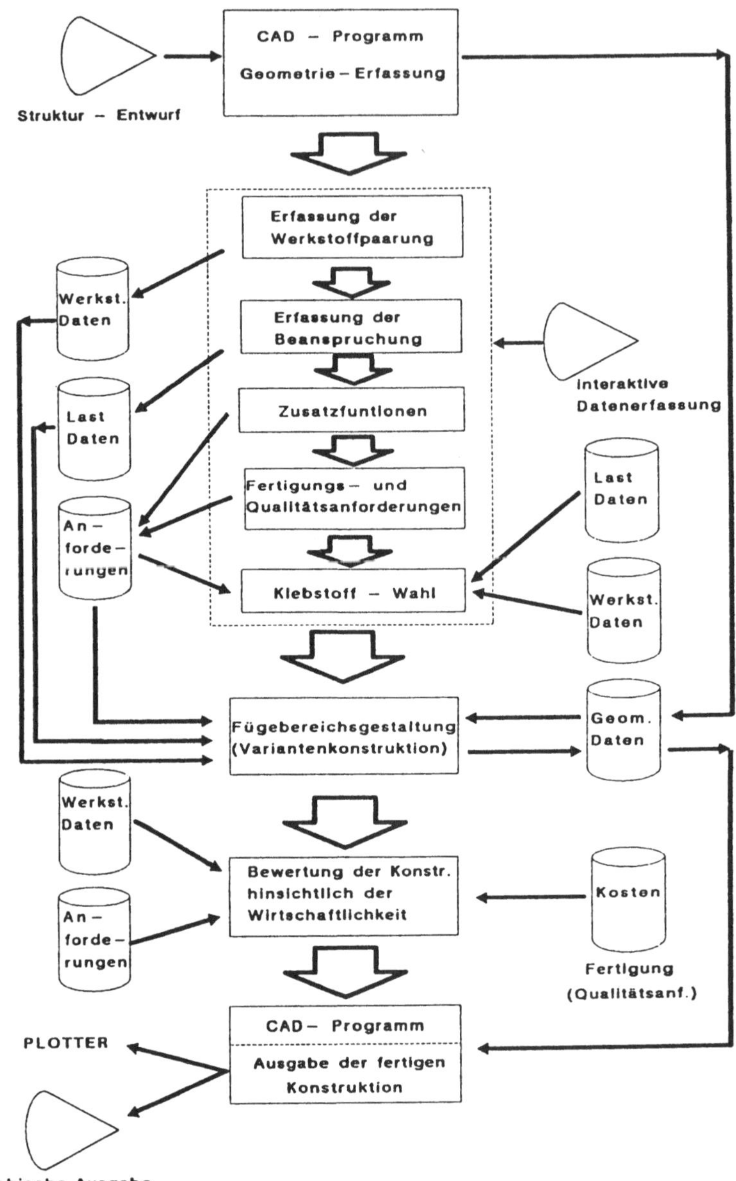

Bild 8.3. Überblick über den modularen Aufbau des wissensbasierten Systems

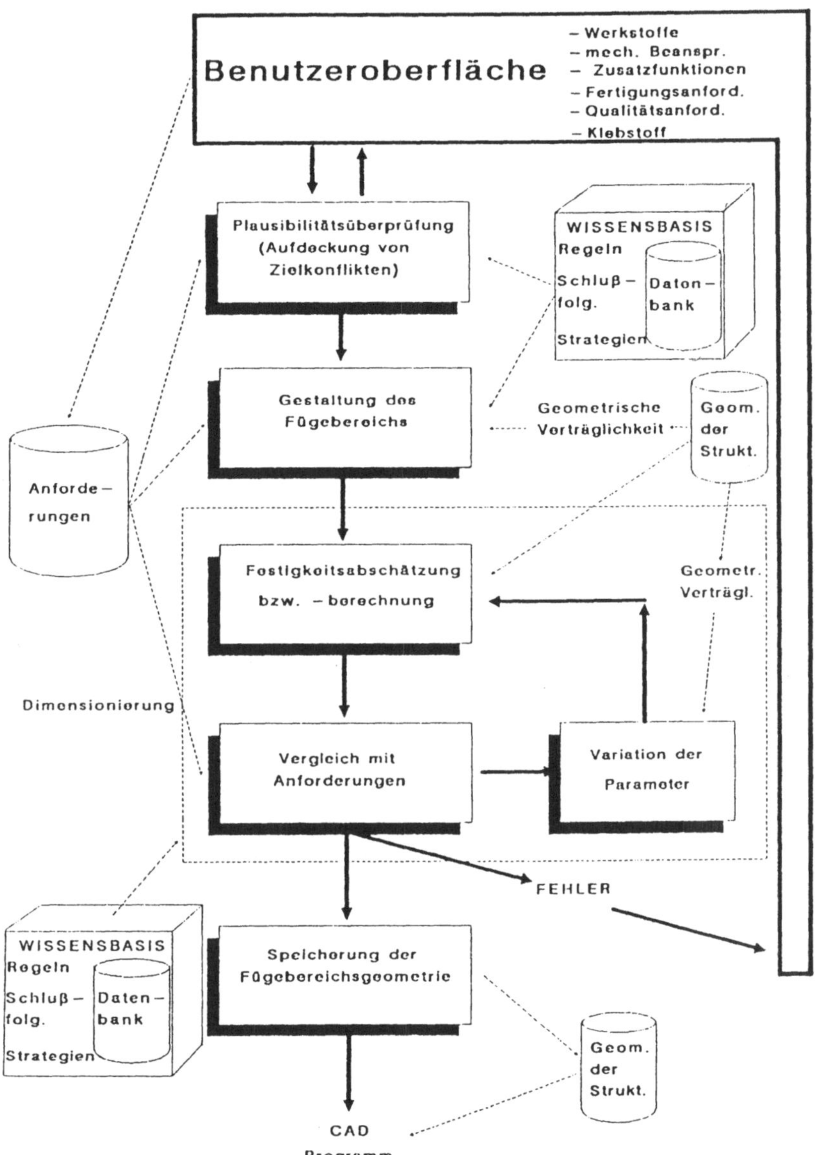

Bild 8.4. Module des wissensbasierten Systems

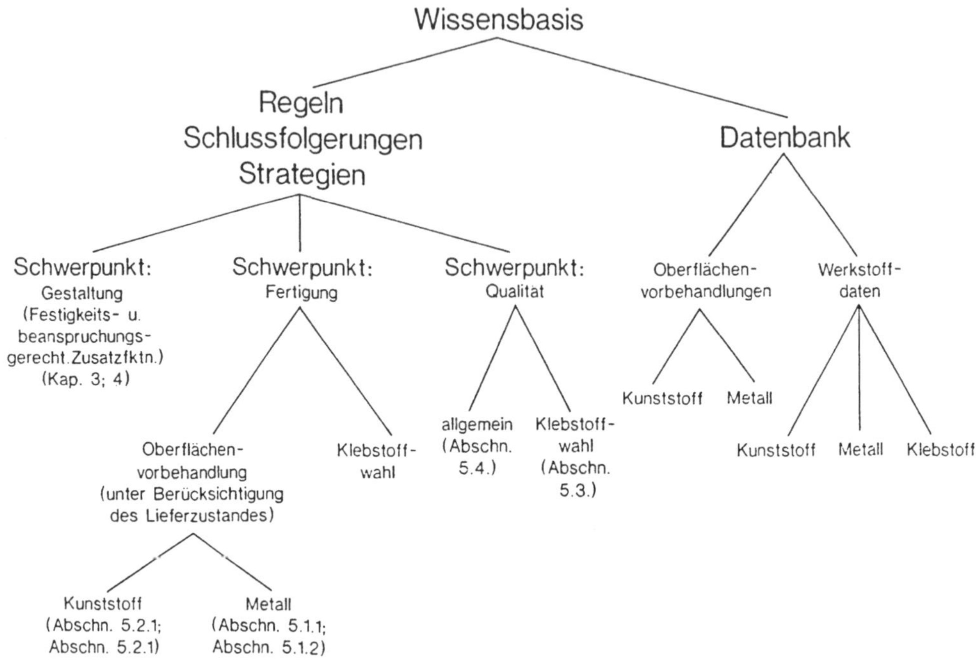

Bild 8.5. Die Wissensbasis

Die in den Schemas dargestellte Wissensbasis ist in Bild 8.5 auf-
geschlüsselt. Sie gliedert sich in eine Datenbank und ein Regelwerk. In der Datenbank sind alle Werkstoffeigenschaften numerisch
erfaßt. Die Dateien sind bisher kaum mit Daten gefüllt, da die
unvollständigen und schwer vergleichbaren Herstellerangaben die
größte Schwierigkeit bei der Erfassung der Werkstoffeigenschaften
bereiten. Das Regelwerk befindet sich im Aufbau. Es benutzt im
Wesentlichen die in diesem Buch dargelegten Informationen.

8.2.1 Zielbezogene Wahl der Gestaltungsmerkmale

Die Klebung ist ein Hilfsbaustein in der Gesamtkonstruktion. Geometrie und Lage des Fügebereichs werden durch die Geometrie der
Fügeteile mitbestimmt. Die Geometrie der Fügeteile wird als er-
stes vom CAD-Programm erfaßt und bereitgestellt (siehe Bild 8.1).
Bevor die Detailgestaltung des Fügebereichs erfolgen kann, muß
sich der Konstrukteur Klarheit verschaffen, welche Aufgaben bzw.
Anforderungen er an die Klebung stellt. Er nimmt somit eine

Gewichtung vor. Ihre Festlegung im Programm erfolgt zunächst durch eine Parametererfassung (siehe Bild 8.1). Die so erfaßten Ziele der Fügebereichsgestaltung lassen sich im wesentlichen in drei Kategorien zusammenfassen. Es sind die funktions-, fertigungs- und die qualitätsgerechte Gestaltung und Ausführung des Fügebereichs. Je nach Zielgewichtung kann eine dieser Kategorien in den Vordergrund treten. Oft muß ein Kompromiß aufgrund der unterschiedlichen Anforderungen angestrebt werden.

Bei der funktionsgerechten Gestaltung ist in den meisten Fällen die Belastungsfähigkeit der Klebung ein wichtiges Ziel, wobei hier weitere Punkte wie Langzeitverhalten, Beständigkeit gegen Umwelteinflüsse (siehe Abschn. 3.4) Beachtung finden können. Kunststoff-Metall-Klebungen können mit zunehmender Effizienz Schälung, Zug, Schub und Druck ertragen. Durch geschickte Ausrichtung der Wirkflächen wird ein möglichst günstiger Lastfall angestrebt. Mehrachsige Spannungszustände sollen vermieden werden. Hier sei auf Kapitel 4 hingewiesen. Aufgrund der dort gemachten Ausführungen ist die prinzipielle Fügebereichsgestalt auswählbar. Konstruktive Rahmenbedingungen können jedoch zu einer ganz anderen Gestaltung führen. Man wird dann auf das Experiment mit Versuchskörpern zurückgreifen müssen.

Ein wesentlicher Vorteil der Klebung gegenüber anderer Fügeverfahren, wie z. B. dem Schweißen, ist die Möglichkeit, eine Vielzahl von Hilfs- bzw. Zusatzfunktionen zu übernehmen. In Abschn. 4.3 wird darauf ausführlich eingegangen. Sie werden in dem modularen Schema in Bild 8.3 als Parameter der Fügebereichsgestaltung erfaßt. Diese Zielaspekte unterliegen aufgrund des an die Gesamtkonstruktion gestellten Anforderungskatalogs einer unterschiedlichen Gewichtung. Sie beeinflussen die Gestalt und somit auch die Festigkeit der Klebung.

Bei der fertigungsgerechten Gestaltung sind in Hinblick auf eine automatische Fertigung Zugänglichkeit und Zeitaufwand zu berücksichtigen. Fügehilfen, Klebstoffauftragshilfen und Fixierungshilfen sind weitere Möglichkeiten der fertigungsgerechten Gestaltung. Die Frage nach einer Fügebereichsgestalt, bei der sich diese Fertigungserleichterungen integrieren lassen, ist nicht

eindeutig beantwortbar. Die Wahl der nutförmigen Klebung wirkt
sich eindeutig fertigungserleichternd aus. Hinsichtlich der Zugänglichkeit der Fügeflächen, was insbesondere die Oberflächenvorbehandlung betrifft, ist jedoch eine einschnittige Klebung
vorzuziehen.

Ein weiteres wichtiges Ziel bei der fertigungsgerechten Gestaltung von Massenprodukten ist die optimale Integration in den Fertigungsprozeß. Dabei ist in Bezug auf die örtliche Anordnung des
Fügebereichs die Zugänglichkeit zu berücksichtigen. Das betrifft
die in Hinblick auf Festigkeitssteigerung notwendige bzw. geforderte Vorbehandlung der Oberflächen der Fügeteile aber auch den
Klebstoffauftrag.

Die Auswahl der Gestalt bestimmt Festigkeit und Fügefreundlich-
keit des Fügebereichs. Ist z. B. eine relativ hohe Festigkeit
gefordert bzw. soll der Herstellungsprozeß in einen automatischen
Fertigungsablauf integriert werden, so ist die doppelt überlappte
Klebung mit Kraft- und Formschluß vorzuziehen. Nur bei dieser
Gestaltung lassen sich Positionierungs- und Fixierungshilfen
integrieren. Weiterhin fertigungserleichternd ist die Schaffung
eines Klebstoffdepots (siehe dazu Bild 3.10). Es sei jedoch
ausdrücklich darauf hingewiesen, daß für den Fall der Notwendigkeit einer Oberflächenvorbehandlung diese Art der Fügebereichsgestaltung nicht fertigungserleichternd ist.

Die Gestalt des Fügebereichs und der Klebprozeß sollen qualitäts-
gerecht sein. Der Klebprozeß muß in Bezug auf die Massenfertigung
reproduzierbar sein. Dabei spielt die Frage der Kontrolle der
Fügeparameter eine große Rolle. Bei der Überprüfung der Eigenschaften der Klebung ist zu berücksichtigen, daß Klebungen nur
schwierig und in Ausnahmefällen zerstörungsfrei prüfbar sind.
Eine fertigungsbegleitende Qualitätssicherung kann daher in der
Regel in Form einer Stichprobenentnahme und zerstörender Prüfme-
thoden erfolgen.

Die Auswahl der Gestaltungsmerkmale wird nicht unwesentlich von
der örtlichen Anordnung des Fügebereichs in der Konstruktion
beeinflußt. In diesem Zusammenhang sei auf Abschn. 2.1 verwiesen.

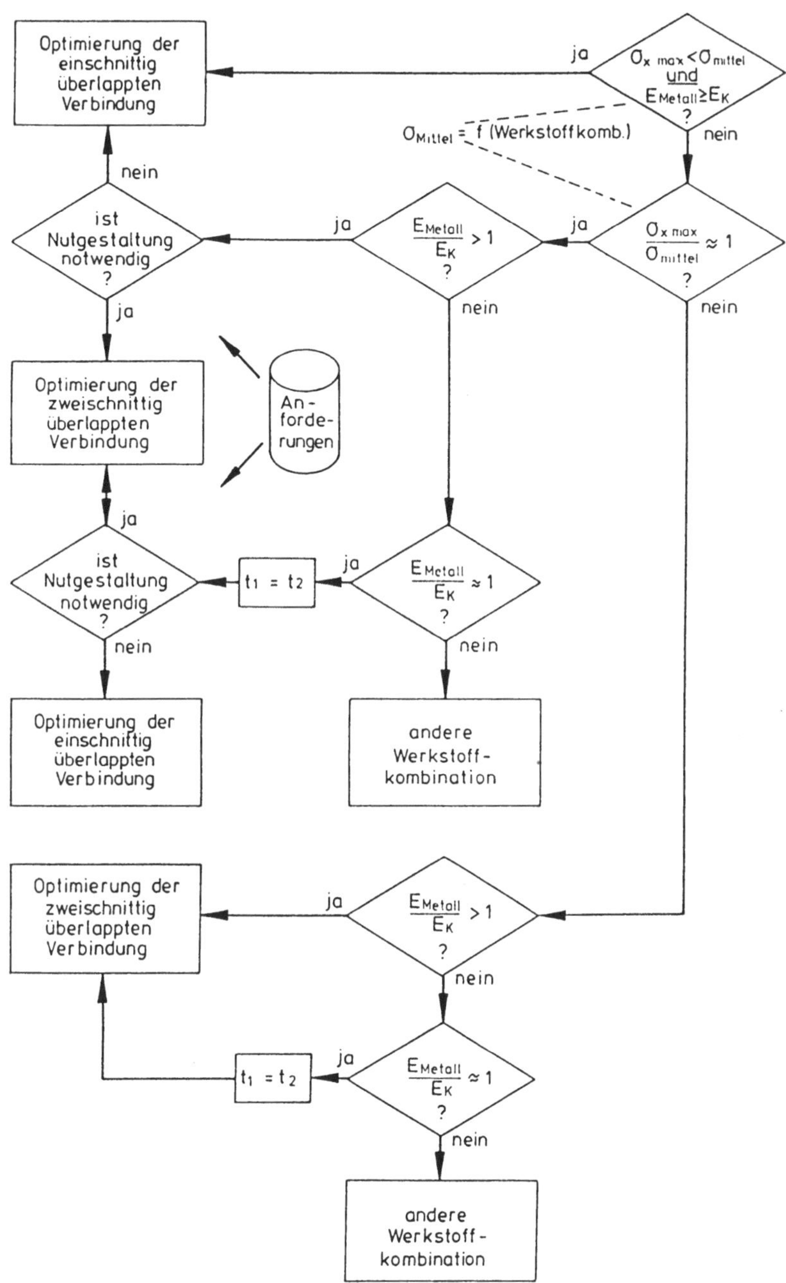

Bild 8.6. Modulares Schema für die Auswahl der Grundgeometrie

218

Das Schema in Bild 8.6 macht anschaulich deutlich, wie die Wahl
der Grundgeometrie durchgeführt werden kann. Die Entscheidungs-
kriterien dabei sind das Beanspruchungsniveau, das E-Modulver-
hältnis der gewählten Werkstoffe und geometrische Kriterien zur
Integration des Fügebereichs in die Gesamtkonstruktion und Kriterien, die sich aus den oben erläuterten Anforderungen ergeben.
Hinter den zuletzt genannten Entscheidungsparametern können sich
jeweils umfangreiche Regelwerke verbergen, welche die Entscheidung, ob eine einschnittig überlappte oder nutförmige Klebung zu
wählen ist, erleichtern.

8.2.2 Dimensionierung

Die Belastungsfähigkeit von Kunststoffbauteilen ist neben der
mechanischen Belastung von verschiedenen Einflußfaktoren wie Zeit
und Temperatur abhängig. Das viskoelastische Verhalten des Kunststoffs ist schwer beschreibbar und bei komplexen Systemen wie
einer Klebung meist nicht zu berechnen. Deshalb müssen die Eigenschaften der Klebung meist aus Versuchen gewonnen werden. Dabei
müssen die Bedingungen der Fertigung berücksichtigt werden. Z. B.
kann mittels des Biegeschälversuchs die Haftfestigkeit der Klebung erfaßt werden. Aufgrund solcher Daten und unter Zuhilfenahme
der Empirie kann eine überschlägige Dimensionierung des Fügebereichs erfolgen. Dabei wird im Rahmen der Zielvorgaben eine optimale Festigkeit der Klebung angestrebt. Am Beispiel der einschnittigen Überlappung zeigt Bild 8.7 das für die elektronische
Datenverarbeitung aufbereitete für quasistatische Kurzzeitbean-
spruchungen gültige Arbeitsschema. Die Optimierung hinsichtlich
der Festigkeit wird zum einen über die Fügeteiloptimierung, zum
anderen über die Klebschichtoptimierung erreicht. Es wird deutlich, daß eine ganze Reihe von Parametern zur Optimierung der
einschnittig überlappten Klebung zur Verfügung stehen.

Neben geometrischen Parametern kann der Klebstoff variiert werden
Dies hat selbstverständlich Auswirkungen auf die aufgrund der
definierten Zielsetzung ermittelte Gestalt. Hier existieren also
deutliche Wechselwirkungen zwischen der Dimensionierungs- und der
Gestaltungssystematik. Es wird also in der Regel ein iterativer

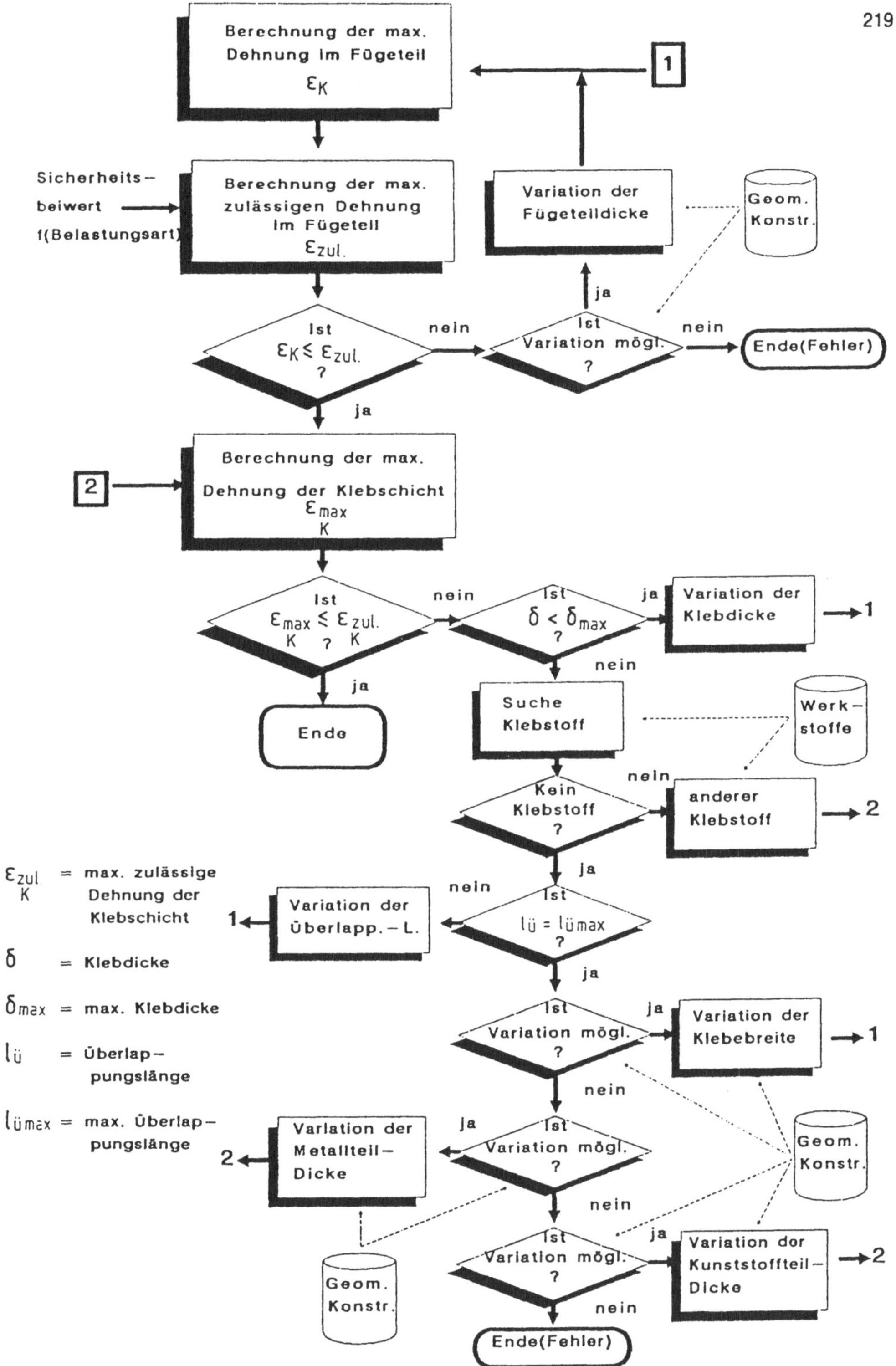

Bild 8.7. Arbeitsschema zur Optimierung der einschnittig überlappten Klebung

Prozeß ablaufen müssen, um eine unter den getroffenen Rahmenbedingungen optimale Gestaltung und Dimensionierung des Fügebereichs zu erzielen.

Das oben Gesagte macht deutlich, daß Strategien in Abhängigkeit von der Parameter- bzw. Zielerfassung zur Gestaltung des Fügebereichs führen. Dies erfolgt selbstverständlich unter Berücksichtigung der Geometrie der Gesamtkonstruktion.

Die Klebung, dies sei an dieser Stelle hervorgehoben, ist ein Hilfsbaustein, der die Produktkosten senken soll oder den Gebrauchswert des Produktes erhöhen soll. Daher sind nicht allein die Kosten der Klebung von Interesse. In dem Schema in Bild 8.3 erfolgt daher eine Abschätzung der Kosten der Gesamtkonstruktion.

8.2.3 Die EDV als Grundlage zur Benutzung der Systematik

Aus den vorangegangenen Kapiteln wird deutlich, daß der Konstrukteur das Wissen vieler Diziplinen, wie der Chemie oder Fertigungstechnik, benötigt, um zu einer günstigen Konstruktion zu gelangen. Ebenfalls ist zu bedenken, daß ständig neue Erkenntnisse und neue Daten hinzukommen. Einen Ingenieur, der Fachmann auf allen Wissensgebieten ist und sich ständig auf dem neusten Stand des Wissens befindet, gibt es nicht. Das alles zeigt die Notwendigkeit, Überlegungen anzustellen, wie dieses umfangreiche Wissen in naher Zukunft möglichst effektiv und leicht handhabbar dem Ingenieur bereitgestellt werden kann.

Der Arbeitsplatz des Konstrukteurs bedarf ebenfalls einer kritischen Betrachtung. Es wird viel Zeit benötigt, um die Konstruktionsidee zu Papier zu bringen. Das Gleiche gilt für die spätere Umsetzung der Konstruktionszeichnung für die Produktion. Der vergleichsweise geringe Zeitaufwand liegt in der Schöpfung einer neuen Idee. Um dieses zeitliche Mißverhältnis zwischen Kreativität und Routinearbeiten in der Entwicklungphase des Produktes zu beheben, bietet gerade der Einsatz von CAD die Problemlösung. Die Vorteile der CAD liegen in der Simulationsmöglichkeit von Fertigungs- und Montageabläufen schon in der Entwurfsphase, der

Ausschöpfung von Konstruktionsalternativen (Optimierung, Variation), der vereinfachten Änderungsmöglichkeiten, der besseren
Zeichnungsqualität und der Möglichkeit, auf Vorhandenes zurückzu-
greifen [8.2, 8.3, 8.4].

Nun ist der Arbeitsplatz des Konstrukteurs einschneidenden Veränderungen unterworfen. Die EDV bietet die Möglichkeit, sehr
umfangreiches Wissen und Daten dem Anwender in einer bisher nie
erreichten Übersichtlichkeit zur Verfügung zu stellen [8.5]. Es
ist daher naheliegend, die Frage zu stellen, inwieweit das hier
vorgestellte Wissen und Informationen in ein CAD-System zu
integrieren ist. Diese Frage impliziert zunächst gleich eine
weitere Frage, nämlich die nach der Art der zuverarbeitenden
Daten. Aus dem oben Dargelegten geht hervor, daß es sich dabei
weniger um numerische Daten als um Regeln, Strategien, ja
teilweise mit einen gewissen Wahrscheinlichkeitsfaktor behaftetes
Wissen handelt. Das Kleben ist also nicht voll algorithmisch
beschreibbar. Man steht vor dem Problem, diese besondere Art von
Daten mit Hilfe eines Rechnerprogramms zu verarbeiten. Dies geht
nicht ohne die Anwendung neuer Methoden aus dem Bereich der sog.
Künstlichen Intelligenz (KI), die uns die Informatik zur Verfügung stellt [8.6, 8.7].

Es sind somit drei Disziplinen an der Entwicklung des Programmsy-
stems beteiligt. Die Werkstofftechnik liefert die Beschreibung
der Eigenschaften der Werkstoffe. Aus der Klebtechnik werden
Informationen zur Gestaltung des Fügebereichs bereitgestellt. Die
Informatik schließlich stellt die Methodik bereit, mit deren
Hilfe die Umsetzung der Informationen in ein Programm und eine
für das Programm sinnvolle Datenstruktur erfolgt.

Bild 8.8 zeigt die Architektur dieses Softwarepakets. Hier sind
die wesentlichen Komponenten dargestellt.

Es wird deutlich, daß eine klare Trennung der Daten auf der einen
Seite und der Verarbeitung dieser Daten auf der anderen Seite
besteht (siehe Abschn. 8.1). Das stellt einen äußerst wichtigen
Aspekt dar, der die Erweiterbarkeit der Wissensbasis, also der zu

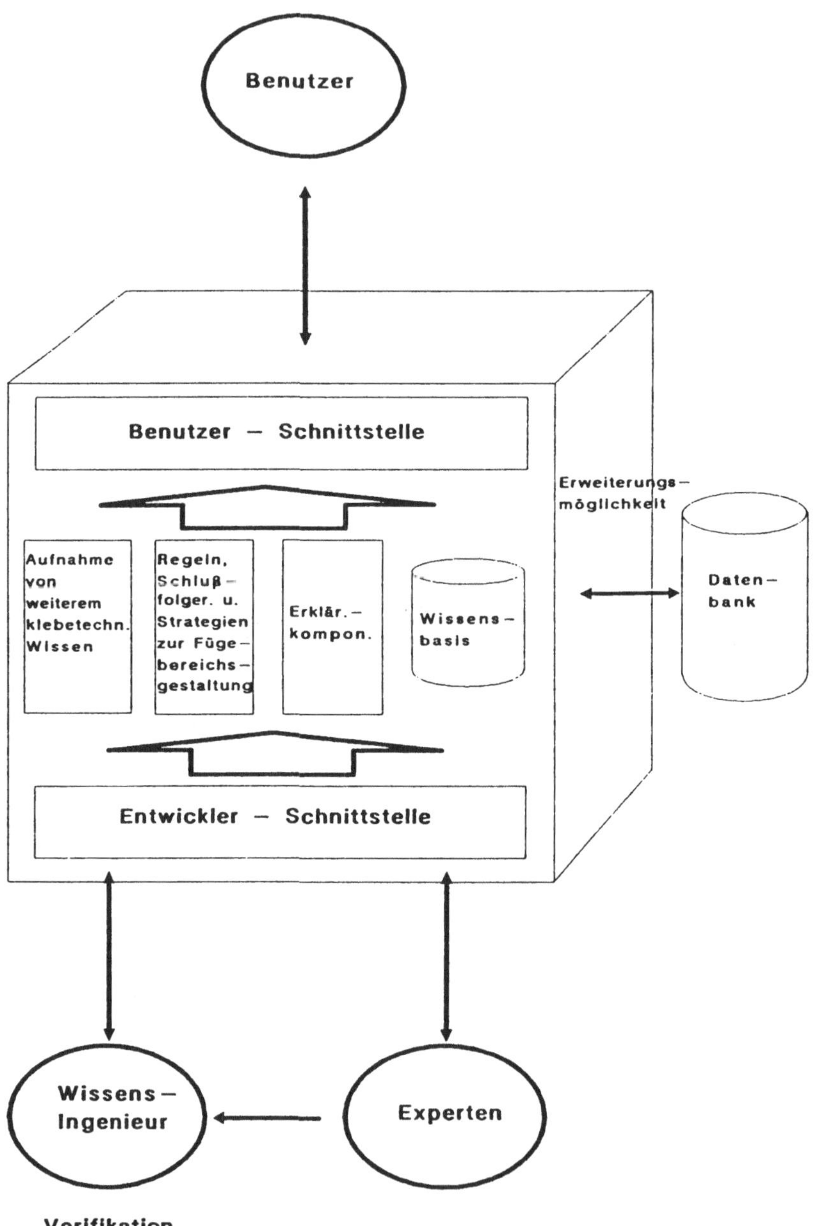

Bild 8.8. Architektur des wissensbasierten Systems

verarbeitenden Daten, betrifft. Im Folgenden soll kurz dargelegt
werden, wie diese Software aufgebaut ist und welche Arbeitsschritte sie durchzuführen hat. Dazu soll noch einmal auf
Bild 8.3 eingegangen werden. Vom CAD-System wird die Produkt-
Geometrie bereitgestellt. Ferner stehen Daten der Modellanalyse
zur Verfügung wie Trägheitsmomente, Oberflächen und Volumina. Es
folgt die Erfassung der Parameter über die Benutzerschnittstelle.
Sie stellen die Rahmenbedingungen der Fügebereichsgestaltung dar.
Dann erfolgt die Gestaltung des Fügebereichsquerschnittes. Hinter
diesem Programmodul verbirgt sich die in Bild 8.8 dargestellte
Struktur bzw. Architektur. Dabei wird die Einfügung des Fügebereichs in die Gesamtkonstruktion berücksichtigt. Es wird dann
eine Bewertung des Fügebereichs hinsichtlich der Wirtschaftlichkeit durchgeführt. Danach erfolgt die Rückkehr in das CAD-
Programm.

Diese Software mit ihrer Anbindung an ein CAD-Programm stellt
besondere Anforderungen sowohl an die CAD-Umgebung als auch an
die Hardware. Wie oben bereits angesprochen, ist es wichtig,
Informationen über die Fügeteile zu erhalten. Dies ist nur
möglich, wenn die Strukturen als Volumenmodelle, wie es z. B. bei
dem CAD-System PRIME-Medusa der Fall ist, verwaltet werden. So
werden alle Körpereigenschaften mitgeführt. Von der Hardware-
Seite aus betrachtet, ist eine reine KI-Workstation (z. B. Xerox,
Symbolics) wegen der fehlenden CAD-Möglichkeiten nicht geeignet.
Es kommt daher nur ein 32-Bit-Multipurpose-System mit entsprechender Software in Frage.

8.2.4 Integration der Klebtechnik in CIM

Viele Bereiche eines Fertigungsbetriebes sind sowohl organisato-
risch als auch arbeitstechnisch im Umbruch begriffen. In vielen
Abteilungen wird die EDV eingeführt, um Daten effektiver verwal-
ten zu können. In den meisten Fällen sind es Insellösungen, in
denen der Rechner nur ein eng begrenztes Problemfeld bearbeitet.
In der Konstruktion wird im zunehmenden Maße Computer Aided
Design (CAD) eingesetzt. Weiterhin werden Industrierechner zur
Steuerung des Fertigungsprozesses immer mehr im Fertigungsbereich

integriert. Jeder dieser Rechner greift auf eine bestimmte Datenbasis zu, wobei die darin enthaltenen Daten gleicher Art und
Struktur sein können. Es liegt auf der Hand, daß es nicht sinnvoll ist, diese einzelnen Bereichsrechner mit den speziellen
Datenbasen für sich alleine bestehen zu lassen. Es gibt eine
ganze Reihe von Daten, die in mehreren Bereichen eines Betriebes
benötigt werden. Z. B. werden bei der Konstruktion mit CAD Geometriedaten des zu fertigenden Produktes und des Fügebereichs der
Klebung bereitgestellt, die zum einen für die Fertigung der Fügeteile, zum anderen zur Steuerung des Fügeprozesses notwendig
sind. Vereinfachend von der Seite der Datenbereitstellung ist es
daher, alle Arbeitsbereiche miteinander kommunizieren, also Daten
austauschen zu lassen. Das bedeutet nichts anderes, als daß die
Bereichsrechner auf eine gemeinsame Datenbasis zugreifen.
Bild 8.9 zeigt ein CIM-Konzept eines Fertigungsbetriebes. Es sei
dabei ausdrücklich darauf hingewiesen, daß jeder Betrieb aufgrund
seiner gewachsenen Struktur ein anders strukturiertes CIM-Konzept
aufweisen wird.

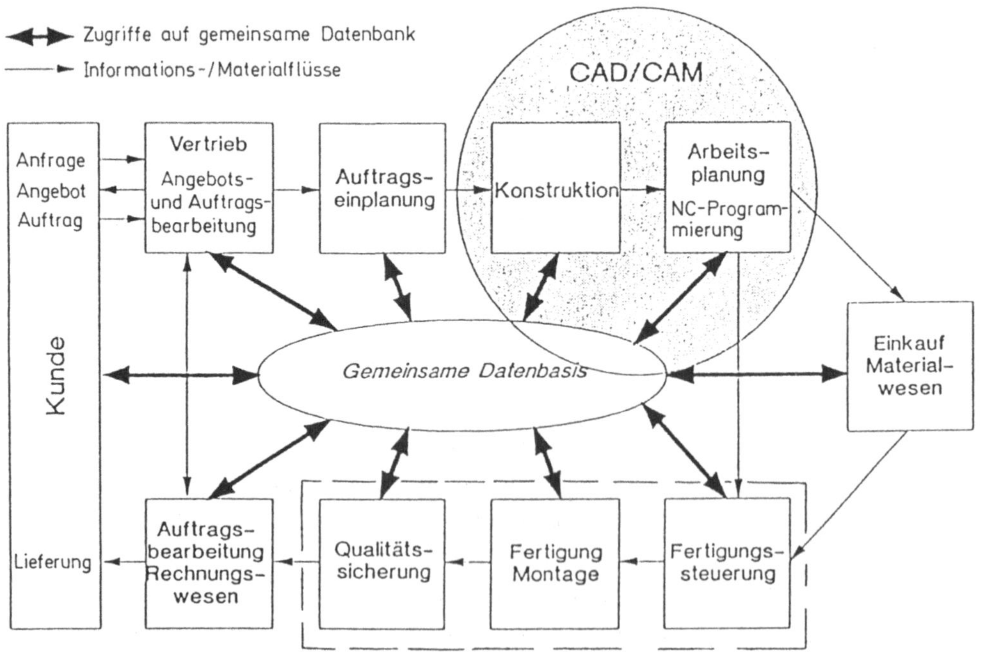

Bild 8.9. Beispiel für ein CIM-Konzept

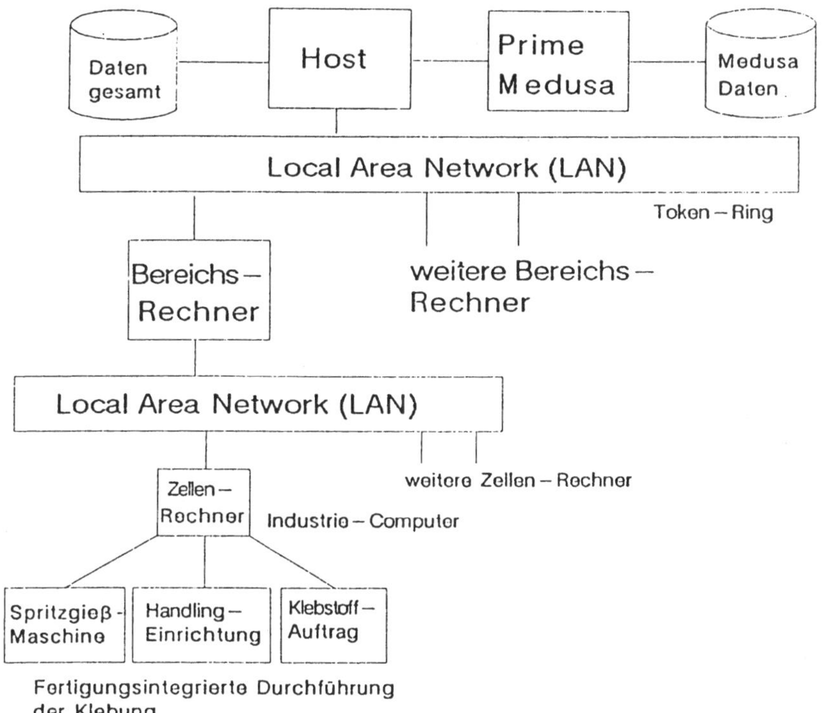

Bild 8.10. Schema der CIM-Lösung für die Herstellung von Klebungen, beschränkt auf den Konstruktions- und Fertigungsbereich

Für die markierten Bereiche wurden in diesem Buch bereits Lösungen dargestellt. Die CAD mit dem integrierten wisssenbasierten System liefert die Geometriedaten und verfahrens- und fertigungstechnische Daten zur Fertigung des Fügebereichs und der Steuerung des Fügeprozesses, wie einzuhaltene Taktzeiten, Oberflächenvorbehandlungen.

Bild 8.10 zeigt die konkrete Realisierung eines Teilbereichs des CIM-Konzeptes aufgrund der in den vorangegangenen Kapiteln des Buches angesprochenen Lösungen für den Konstruktions- und Fertigungsbereich.

Die Produktgeometrie und fertigungstechnische Daten gelangen von der PRIME-Workstation mit dem CAD-System PRIME-Medusa über den Zentralrechner (Host) zum Bereichsrechner, der über einen Industrierechner den Klebprozeß steuert.

9 Literaturverzeichnis

2.1 Saechling, H.: Kunststoff-Taschenbuch. München, Wien: Carl
Hanser 1986.

2.2 Lehmann, H.: Wichtige Einflußfaktoren für den praktischen
Einsatz von Klebstoffen. In: Tagungsband "Kleben", 1. Fach-
seminar am Technikum Rapperswil vom 12. - 14. Mai 1987,
Darmstadt: Hoppenstedt 1987, S. 109-128.

2.3 Michel, M.: Kriterien zur Klebstoffauswahl. Fachtagung "Fertigungssystem Kleben", TUB-Dokumentation Kongresse und Ta-
gungen, H. 21, Berlin 1984, S. 163-178.

2.4 Fauner, G.; Brockmann, W.: Fügen durch Kleben. In: Spur, G.
und Stöferle, Th. (Hrsg.): Handbuch der Fertigungstechnik,
Bd.5, Fügen, Handhaben, Montieren. München, Wien: Carl Hanser 1986, S. 467-498.

2.5 N.N.: Kleben von Stahl. Merkblatt 382, 4. Auflage, Düsseldorf: Beratungsstelle für Stahlanwendung. 1982

2.6 Tauber, G.: Zum Problem der Topf-. bzw. Verarbeitungszeit
von Reaktionsklebstoffen. Adhäsion 21(1977)99-103

3.1 Brockmann, W.: Grundlagen und Stand der Metallklebtechnik.
VDI-Taschenbuch T 22, Düsseldorf, 1972

3.2 Brockmann, W.: Das Kleben chemisch beständiger Kunststoffe.
Adhäsion 22 (1978), S. 38-44, 80-86 und 100-103

3.3   Dykerhof, G.A.; Sell, P.J.: Über den Einfluß der Grenz-
      flächenspannung auf die Haftfestigkeit. Angew. Makromol.
      Chem. 21 (1972), S. 169

3.4   Brockmann, W.; Kollek, H.; Hennemann, O.-D.: Failure
      Mechanisms in the Boundary Layer Zone of Metal/Polymer
      Systems. In: K.L. Mittal (Hrsg.): Adhesive Joints,
       New York: Plenum Press, 1984, S. 469

3.5   Kinloch, A.J.: Durability of Structural Adhesives.
      London, New York: Appl. Science Publ. 1983

3.6   Brockmann, W.; Kollek, H.; Hennemann, O.-D.: Interactions
      between Aluminium Surfaces, Primers and Adhesives.
      SAMPE Proc. 30, SAMPE, Azusa/USA, 1985

3.7   DIN 53 283 Bestimmung der Klebfestigkeit von einschnittig
      überlappten Klebungen (Zugscherversuch)

3.8   VDI-Richtlinie 3821, Kunststoffkleben 1978

3.9   DIN 53 288 Zugversuch

3.10 DIN 53 295 Trommelschälversuch

3.11 DIN 53 289 Rollen-Schälversuch

3.12 DIN 53 282 Winkelschälversuch

3.13 DIN 53 285 Dauerschwingversuch an einschnittig überlappten
      Klebungen

3.14 DIN 53 284 Zeitstandversuch an einschnittig überlappten
      Klebungen

3.15 DIN 54 456 Klimabeständigkeitsversuch (im Druck)

3.16 Althof, W.: Diffusion des Wasserdampfes der feuchten
Luft in Klebschichten von Metallklebungen. DFVLR-
Forschungsbericht 79-06, Braunschweig, 1979

3.17 Brockmann, W.; Kollek, H.: Metallkleben im Maschinenbau.
FKM-Heft 81, Forschungskuratorium Maschinenbau, Frankfurt,
1980

3.18 Nakamura, K. et al.: Theoretical Analysis of the Decay of
Shear Strength of Adhesion in Metal/Epoxy/Metal Joints in
an aqueous environment. Int. J. Adhes. Adhesives 7 (1987),
S. 209-12

3.19 Brewis, D.M.; Comyn, J.; Tegg, J.L.: The Durability of
Some Epoxide Adhesive-Bonded Joints on Exposure to Warm
and Moist Air. Int. J. Adhes. Adhesives 1 (1980), S. 35-39

3.20 DIN 65 448 Strukturelle Klebstoffe, Keiltest

3.21 Kollek, H.: Die Beständigkeit von Metallklebungen. Adhäsion
30 (1986), S. 17-24

3.22 DIN 54 451 Zugscher-Versuch zur Ermittlung des Schubspan-
nungs-Gleitungs-Diagramms eines Klebstoffes in einer
Klebung

3.23 Pourbaix, M.; van Muylder, J.; Schmets, J.: Atlas of
Electrochemical Equilibria in Aqueous Solutions. Oxford:
Pergamon, 1966

3.24 DIN 50 021 Salznebelprüfung

3.25 Funke, W.: Blistering of Paint Fils and Filiform Corrosion.
Progr. in org. Coatings 9 (1981), S. 29-46

3.26 VW P 1200, Prüfzyklus des Volkswagen-Werkes

4.1 Roschinski, A.: Festigkeitsverhalten von quasistatisch
    beanspruchten, überlappten und genuteten Kunststoff-Metall-
    Klebungen und Entwurf eines Dimensionierungsverfahrens.
    Dipl.-Arbeit; TU-Berlin (1985)

4.2 Volkersen, O.: Die Schubkraftverteilung auf die Verbindungs-
    elemente langer Laschenverbindungen. Diss. Wien (1944)

4.3 Goland, M., Reissner, E.: The Stresses in Cemented Joints.
    Journal of Applied Mechanics 11 (1944) S. 17-24

4.4 Hart-Smith, L. J.: Further Developments in the Design and
    Analysis of Adhesive-Bonded Structural Joints. Joining of
    Composite Materials. ASTM STP 749

4.5 Hahn, O.: Festigkeitsverhalten und ingenieurmäßige Berech-
    nung von einschnittig-überlappten Metallklebverbindungen.
    Habil. TH-Aachen (1975)

4.6 Ross, D.: Spannungsoptische Untersuchungen an Metall-
    Kunststoff-Klebverbindungen. Studienarbeit TU-Berlin (1985)

4.7 Käufer, H.; Leyrer, K.-H.; Mennig, G.; Wendorff, J.:
    Umformen von Kunststoffen im festen Zustand. Kontakt &
    Studium; Band 231 Expert-Verlag

4.8 Elsner, H.: Fügebereichsgestaltung bei Nutverklebungen von
    Kunststoff mit Metall aufgrund der Klebfestigkeit und der
    Herstellbarkeit. Dipl.-Arbeit TU-Berlin (1986)

4.9 Fischer K.-D.: Stahl-Thermoplast-Leichtbauträger in wirt-
    schaftlicher recyclingfreundlicher Verbundkonstruktion mit
    Belastungs- und Anwendungsanaylse. Diss. TU-Berlin (1986)

4.10 Habenicht, G.: Kleben. Berlin, Heidelberg, New York, Tokio:
     Springer 1986

5.1 VDI Richtlinie 3821 Kunststoffkleben 1978

5.2 Fauner, G.; Brockmann, W.: Fügen durch Kleben.
     In: Spur, G.; Stöferle, Th. (Hrsg.): Handbuch der
     Fertigungstechnik, Bd. 5, Fügen, Handhaben, Montieren.
     München, Wien; Carl henser Verlag (1986). S. 467-498

5.3 Huber, K.F.: Persönliche Mitteilung.

6.1 Rasche, M.: Modifizierung von Kunststoffoberflächen durch
     Niederdruckplasmabehandlung zur Verbesserung der Adhäsions-
     eigenschaften. Adhäsion 30(1986)3, S. 25-28

6.2 Wittel, K.: Die Reinigung von Kunststoff-Oberflächen mit
     wässrigen Medien mit integrierter Antistatik-Behandlung.
     Vortrag der Fachtagung "Lackierung von Kunststoffen", DFO,
     Köln, 1986

6.3 Käufer, H.; Schmack, G.; Brockmann, W.: Oberflächenvorbe-
     handlung schwerklebbarer Thermoplaste durch Skelettierung
     mittels eines Trockenverfahrens. Vortrag der Fachtagung
     "Fertigungssystem Kleben", DECHEMA, Frankfurt, 1986

6.4 Rasche, M.: Qualitätsbestimmende Einflußgrößen bei Kunst-
     stoff-Metall-Klebverbindungen. Deutscher Verlag für
     Schweißtechnik, Bericht Nr. 5, 1986.

6.5 Eilers, J.H.: Die Ermittlung fertigungsgerechter Arbeitsbe-
     dingungen für das Kleben von Kunststoff unter dem Einfluß
     von Temperatur und Alterung. Dissertation an der RWTH
     Aachen, 1966

6.6 Zipper, R.: Dekorieren geblasener Kunststoff-Hohlkörper.
     Kunststoffe 58(1968)207

6.7 Kühne. G.: Bedrucken von Kunststoffen, Kunststoff-Verarbei-
     tung. München: Carl Hanser 1967, S. 87-92

6.8 N.N.: Kontrollierte Flammbehandlung zum leichten Kleben von Kunststoffbehältern und -folien. Adhäsion 27(1983)10, S. 6

6.9 Lucke, H.: Kunststoffe und ihre Verklebung. Hamburg:Brunke-Garrels 1967, S. 22-26

6.10 Kreidl, H.: Verfahren zur Verbesserung der Oberflächeneigenschaften von Erzeugnissen aus Polyäthylenharz, seinen Homologen und Mischpolymerisaten. US-Patent Nr. 2 632 921 vom 31.03.53 bzw. DBP 844 348 vom 21.07.52

6.11 Kritchever, M.: Apparatus for treating plastic film. US-Patent vom 20.07.54

6.12 Boxler, J.A.; Foster, S.P.; Lewis, E.E: The Development of Printibility of Polyethylene Film by Flame Treatment. Congress Am Chem. Soc., New York, 1957, Paper No. 15

6.13 Lewis, D.: Flammenvorbehandlung von Poyläthylen-Flaschen. SPE-Techn. Papers Bd. 13 (1967) 737

6.14 Kijozumi, K.; Kitakoji, T.: Surface Treatment of Plastics by Plasmajet. Jour. Adhesion Soc. Japan/Osaka, 4(1970) Teil 4, S. 265-272

6.15 Dorn, L.; Bischoff, R.: Einfluß unterschiedlicher Klebflächenvorbehandlungs-Verfahren auf die Oberflächenbeschaffenheit von Polypropylen. Vortrag der 3. Arbeitsdiskussion über "Theoretische und praktische Aspekte der Adhäsion zwischen kondensierten Phasen", Akademie der Wissenschaften der DDR, 1987

6.16 Breuel, G.: Untersuchungen zum Alterungsverhalten von Kunststoff-Stahl-Klebeverbindungen. München: Heinrich Vogel 1988

232

6.17 Brockmann, W.; Kollek, H.; Schäfer, H.: Untersuchungen an
     Stahloberflächen für das Kleben. Tätigkeitsbericht 1987,
     Fraunhofer-Institut für Angewandte Materialforschung,
     Bremen

6.18 Kuppinger, G.: Strahlverfahren und Strahlmittel. Maschine +
     Werkzeug, Heft 24/76 und Heft 4/77

6.19 Matting, A.: Metallkleben. Berlin: Springer 1969

6.20 Klingenfuß, H.: Der Einfluß von Luftblasen auf die Festig-
     keit von Klebverbindungen. Adhäsion 25(1981)179-181

6.21 N.N.: TRGS 900. MAK-Werte, Köln: Carl-Heymanns

6.22 N.N.: Sicherer Umgang mit Klebstoffen. Die Nordwestliche
     12/1984, S. 358-367

6.23 Barthelt, H.: Sicherheitsmaßnahmen bei der Verarbeitung von
     Klebstoffen. Sicherheitsing. 13(1982)10-14

6.24 Quarch, U.: Arbeitsschutz bei der Herstellung gefährlicher
     Klebstoffe. Adhäsion 22 (1978), S. 67-69

6.25 N.N.: Verarbeitung von Klebstoffen. Unfallverhütungsvor-
     schrift der Berufsgenossenschaft der chemischen Industrie,
     Abschnitt 48, Heidelberg: Jedermann

8.1 Menges, G.; Hövelmanns, N.: Expertensysteme. Kunststoffe
     77(1987)582-585

8.2 Reinking, J.-D.: Quantifizierung der Produktionssteigerung
     beim Einsatz von CAD-Systemen im Konstruktionsprozeß.
     Fortschritt-Ber. VDI-Z., Reihe 10, Nr. 48. Düsseldorf: VDI
     1985

8.3 Bernhardt, R.: Einsatz der EDV zur Erstellung der Kon-
    struktions- und Fertigungsunterlagen. CAE-J. (1984) H. 2, S.
    40-43

8.4 Spur, G.; Krause, F.-L.: Die Weiterentwicklung der CAD-
    Technik. CIM-Management 2(1986) H. 1, S. 48-57

8.5 Harmon, P.; King, D.: Expertensysteme in der Praxis.
    München, Wien: Oldenbourg 1986

8.6 Anjewierden, A.: Knowledge Acquisition Tools. Dep. of Social
    Science Informatics, University of Amsterdam, NL AICON, Vol.
    0, No. 1, Aug. 1987

8.7 Breuker, J., Wielinga B.: Knowledge Acquisition as modeling
    expertise: the KADS methodology. Dep. of Social Science
    Informatics, University of Amsterdam, NL ESPRIT-Projekt
    1098, 1987

Sachverzeichnis

Springer